Ernst Peter Fischer

Der Physiker

Max Planck (23. 4. 1858–4. 10. 1947)

Ernst Peter Fischer

Der Physiker

Max Planck und das Zerfallen der Welt

Siedler Verlag

FSC
Mix
Produktgruppe aus vorbildlich bewirtschafteten Wäldern und anderen kontrollierten Herkünften

Zert.-Nr. SGS-COC-1940
www.fsc.org
© 1996 Forest Stewardship Council

Verlagsgruppe Random House FSC-DEU-0100
Das für dieses Buch verwendete FSC-zertifizierte Papier *Munken Premium* liefert Arctic Paper Munkedals AB, Schweden.

Zweite Auflage

Umschlaggestaltung: Rothfos + Gabler, Hamburg
Lektorat: Annalisa Viviani, München
Satz: Ditta Ahmadi, Berlin
Neuzeichnungen: Peter Palm, Berlin
Druck und Bindung: GGP Media GmbH, Pößneck
Printed in Germany 2008
ISBN 978-3-88680-837-3

www.siedler-verlag.de

Inhalt

In den vierzig Jahren, die ich Planck gekannt habe, und in denen er mir allmählich sein Vertrauen und seine Freundschaft geschenkt hat, habe ich immer wieder mit Bewunderung festgestellt, dass er nie etwas getan oder nicht getan hat, weil es ihm nützlich oder schädlich hätte sein können. Was er für richtig erkannt hat, hat er durchgeführt ohne Rücksicht auf seine eigene Person.

Lise Meitner, »Max Planck als Mensch«[1]

Wir waren damals [1934] Studenten in Berlin. In der Akademie der Wissenschaften Unter den Linden hatte eine Sitzung stattgefunden, und wir hatten zuhören dürfen. Dann standen wir auf einer Treppe in einer Fensternische. Da kam Max Planck die Treppe herunter. In seinen engen Röhrenhosen setzte er behutsam Schritt für Schritt und orientierte sich mit der Hand am Geländer. Über dem Klappenkragen mit der schwarzen Krawatte erhob sich der mächtige Kopf. Wir traten noch weiter zurück und grüßten ihn tief. Er nahm von uns keine Notiz, und wir waren froh darüber; denn hätte er uns beachtet, uns unter Umständen aus irgendeinem Grunde sogar angesprochen: wir wären in den Boden versunken.

Heinrich Hahne, »Wortwörtlich«[2]

Vorwort: Geschichten voller Widersprüche

Max Planck (1858–1947) lebte noch, als ich geboren wurde. Als der große und hochverehrte Mann Anfang Oktober 1947 fast neunzigjährig starb, war ich seit knapp neun Monaten auf der Welt. Zu meinem Leben, das zu Beginn der Niederschrift dieser Biographie runde sechzig Jahre gewährt hat, gehören viele Erfahrungen, die Planck naturgemäß vermissen musste – etwa das Aufkommen der Molekularbiologie mit ihrer Gentechnik, die ersten Satelliten im Weltraum mit der nachfolgenden bemannten Mondfahrt und die Verbreitung von Computern mit dem Zugang zum Internet. Das sind nur einige wenige Beispiele aus der wissenschaftlich-technischen Sphäre, ganz zu schweigen von politischen und anderen Entwicklungen wie dem Zusammenfinden von Ost- mit Westdeutschland, das sich vor dem Hintergrund des Klimawandels und der Globalisierung abspielt.

Wer auf die hier angedeutete und vom Autor und einigen Lesern dieses Buches teilweise miterlebte Nachkriegswelt schaut, könnte den Eindruck gewinnen, dabei eine der dramatischsten Epochen der abendländischen Geschichte vor Augen zu haben – wie gedrängt entfaltet sich die Informationstechnologie, wie widerspruchsvoll verteilen sich Armut und Reichtum unter den Nationen, und wie plastisch werden uns jeden Abend die täglichen Katastrophen im nationalen und internationalen Bereich und die Verluste der Natur in den Fernsehnachrichten präsentiert!

Trotzdem – das Urteil, »eine der gedrängtesten, widerspruchreichsten, katastrophalsten Epochen der abendländischen Geschichte« gewesen zu sein,[1] schreiben Historiker und andere Kenner der westlichen Kultur eher der Lebenszeit von Max Planck zu, die in der zweiten, noch stark aristokratisch geprägten Hälfte des 19. Jahrhunderts und noch vor dem Auftritt des Reichskanzlers Otto von Bismarck begann und weit in das 20. Jahrhundert mit seinen demokratischen Bemühungen hinein- und über die verbrecherische Schreckensherrschaft der Nationalsozialisten hinausreichte.

In dem fraglichen Zeitraum entstanden zum Beispiel zahlreiche neue Wissenschaften mit umfassenden sozialen und ökonomischen Folgen – unter anderem die Thermodynamik, die sich an den industriellen Maschinen und ihren Leistungen orientiert; die Bakteriologie, die in ihrem sozialen Gefolge zu einer umfassenden Reichsversicherungsordnung Anlass gab; die Atomphysik, aus der sich die politisch gewollte Möglichkeit der Kernenergie ergeben hat; und schließlich die Biochemie, die mit ihrem jüngsten Kind namens Biomedizin zugleich umfassend und tief auf das Leben zuzugreifen scheint.

Was die Widersprüche angeht, so ist nicht die Tatsache gemeint, dass Historiker von den eben genannten Entwicklungen weder etwas wissen noch etwas wissen wollen, obwohl sie mehr zur Gegenwart beitragen als die meisten Fakten, die in den üblichen Geschichtsbüchern aufgezählt werden. Hier geht es um die Widersprüche in Max Plancks Lebenszeit, und da stehen sich in der politischen Sphäre starke nationale politische Ambitionen mit dazugehörigen Kriegen und effektvolle internationale Einigungen über die Standardzeitzonen auf dem Globus mit den entsprechenden Kooperationsmöglichkeiten gegenüber. Und während sich all dies außerhalb der akademischen Welt abspielt, brechen innerhalb der Universitäten und anderer Forschungseinrichtungen heftige und erbitterte Streitereien um die Frage nach der Existenz von Atomen aus, wobei sich die Physiker auf zwei sich leidenschaftlich befehdende Lager verteilen. Diese Lage wird nicht dadurch besser, dass Plancks größter Erfolg – die Einführung einer Unstetigkeit namens »Quantum der Wirkung« in die Physik zur Zeit der Jahrhundertwende – zu der anschließenden Einsicht führte, dass das Licht zum Beispiel sowohl als Welle als auch als Teilchen verstanden werden muss und das Denken in Widersprüchen in der Folge ein wesentlicher Teil der Physik wird.

Um sich schließlich auch das Katastrophale innerhalb von Plancks Lebensspanne sowohl im globalen als auch im lokalen Maßstab vorzustellen, sei zum einen auf die beiden verheerenden Weltkriege hingewiesen und zum anderen beispielsweise an den Untergang der Titanic (1912) oder das Unglück von Lakehurst (1937) erinnert, bei dem das als Zeppelin bekannte Luftschiff »Hindenburg« explodierte und in Flammen aufging. Doch so schrecklich diese Unglücksfälle mit zahlreichen Toten auch sind, sie werden von Inflation, Wirtschaftskrisen und vielen anderen verhängnisvollen politischen Entwicklungen überschattet.

Nachträglich sei aber noch eine Widersprüchlichkeit erwähnt, die aus Plancks Physik folgt und in den modernen Alltag eingedrungen ist. Sie hängt mit den Quantensprüngen zusammen, die Planck benötigte, um dem Wechselspiel von Licht und Materie beikommen zu können. Das von ihm geprägte Wort hat sich inzwischen aus dem wissenschaftlichen Kontext gelöst und Eingang in den allgemeinen Sprachgebrauch gefunden – allerdings genau verkehrt herum und damit unsinnig. Wenn nämlich Firmenbosse und Manager ihren Mitarbeitern und Aktionären Quantensprünge in der Entwicklung versprechen, wie es seit einigen Jahren üblich ist, dann meinen sie damit so etwas wie einen großen Sprung nach vorne oder nach oben an die Spitze der Wirtschaft. Dabei wird zusätzlich unterstellt, dass es nach solch einem Quantensprung dynamisch weitergeht.

Tatsächlich meint der echte Quantensprung Planckscher Prägung eher das genaue Gegenteil. Er erfasst die allerkleinste Änderung, die ein Atom erfahren kann, und diese Basisgröße der Welt bewegt sich dabei aus der Höhe seiner Energie meistens abwärts, um auf diese Weise einen Grundzustand erreichen zu können, in dem es ausgepumpt möglichst lange ungestört und unbewegt verharren kann, ohne dass weiter etwas passiert.

Trotz dieser unpraktischen und eher sperrigen Eigenschaft lohnt es sich, Plancks Quantum und die dazugehörige Wissenschaft kennenzulernen. Beide stehen im Zentrum seines Lebens, das uns mit seiner Dauer von fast neunzig Jahren Einblick in ein riesiges Forschungs- und Betätigungsfeld gewährt.

Plancks Epoche lässt sich mit vielen Beispielen übersichtlich abstecken. In seinem Geburtsjahr schlug etwa der Arzt Rudolf Virchow in Berlin eine »Cellularpathologie« und also die Idee vor, dass die Ursachen von Krankheiten in den Zellen der Organismen lokalisiert sein können. Und in Plancks Todesjahr wurde durch die Entdeckung der genetischen Rekombination in Mikroorganismen wie Bakterien der Weg für eine neue Lebenswissenschaft, die Molekularbiologie, frei gemacht, die noch tiefer in die Biosphäre eindringen und bald genetische Gründe für die Formen und das Leiden der Organismen angeben kann.

In Plancks Kindertagen bemühte sich in Deutschland Werner von Siemens zum ersten Mal systematisch und in großem Stil darum, die mechanische Bewegung eines Magneten als Quelle für den elektrischen Strom auszunutzen, ohne den heute nicht nur das öffentliche Leben, sondern fast alles zum Stillstand kommen würde. Die Stromversorgung der Haushalte, die heute selbstverständlich ist und bei winzigsten Störungen öffentliche Irritationen zur Folge hat, musste auf den Bau der dazu erforderlichen Elektrizitätswerke bis auf die Jahre nach 1880 warten, als Planck schon mit dem Doktortitel versehen war und nach seiner Habilitation als Privatdozent bereits eine akademische Karriere anvisierte.

Der Aufstieg innerhalb der Universitäten gelang ihm in den Jahren, die politisch durch den Namen Kaiser Wilhelms II. geprägt sind. Die Wilhelminische Epoche, die den Zeitraum von 1888 bis 1918 umfasst, war recht widersprüchlich: Während ihre Repräsentanten nach außen hin konservativ agierten und ihren Kunstgeschmack an der Vergangenheit orientierten, traten Menschen auf den Plan, die unter anderem Wissenschaft, Musik und Malerei radikal und zeitgleich modernisierten – Albert Einstein (1879–1955), Arnold Schönberg (1874–1951) und Franz Marc (1880–1916) zum Beispiel, um nur drei Namen aus den erwähnten Kultursphären anzuführen.

Eine grandiose kulturelle Dynamik entfaltet sich vor allem im Berlin der 1920er-Jahre, die auch als »Roaring Twenties« bekannt sind. Planck wird an vielen ihrer Hervorbringungen nicht unbedingt seine helle Freude gehabt haben. Er hielt sich mehr an die Klassiker der deutschen Kultur und spielte am Klavier bevorzugt Werke von Johannes Brahms (1833–1897).

Während der Weimarer Republik wurde aus Planck erst ein angesehener und dann ein über seine Wissenschaft hinaus verehrter Mann, dessen Ruhm zu wachsen begann. Planck wurde der Öffentlichkeit zum einen als Rektor der Berliner Universität bekannt, da seine Amtszeit die Jahre 1913 und 1914 umfasste und ihn die damit verbundenen Redepflichten zu Beginn des Ersten Weltkriegs zu exponierten Stellungnahmen zwangen. Darüber hinaus wurde er aber auch vielen Menschen außerhalb der akademischen Welt durch die Verleihung des Nobelpreises für Physik bekannt, die am Ende der Kriegshandlungen erfolgte und ihn zum Hoffnungsträger dafür werden ließ, dass Deutschland nach der verheerenden Niederlage von 1918 eine neue internationale Einbindung anstreben und gelingen konnte.

Planck war über sechzig Jahre alt, als ihm in Stockholm der Ritterschlag seiner Wissenschaft verliehen wurde, und eigentlich hatte sich bis dahin genug ereignet, um von einem erfüllten Leben sprechen zu können. Doch die dramatische Phase seiner Biografie begann erst danach, und zwar vor allem bedingt durch die Machtübernahme der Nationalsozialistischen Partei Deutschlands im Januar 1933, die dem Land zwar ein Tausendjähriges Reich versprach, aber nur seine totale Verwüstung bis 1945 erreichte und im Schutz des dazugehörigen Krieges zudem ein millionenfaches

Morden von willigen Helfern an unschuldigen Menschen durchführen ließ.

Planck blieb in Deutschland und hielt seinem Land und seinem Volk die Treue, als es durch die Nazis auf die Katastrophe zusteuerte; in dieser Zeit bemühte er sich aber immer noch höchst verzweifelt und bis zur Selbstaufgabe kompromissbereit um die Erhaltung seiner Wissenschaft und ihrer Qualität. Als er alle Schrecken des Krieges überlebt hatte, gehorchte er noch im hohen Alter seinem ungeheuren Pflichtgefühl und sorgte dafür, dass der Forschung organisatorisch ein Neuanfang gelingen konnte. Planck stellte dafür sogar seinen Namen zur Verfügung. Aus der alten Kaiser-Wilhelm-Gesellschaft des Jahres 1911 wurde die neue Max-Planck-Gesellschaft der Nachkriegszeit, und so ist sein Name bis in unsere Tage hinein lebendig geblieben.

Plancks Lebenszeit

Gedrängt, widerspruchsvoll, katastrophal – diese drei Worte können auch dazu dienen, zentrale Aspekte von Plancks persönlichem Leben und Wirken zu charakterisieren, in dem sogar zweimal zwei Welten überbrückt werden – im wissenschaftlichen Rahmen die kausal verstandene Welt der klassischen Physik des 19. mit der Quantenphysik des 20. Jahrhunderts und im gesellschaftlich-politischen Rahmen die Friedenszeit des Kaiserreichs vor dem Ersten Weltkrieg mit der revolutionären demokratischen Dynamik der Weimarer Republik und den Kämpfen und Verbrechen, die ihr folgten.

Planck wirkte nicht nur als Physiker, sondern auch als Pädagoge, Politiker, Präsident und Philosoph. Wie konnte er über viele Jahre hinweg ein so intensives tägliches Arbeitspensum mit einem nie nachlassenden hohen Qualitätsanspruch absolvieren? Ausgerechnet ihm blieb es vorbehalten, der klassischen Physik, die er als Student vorfand und bewunderte und die ihm eine »Heilsbot-

Max Planck mit seiner ersten Frau Marie, den Zwillingstöchtern Emma und Grete, dem Sohn Karl (neben Planck) und dem jüngsten Sohn Erwin (in der Mitte) um 1900.

schaft« zu enthalten schien, durch seinen Quantensprung eine scharfe und unumkehrbare revolutionäre Wendung zu geben, die er zudem zunächst nicht richtig fassen konnte und deren Radikalität ihm sein Leben lang zu schaffen machte. Man ist geneigt, sich an dieser Stelle die Anekdote in Erinnerung zu rufen, die von Arnold Schönberg handelt und in welcher der Komponist gefragt wird, ob ihm seine Musik eigentlich gefalle. »Nein«, soll Schönberg geantwortet haben, »aber einer musste sie komponieren«, denn Kunst komme von Müssen. Wenn man Planck gefragt hätte, ob ihm seine Quantenphysik eigentlich gefalle, wäre seine Antwort ähnlich ausgefallen. »Nein«, hätte Planck sagen können, »aber einer musste sie erfinden.« Schließlich kommt auch Wissenschaft von Müssen, wenn sie groß und gut ist.

Was nun die Katastrophen im persönlichen Bereich angeht, so ist es kaum vorstellbar, dass es Menschen gibt, die mehr Leid aus nächster Nähe und im Verlauf ihres Lebens erfahren haben als Planck: Als dreizehnjähriger Schüler konnte er nur fassungslos zuhören, als gemeldet wurde, dass sein Bruder Hermann im Krieg von 1870/71 in der Schlacht von Orléans gefallen sei. Im Jahre 1909 starb Plancks innig geliebte Frau Marie, die ihm vier Kinder geschenkt hatte.

Mit ihnen geschieht etwas Unfassbares, denn sie alle starben vor ihm, und ihre Todesumstände vergrößerten noch das jeweilige Leiden: Der erste Sohn, Karl, fiel 1916 bei Verdun; die Töchter Grete und Emma starben 1917 bzw. 1919 jeweils bei der Geburt ihres ersten Kindes, und der zweite Sohn, Erwin, wurde 1945 von den »gesichtslosen, unbedeutenden, erbärmlichen Männern«[2], die wir als Nazis kennen, in einem Konzentrationslager auf politischen Befehl hin umgebracht.

Neben diesem entsetzlichen Schicksalsschlag spielte es für Max Planck kaum noch eine Rolle, dass das Wohnhaus der Familie in der Berliner Wagenheimstraße, das so lange als Zentrum wunderbarer Gastlichkeit gedient hatte, bereits im Februar 1944 bei einem alliierten Bombenangriff auf die westlichen Bezirke der

Hauptstadt vollkommen zerstört wurde und in ihm neben anderen Unterlagen von historischer Bedeutung die zahlreichen umfangreichen Tagebücher, die der Physiker seit Jahrzehnten regelmäßig geführt hatte, in Flammen aufgingen.

Plancks Festigkeit

Als Planck die Nachricht von der Ermordung seines Sohnes Erwin erhielt, schrieb er einen Brief an den Physiker Arnold Sommerfeld (1868–1951), den man nicht ohne starke innere Rührung lesen kann: »Mein Schmerz ist nicht in Worten auszudrücken. Ich ringe täglich aufs Neue, um die Kraft zu gewinnen, mich mit dieser Schicksalsfügung abzufinden. Denn mit jedem neu anbrechenden Morgen kommt es wie ein neuer Schlag über mich, der mich lähmt und mir das klare Bewusstsein trübt, und es wird lange dauern, bis ich wieder völlig ins seelische Gleichgewicht komme. Denn er bildete einen wertvollen Teil meines eigenen Lebens. Er war mein Sonnenschein, mein Stolz, meine Hoffnung. Was ich mit ihm verloren habe, können keine Worte schildern.«

Doch obwohl Planck neben diesem furchtbaren seelischen Schmerz noch entsetzlich durch eine Verkrümmung der Wirbelsäule körperlich zu leiden hatte und selbst bei einfachen Bewegungen oft vor Schmerzen aufschreien musste, blieb er in seiner Grundhaltung unerschüttert: »Ich gehöre nicht zu denen, die sich erbittern lassen«, wie er 1946 schrieb, um diese unerhörte Festigkeit in seinem letzten Lebensjahr durch den Glauben an »eine andere Welt, die sich himmlisch über diese erhebt und in die wir uns jederzeit flüchten können und wollen« zu erläutern und verständlich zu machen.[3]

Planck blieb so aufrecht in seiner persönlichen Tragödie, wie er es in der gesamten politischen Katastrophe Deutschlands gewesen war, die seine letzten Lebensjahrzehnte so mühevoll und quälend werden ließ. Er zeigte sich bis zuletzt davon überzeugt, dass »die wertvollen Schätze ästhetischer und ethischer Art«, die von der Wissenschaft zutage gefördert werden, mehr Einfluss auf die Geschichte der Menschen haben als einzelne Verbrecher, wie er sie ertragen musste. Planck hat selbst viel zu diesen Schätzen beigetragen, und davon soll auf den folgenden Seiten erzählt werden. Dass sie umfassend von Physik handeln, braucht niemanden zu wundern. Planck war seiner Disziplin schließlich mit Leidenschaft zugetan. Nur so konnte er zu dem Physiker werden, der seinen Kollegen die Welt öffnete, in der sie heute ihre Erfolge feiern können.

Die Heilsbotschaft der Energie
(1858 – 1880)

> So kam es, dass ich als erstes Gesetz, welches unabhängig von Menschen eine absolute Geltung besitzt, das Prinzip von der Erhaltung der Energie wie eine Heilsbotschaft in mich aufnahm.
>
> Max Planck, *Wissenschaftliche Selbstbiographie*[1]

Eine der größten und erfolgreichsten Forschungsorganisationen der Welt ist nach dem Physiker Max Planck benannt, dem alle, die mit ihm in Berührung gekommen sind, eine ungewöhnliche menschliche Größe zusprechen. Bekannter noch als Planck ist sicher nur der einzigartige Albert Einstein, an dem sich ein Problem der öffentlichen Wahrnehmung von Wissenschaftlern klarmachen lässt, das auch für Planck relevant ist. In der Öffentlichkeit nimmt man zumeist nur den alten Weltweisen zur Kenntnis, der – im Alter von 72 Jahren – die Zunge herausstreckte und dem lieben Gott das Würfelspielen verweigerte. Dass es Einstein vor allem um eine neue Art von Physik ging und dass er seine überragenden Leistungen in relativ jungen Jahren erbracht hat, muss meistens in Erinnerung zurückgerufen werden.

Ganz ähnlich verhält es sich mit Planck, den Münzen, Briefmarken oder andere Abbildungen erst im hohen Alter zeigen und dessen Leistungen offenbar in die Zeit zwischen den beiden Weltkriegen oder unter dem Nationalsozialismus fallen, als er das sechzigste Lebensjahr schon lange hinter sich hatte. Und diese Leistungen erbrachte er nicht als Physiker, sondern als Rektor der Berliner Universität, als Sekretär der Preußischen Akademie der Wissenschaften bzw. als Präsident der Kaiser-Wilhelm-Gesellschaft. Planck ging es aber wie seinem weltberühmten Kollegen Einstein vor allem um eine neue Art von Physik und ihren besonderen Zugang zu einem Verständnis von Kausalität in der Welt.

Eine neue Wissenschaft

Wenn eben sowohl bei Planck als auch bei Einstein von einer neuen Physik die Rede war, dann sind damit nicht nur die Quantentheorie und die Relativitätstheorie gemeint. Gemeint ist vor allem etwas grundlegend Neues, das durch Planck und Einstein in die Welt der Wissenschaft gekommen ist: die Möglichkeit einer Theoretischen Physik. Sie tritt als Spezialität aus der traditionellen Naturforschung dieses Namens heraus, die seit der Antike Fragen an die Natur stellte und Erklärungen für die Prozesse suchte, die in ihr ablaufen. Zwar haben die Vertreter der physikalischen Wissenschaft seit den Tagen von Galileo Galilei (1564–1642) und Isaac Newton (1643–1727) ihre Erkenntnisse vornehmlich in der Sprache der Mathematik ausgedrückt, aber auf diese Weise gelang es ihnen vor allem, ihre Aussagen stark zu verkürzen, die sich nach wie vor – wenn auch etwas umständlich – in der Alltagssprache formulieren ließen.

Diese Situation änderte sich im Verlauf des 19. Jahrhunderts, als die Entwicklung der mathematischen Sprache so weit vorangetrieben wurde, dass eine Rückübersetzung nahezu chancenlos blieb. Das heißt nicht, dass derjenige, der keine Mathematik verstand, von physikalischen Einsichten ausgeschlossen bleiben musste. Die Natur ließ und lässt sich nach wie vor intuitiv verstehen und mit Experimenten und Beobachtungen glänzend erfassen. Nur wer damals weiter nach den verborgenen Mechanismen fragte, die Erscheinungen wie zum Beispiel der Elektrizität, dem Magnetismus und der Wärme zugrunde liegen, oder wer die gemessenen Eigenschaften technisch präzise nutzen wollte, der benötigte das mathematische Rüstzeug, das sich mehr und mehr verselbständigte und bald die Umrisse der neuen Disziplin erkennen ließ, die wir heute Theoretische Physik nennen.

Planck und Einstein gehören zu ihren großartigen Gründungsvätern, und beide haben nicht nur die aktivste Zeit ihres intellektuellen Lebens damit verbracht, diese neue Wissenschaft zu begründen und ihre Existenzberechtigung nachzuweisen. Beide haben auch ihr Herz an diese Tätigkeit hingegeben und deshalb die mathematischen Erfolge umfassend mit metaphysischen Überlegungen begleitet, die bis heute aktuell und spannend geblieben sind.

Von seiner Doktorarbeit in Einsteins Geburtsjahr (1879) bis mindestens zu den umfassenden Diskussionen über Plancks große Entdeckung eines Quantums der Wirkung Ende der ersten Dekade des 20. Jahrhunderts tauchte Planck in die Theoretische Physik ein – das sind drei Jahrzehnte, die auch bei einem fast 90-jährigen Leben eine beträchtliche Zeitspanne ausmachen. Diese neue Wissenschaft hat Planck mehr oder weniger mit ins Leben gerufen, und er hat seinem Kind nicht zuletzt »Heilsbotschaften« entnommen, wie das Eingangszitat zeigt.

Die Erhaltung der Energie

Das Prinzip von der Erhaltung der Energie kommt uns heutzutage längst vertraut vor. Bei allen natürlichen Abläufen – so wird es einem im Schulunterricht beigebracht – kann Energie weder erzeugt noch vernichtet werden. Sie kann nur die Form wechseln, in der sie auftritt, und das traditionelle Beispiel, an dem dies demonstriert wird, handelt von einem Gegenstand, der von dem Dach eines Hauses fällt. Solange er unbewegt in der Höhe liegt, verfügt er über die Energie, die ihm seine Lage im Vergleich zur Straße gibt (und die jemand aufwenden musste, um ihn dort hinzuschaffen). Man spricht dann von potenzieller Energie, weil sie noch zur Wirkung kommen und ihre Potenz entfalten kann. Das passiert am einfachsten dadurch, dass der Gegenstand – etwa ein Fußball – ins Rollen kommt und in Richtung Straße hinabstürzt.

Beim Fallen geht seine Energie nach und nach von der potenziellen in die kinetische Form über, wie es in den Lehrbüchern heißt, wenn Bewegungen anfangen, eine Rolle zu spielen. Kurz bevor der Ball auf den Boden aufschlägt, verfügt er nur noch über kinetische Energie, die beim Aufschlag selbst augenblicklich eine neue Gestalt annimmt. Sie zeigt sich jetzt unter anderem als leichte Erwärmung sowohl am Boden als auch auf dem Gegenstand selbst, wie sich fühlen oder in Messungen nachweisen lässt, und sie wird darüber hinaus in der elastischen Verformung des Balls sichtbar. Diese Beule bildet sich anschließend zurück und ermöglicht es so dem Ball, erneut an Höhe zu gewinnen. Die Energie schlüpft dabei wieder in ihr kinetisches Gewand, das sie im Laufe der Aufwärtsbewegung nach und nach aufträgt bzw. ablegt, um sich zuletzt erneut in das potenzielle Kostüm zu hüllen. In dieser Form erreicht die Energie ein Maximum, wenn der Ball erst zur Ruhe kommt und stillsteht und dann seine Bewegung umkehrt und wieder nach unten zu fallen beginnt. Die eben geschilderten Wandlungen der Energie werden sich anschließend so lange wiederholen, bis der Ball zuletzt am Boden liegen bleibt und alle potenzielle, kinetische und elastische Energie die Form von Wärme im Boden und im Ball angenommen hat, sich uns auf diese Weise entzieht und für die Bewegung unwirksam geworden ist.

Was auf den ersten Blick nur wie die unnötig komplizierte Beschreibung eines an sich einfachen Vorgangs aussieht – das Fallen und Prallen eines Balles –, stellte für die Physik des 19. Jahrhunderts einen wichtigen Fortschritt dar, weil man endlich *eine* Größe – die Energie – gefunden hatte, mit der sich *viele* Erscheinungen deuten und verstehen ließen. Was oben am Beispiel einer vertrauten mechanischen Bewegung exerziert wurde, konnte man nämlich auch dann durchführen, wenn die für die damalige Zeit neuartigen elektrischen und magnetischen Phänomene eine Rolle spielten. In ihnen steckte ebenfalls Energie, und sie konnte Elektromotoren antreiben und Arbeiten ausführen lassen. Elektromagneten erlaubten die Produktion von Strömen, die sich zuletzt in Wärme überführen ließ – etwa in dem Draht einer Glühbirne, der so stark erhitzt wird, dass er zu glühen beginnt und leuchtet. Und wie man zudem heute weiß, hilft das Konzept der Energie sogar, chemische Reaktionen und biologische Funktionen in diesen einheitlichen Rahmen des wissenschaftlichen Verstehens einzugliedern – und das alles, ohne sehr viel mehr über die Energie zu wissen, als dass sie mehrere Wandlungsmöglichkeiten zeigt, die sich genau vermessen lassen. Was sie ihrer Natur nach wirklich bzw. eigentlich ist, blieb lange undurchschaubar und bleibt auch heute noch zu klären.

Zum »Wesen der Energie«

Die Energie und die Wärme waren zwei große Themen der Physik im 19. Jahrhundert. Ihr Wechselspiel, das in dem Prinzip von der Erhaltung der Energie seinen Ausdruck findet, konnte nach jahrzehntelangem Ringen in der Mitte des 19. Jahrhunderts als Grundsatz gültig formuliert werden, wobei in den Lehrbüchern oft der Berliner Physiker Hermann von Helmholtz (1821–1894) als sein Urheber genannt wird, dessen Vorlesungen Planck noch hören sollte. Das Wort »Energie« (griech. *energeia*, Tätigkeit) tauchte in der physikalischen Wissenschaft nicht vor 1807 auf, und es führte zunächst lange ein Schattendasein, bis Plancks Zeitgenossen es ans Licht holten und in der Energie eine absolute Größe entdeckten, die unverrückbar fest bleibt und für sich dasteht.

Es ist denkbar, dass es diese Eigenschaft war, losgelöst von anderen Gegebenheiten zu sein und in Form einer unbedingten Absolutheit aufzutreten, die Planck an der Energie faszinierte, unter anderem auch weil dem Menschen und seinem Eingreifen auf diese Weise deutliche Grenzen gezogen werden. Das Prinzip erlaubt nämlich weder, Energie zu produzieren, noch sie zu vernichten. Die Menschen haben nur die Möglichkeit, sie von einer Form in eine andere zu überführen.

Das heißt zum Beispiel, dass die Firmen, die unsere Energie liefern – und sich gerne Energieproduzenten nennen, ohne es zu sein –, allein deshalb von uns bezahlt werden, weil wir die Energie von ihnen in der Form bekommen, die wir benötigen. Beim Umwandeln kann aus Strom Wärme und aus Wärme dann Bewegung werden – das gelingt schon seit dem 18. Jahrhundert in Dampfmaschinen –, oder es kann umgekehrt Bewegung aufhören und als Wärme verpuffen. Dieser Vorgang, die so genannte Dissipation, tritt unvermeidlich nicht nur beim geschilderten Aufprall des Balls, sondern zum Beispiel auch beim Abbremsen eines Wagens auf, mit dem man an einer Kreuzung anhalten muss.

Wo soll sich aber bei diesem schlichten physikalischen Geschehen eine Heilsbotschaft verstecken, wie es Planck in dem Zitat am Eingang dieses Kapitels formulierte?

Wer sich dem Physiker Planck nähern oder ihn gar verstehen will, muss sich mit dem Gedanken vertraut machen, dass naturwissenschaftliche Einsichten nicht nur den rational kalkulierenden Geist erreichen und beschäftigen, sondern auch die empfindende Seele mit Genugtuung erfüllen und bereichern können. Dass Menschen etwas von der Natur und ihren Gesetzen verstehen können, ist für ihn nicht selbstverständlich, sondern wundervoll und ein Grund, dankbar zu sein. Wissenschaftliches Treiben und Erkunden bringen für Planck nicht nur Nützliches und Praktisches, sondern auch Genüssliches und Packendes hervor, und wer sein Herz nicht mit Macht und Vorsatz solchen Menschen und ihren Regungen gegenüber verschließt, kann beide Varianten bei Planck finden und lernen. Er wollte die Gesetze der Physik nicht nur verstehen und anwenden, sondern sah vielmehr in ihnen eine Art von Offenbarung, die ihn beglücken und dankbar machen konnte, vor allem dann, wenn sich dabei so etwas wie eine »Einheit des physikalischen Weltbildes« erkennen lässt, wie ein Vortrag von

Planck aus dem Jahre 1908 überschrieben ist und in dem er – im Alter von fünfzig Jahren – zum ersten Mal sein philosophisches Denken einer breiten Öffentlichkeit vorstellt und sich zu einer Weltsicht bekennt.

In dem so schlicht wirkenden Prinzip von der Erhaltung der Energie stecken mindestens zwei wundersame Fragen bzw. Formulierungen, die ein Gefühl des Geheimnisvollen hinterlassen. Die erste entdeckt, wer den von Planck als Heilsbotschaft empfundenen Zusammenhang, der als Erster Hauptsatz der Wärmelehre (Thermodynamik) bezeichnet wird, ein wenig anders formuliert: »Energie ist unzerstörbar«. Dies klingt einfach und wenig aufregend, liefert aber eine Aussage mit einer gewaltigen Herausforderung. Denn wenn Energie weder verschwinden noch auftauchen kann, wenn sie also ewig währt und unvergänglich bleibt, wie kann sie dann jemals in die Welt gekommen sein? Selbst der größte denkbare Urknall kann sie nicht herbeigezaubert, sondern ihr nur eine sinnvolle und sinnlich zugängliche Form verschafft haben (was der Frage, was vor dem Urknall war, eine neue Variante liefert).

Natürlich hat man in Plancks Tagen nicht über solch einen Big Bang bzw. Urknall als Schöpfungsvorgang des Universums diskutiert – das Konzept und der Begriff sind auch erst nach seinem Tod vorgestellt und dann allmählich als plausibel erkannt worden. Doch so unbestritten das Urknallmodell inzwischen ist, es bringt auch seine Probleme mit sich –zum Beispiel die Frage, in welcher Form die Energie existierte, bevor sie sich als Urknallblitz manifestierte. Aus dem Nichts entstanden sein kann sie nicht – jedenfalls nicht nach Plancks Heilbotschaft, die uns zusichert, dass Energie erhalten bleibt und ein unzerstörbares Gewebe darstellt, in dem wir uns voller Vertrauen aufgehoben fühlen können und das uns nicht in eine Leere abstürzen lässt.

Ein Ausweg aus diesem Dilemma bietet sich dem, der den merkwürdigen Gedanken nicht von vornherein verwirft, dass die Gesamtenergie der Welt Null sein kann, was voraussetzt, dass es neben der sichtbaren Energie, die wir in der oben beschriebenen Form sinnlich wahrnehmen, noch unsichtbare (dunkle) Beiträge gibt, die sich in der Gesamtbilanz negativ auswirken. Sie addieren sich alle zusammen zu Null und wirken also nur durch ihr Getrenntsein – ihre Differenzierung.

Bis heute ist es gar nicht so leicht, »das Wesen der Energie« zu fassen, wie es philosophisch tief schürfend heißt und wie es eine von der Göttinger Akademie der Wissenschaften gestellte Preisaufgabe bereits im Jahre 1885 verlangte. An ihrer Lösung versuchte sich Planck als siebenundzwanzigjähriger Extraordinarius für Theoretische Physik, wobei der Hinweis, dass seine dazu eingereichte Arbeit nur mit dem zweiten Preis bedacht wurde, noch um die Information ergänzt werden muss, dass er damit trotzdem der Sieger war. Der erste Preis wurde nämlich überhaupt nicht vergeben. Die Mitglieder der Akademie wussten offenbar selbst nach der Lektüre aller eingereichten Arbeiten immer noch nicht so recht, was »das Wesen der Energie« sein könne – und wir haben bis heute Schwierigkeiten mit diesem Thema –, wobei an dieser Stelle schon einmal vorsorglich ein Hinweis eingeschoben sei, der nicht unbedingt die Zustimmung traditionell denkender Physiker finden wird.

Gemeint ist der Gedanke, dass die »Energie« gar nicht der äußeren Welt der Beobachtung entstammt und also keine empirische Größe ist, wie man gemeinhin sagt. Es könnte ja auch sein, dass Energie der inneren Welt des Menschen entspringt und sie ein Begriff ist, mit dem wir Ordnung in das Beobachtete bringen. Die Philosophie kennt solche Begriffe, die den Menschen vor jeder Erfahrung zur Verfügung stehen – Raum und Zeit zum Beispiel –, und sie bezeichnet sie nach dem Vorschlag von Immanuel Kant als *a priori*, ohne zu sagen, woher diese Konzepte denn kommen. Die Psychologie macht an dieser Stelle den Vorschlag, den Menschen ein kollektives Unbewusstes zuzugestehen, in dem sich solche ursprünglichen (archetypischen) Ideen aufhalten, bevor sie bewusst herangezogen werden. In diesem Sinne könnte man sagen, dass die Energie kein empirischer, wohl aber ein archetypischer Begriff ist, mit dem wir operieren. Damit könnte auch die Faszination erklärt werden, die jemanden wie Planck erfassen kann, wenn er von der Energie erfährt und über sie nachdenkt. Wenn nämlich das von außen Aufgenommene und das innen Ausgebildete zur Deckung kommen, dann drückt sich dies in den Empfindungen des Menschen aus. Er spürt Faszination und kann von dem Thema nicht mehr lassen. Er muss es wissen, er kann nicht länger nicht wissen wollen.

»Kunst kommt nicht von Können, sondern von Müssen«, soll der Komponist Schönberg gesagt haben. Dieser Gedanke kann erneut auf Planck übertragen werden. Seine Physik kommt aus dem Müssen, die Energie drängt ihn von innen her, die physikalische Welt mit ihrer Hilfe zu erkunden. Er kann und will nichts anderes, und er kommt erst zur Ruhe, wenn das Gesetz erkannt ist, von dem er schon weiß, bevor er es kennenlernt.

Energie und Zeit

Kurze Zeit nach Abfassung der Göttinger Schrift – im Jahre 1887 – hat Planck »Das Prinzip der Erhaltung der Energie« zum ersten Mal in einem zusammenhängenden Text vorgestellt. Er hat diese Thematik immer wieder aufgegriffen – nicht zuletzt in seinen *Vorlesungen über Thermodynamik*, in denen er den Gedanken sehr konkret entwickelt, indem er fragt, ob man eine Maschine bauen kann, die dauernd läuft, um als Perpetuum mobile fortdauernd Arbeit aus nichts zu leisten, also ohne dass man Energie hineinsteckt. Ihm ist – als Physiker – bei aller Lust am Prinzipiellen wichtig, sich an der Erfahrung zu orientieren, und er weiß auch, dass der Erste Hauptsatz der Wärmelehre nicht so bewiesen werden kann wie ein mathematisches Theorem.

Inzwischen ist es der theoretischen Wissenschaft aber gelungen, in die Nähe dieser Qualität zu kommen. Zwar gab es lange Jahre hindurch immer wieder Vorschläge, zunächst sonderbare Beobachtungen von Experimentalphysikern – etwa beim radioaktiven Zerfall von Atomen – durch einen Verzicht auf die strenge und durchgehende Gültigkeit des Energiesatzes zu erklären. Aber inzwischen ist man von dieser Praxis sehr weit abgerückt, und zwar spätestens seit am Ende des Ersten Weltkriegs die deutsche Mathematikerin Emmy Noether (1882–1935) zeigen konnte, dass es immer dann, wenn die mathematische Beschreibung (Gleichung) für einen physikalischen Vorgang eine Symmetrie aufweist, in der Natur eine Größe geben muss, die dabei erhalten bleibt.

Das Wort Symmetrie ist hier verallgemeinert zu verstehen, und zwar so, dass sich an der Form der Beschreibung (an der entsprechenden Gleichung) Eingriffe vornehmen lassen, ohne dass sich dabei der Gesamtausdruck – und damit das Verhalten – ändert. Konkret sprechen wir zum Beispiel von einer Spiegelsymmetrie, wenn sich ein Original und sein Spiegelbild nicht unterscheiden lassen. Das Spiegeln stellt ja eine Operation dar, die aber zuletzt unbemerkt bleibt, und zwar wegen der Symmetrie.

Abgesichert durch das Noether-Theorem können wir fragen, gegenüber welcher Transformation (Änderung) die Gesetze der Physik symmetrisch sein müssen, um auf die Energie als Erhaltungsgröße zu stoßen. Wie sich herausstellt, ist die Symmetrie der Zeit dafür verantwortlich.

Es ist nicht verwunderlich, dass physikalische Gesetze unverändert bleiben, wenn man die Uhrzeit ändert, zu der eine Beobachtung (ein Experiment) unternommen wird. Ob eine Messung um 9.00 oder um 12.30 Uhr beginnt, darf für die Physik keinen Unterschied machen. Mit anderen Worten, die Gleichungen, mit denen die Gesetze der Natur formuliert werden, erweisen sich als symmetrisch bei einer Verschiebung der Zeitachse, und aus dieser Eigenschaft, die auch als Homogenität der Zeit bekannt ist, folgt zwingend und unwiderlegbar die Erhaltung der Energie.

Zusammenhänge dieser Weite und Tiefe erkennen zu können, macht die Qualität und die Attraktion der Theoretischen Physik aus, die Planck sein Leben lang betrieben und bereichert hat.

Als der oben skizzierte Zusammenhang zwischen Symmetrie und Konstanz bekannt und gefeiert wurde, war Planck schon weitergegangen. Denn so wichtig die Energie auch war und ist – was den jungen Wissenschaftler bereits am Ende seines Studiums noch mehr beschäftigte, war die zweite wundersame Frage, die oben angekündigt wurde und die sich rasch stellt, wenn man über den Ersten Hauptsatz der Wärmelehre nachzudenken beginnt. Unter seiner Vorgabe ist es zwar erlaubt, Energie von einer Form – Wärme – in eine andere – Bewegung – zu überführen. Aber er lässt uns im Stich, wenn es um die Beobachtung geht, dass nicht jede Umwandlung tatsächlich stattfindet, weder in der physikalischen noch in der technischen Wirklichkeit. Wenn etwa ein Zug seine Fahrt abbremst, erwärmen sich zwar seine Räder, aber wenn man bei einem stehenden Waggon die Räder aufheizt, setzt das Gefährt sich keinesfalls in Bewegung. Oder wer ein Gefäß mit heißem Wasser neben ein Gefäß mit kühlem Wasser stellt, wird nur erleben, wie die Energie von der Wärme zur Kälte und niemals in die umgekehrte Richtung fließt. In diesem Fall kann man einfache Fragen formulieren, um deren Lösung Planck und Kollegen ringen und streiten sollten: Warum folgt die Energie solch einer Einbahnstraße? Was bringt die Richtung ihres Fließens zustande? Lässt sich ein Naturgesetz angeben, das ganz allgemein festlegen oder feststellen kann, welcher Tendenz natürliche Prozesse unterliegen und folgen?

Um diesen Themenbereich in den wissenschaftlichen Griff zu bekommen, hatten die Physiker nach der Mitte des 19. Jahrhunderts vorgeschlagen, der Energie eine zweite Grundgröße an die Seite zu stellen, die sie mit dem Kunstwort »Entropie« benannten, um damit den Gleichklang, die Nähe zur Energie zu betonen. Mit diesem Begriff wollte man die Verteilung der Energie und andere Ordnungsverläufe erfassen, die bei den beobachteten thermodynamischen Prozessen entstehen oder vergehen und die Wärme produzieren oder nutzen. Entropie sollte vor allem den Teil der Energie erfassen, der zum Beispiel durch Reibungen und andere unnütze Wärmeproduktion verlorengeht und unbrauchbar wird.

Wie sich bald zeigte, konnte man mithilfe der Entropie Plancks geliebtem Ersten Hauptsatz der Thermodynamik einen zweiten an die Seite stellen, der ihn bald noch mehr faszinierte. Der Zweite Hauptsatz besagt für physikalische Abläufe, dass deren Entropie ständig zunimmt, während die Energie ihre Form wandelt. Während also die Energie – in ihrer Gesamtheit – erhalten und unverändert bleibt, wächst die Entropie, bis sie ihr Maximum erreicht hat und danach nichts weiter passieren kann. Diesen oft unerfreulichen Zustand identifizierte Planck später mit dem Gleichgewicht.

Hauptsätze der Wärmelehre

1. Hauptsatz: Die Energie der Welt ist konstant.
2. Hauptsatz: Die Entropie der Welt strebt einem Maximum zu.

Wie sehr diese Zusammenhänge Planck elektrisierten, zeigt sich an der Tatsache, dass es dieser Zweite Hauptsatz war, mit dem Planck seine ersten wissenschaftlichen Gehversuche im Jahre 1879 unternahm. Damals legte er im Alter von 21 Jahren seine Doktorarbeit *Über den zweiten Hauptsatz der Wärmetheorie* (noch mit kleinem z) vor, und die Bedeutung, die Planck diesem Thema gegeben hat, sieht man daran, dass der Zweite Hauptsatz inzwischen mit großem Z geschrieben wird.

Planck hatte damit nicht nur eine Fragestellung gefunden, die ihn noch lange beschäftigen sollte, sondern eine, die für uns spannend bleibt und bis heute lohnend erforscht und kontrovers erörtert wird. Um nur ein aktuelles Beispiel zu nennen: In der Woche, in der dieses Kapitel geschrieben wurde, berichtete das britische Fachblatt *Nature* über eine Messung, die sich für die kleinstmögliche Menge an Wärme interessiert, die einen mikroskopischen Kanal passieren kann.[2] Den Wissenschaftlern geht es dabei letztlich um die Frage, wie viel Informationen sie ungestört durch diese molekulare Schleuse schicken können, und wenn sie das tun, taucht sofort die Entropie auf, die so etwas wie ihr Gegenstück darstellt. Sie ist eine Grundgröße des physikalischen Verstehens von Wirklichkeit geworden und muss von uns verstanden werden – allein Planck zuliebe, der nicht nur die Erforschung der Entropie auf die richtige Bahn gebracht hat, sondern in dem zitierten Aufsatz aus dem Jahre 2006 auch deshalb mit Namen aufgeführt wird, weil sein Bemühen dabei letztlich – nämlich im Jahre 1900 – auf eine fundamentale Naturkonstante mit revolutionären Konsequenzen gestoßen ist, die sich bis heute und weiter in der Zukunft entfalten.

Plancks Leben bietet also viel spannende und bis heute aktuelle Physik, und alles fängt mit dem Zweiten Hauptsatz an, weshalb wir uns den dazugehörigen Fragen und Inhalten mit angemessener Sorgfalt langsam nähern wollen – und zwar nicht nur vom Anfang des Themas, sondern auch vom Anfang seines Lebens an. Die Schilderung beginnt mit seinem norddeutschen Geburtsort.

Als Schwabe aus Kiel über München nach Berlin

Max Karl Ernst Ludwig Planck – so der volle Name – stammte aus einer Familie mit schwäbischen Wurzeln. Er wurde am 23. April 1858 in Kiel geboren, siedelte mit seinen Eltern und sechs Geschwistern 1867 nach München über und besuchte das Maximiliansgymnasium in der Ludwigstraße. Dort haben die Lehrer dem 14-Jährigen bescheinigt, »bei aller Kindlichkeit ein sehr klarer, logischer Kopf« zu sein, der »etwas Rechtes« zu werden versprach. 1874 bestand Max im Alter von sechzehn Jahren das Abitur, und im Oktober desselben Jahres schrieb er sich an der Ludwig-Maximilians-Universität München zum Studium der Physik ein. Zum Wintersemester 1877/78 wechselte Planck für ein Jahr nach Berlin an die Friedrich-Wilhelms-Universität, die damals als führende Hochschule des Landes galt und die später für ein halbes Jahrhundert zum Ort seines Wirkens werden sollte.

Zunächst allerdings fand der immer noch blutjunge Planck im Zentrum der deutschen Physik nicht die erhoffte Stimulierung – besonders die Vorlesungen des berühmten Hermann von Helmholtz konnten ihn nicht sonderlich begeistern –, und 1879 kehrte der 21-jährige Planck nach München (und in sein Elternhaus) zurück. In der bayerischen Landeshauptstadt ging nun alles sehr schnell. Ihm gelang nicht nur sogleich die Promotion, sondern nur ein Jahr später bereits die Habilitation. Wenn Planck die akademische Leiter damit auch extrem schnell hinaufgestiegen war – an ihrem Ende wartete zunächst kein Lohn in Form einer Anstellung auf ihn. Planck musste ihm endlos scheinende fünf Jahre – bis 1885 – warten, bevor ihm ausgerechnet seine Vaterstadt Kiel die erste akademische Anstellung anbot.

Dieses Warten muss Planck nicht nur aus wissenschaftlichen Gründen verärgert haben. Er hatte nämlich schon längst Heiratspläne, die er aber nur als wohlbestallter Wissenschaftler verwirklichen konnte. Dies war jetzt endlich möglich – die Eheschließung mit Marie Merck erfolgte im Jahre 1887 –, und er konnte auch beginnen, sich auf die höheren Aufgaben vorzubreiten, die bald auf ihn zukamen.

1889 berief ihn die Universität Berlin zunächst auf ein so genanntes Extraordinariat, bevor er 1892 am Ziel seiner beruflichen Träume ankam und zum Ordinarius für Theoretische Physik ernannt wurde. Er war dabei stolz, die späte Nachfolge von Gustav Robert Kirchhoff (1824–1887) antreten zu können, der viele Jahre hindurch als erster und bis dahin auch einziger Professor für das junge Fach in Deutschland zuständig war, für das Planck nun die Verantwortung übernahm.

Hürden vor dem Fach

Wie ist eigentlich die Wahl des Fachs Physik zu verstehen, auch wenn sie im Rückblick selbstverständlich und vollkommen richtig erscheint, denn immerhin hat Planck es bis zum Nobelpreis gebracht. Die von ihm gewählte und bereicherte Disziplin entwickelte sich im späten 19. Jahrhundert zur Königin unter den Wissenschaften, konnte eine nahezu uneingeschränkte Autorität in der Erklärung der Natur beanspruchen und lieferte zudem der fortschreitenden Industrialisierung ihre theoretische Grundlage. So gesehen scheint alles eindeutig und folgerichtig zu sein. Beim näheren Hinsehen lassen sich jedoch mindestens drei Hindernisse erkennen, die Planck überwinden musste, um die Laufbahn des späteren Erfolgs einschlagen und zur Physik finden zu können.

Die erste (eher kleine) Hürde stellte die Familiengeschichte dar, in der es zwar Pastoren, Theologen und Juristen, aber keine Vorbilder für die Welt der Naturwissenschaften gab. Die Spuren der Plancks lassen sich bis zur Zeit der Reformation verfolgen, und ihr Aufstieg begann im 18. Jahrhundert mit dem Stadt- und Amtsschreiber Georg Jakob Planck in Nürtingen, dessen Sohn Gottlieb Jakob und dessen Enkel Heinrich Ludwig beide nacheinander als schwäbisch geprägte Theologen Professoren in Göttingen wurden. Heinrich Ludwig war der Großvater Max Plancks, dessen als ruhig bekannter Vater, der geadelte Julius Wilhelm von Planck, erst Rechtwissenschaft mit kirchenrechtlichen Neigungen in Kiel und dann Zivilrecht in München lehrte, und zwar beides im Rang eines Universitätsprofessors. Was die andere Seite der Familie angeht, so war Plancks als lebhaft geschilderte und von ihm herzlich verehrte Mutter Emma als Tochter einer ostpreußischen Pastorenfamilie namens Patzig aufgewachsen, in der sie beizeiten gelernt hatte, sich eine eigene Meinung nicht nur zu bilden, sondern auch konsequent und nachdrücklich zu verteidigen.

Um unter diesen Vorgaben zur Naturwissenschaft zu finden, musste man vielleicht wirklich gehörig aus der Art schlagen, wie Planck selbst einmal augenzwinkernd gesagt hat. Zudem pflegten in der damaligen Zeit mutige Menschen, die sich vorgenommen hatten, die Wahrheit zu ergründen, dies am ehesten auf dem Gebiet der Physik zu tun. Diese Disziplin bot die Möglichkeit, sich den Atomen zu nähern und die viel zitierte Frage aus Goethes *Faust*, was die Welt im Innersten zusammenhält, theoretisch zu beantworten.

Eine zweite Hürde erwies sich als deutlich höher und schwieriger: Plancks eindrückliche und hingebungsvolle Neigung zur Musik und seine anhaltende Faszination zunächst durch die Werke von Franz Schubert und Robert Schumann und später von Johannes Brahms. Max Planck zeigte sich schon während der Schulzeit als glänzender Klavierspieler, er verfügte über ein absolutes Gehör, übernahm bereitwillig das Orgelspiel bei sonn- und festtäglichen Gottesdiensten, brillierte als Sänger und Dirigent, komponierte – später während des Studiums – sogar eine Operette mit dem hübschen Titel *Die Liebe im Walde*, gehörte einem regen Akademischen Gesangsverein an und beschäftigte sich auch als Dozent der Physik wenigstens einmal ausführlich mit der Musik (wie es der bewunderte Helmholtz vor ihm getan hatte). Planck untersuchte zum Beispiel, warum in einem Dur-Dreiklang die natürliche Terz, die sich mit ganzen Zahlen darstellen lässt, im Vergleich zu ihrer temperierten Variante, die andere Zahlen benötigt, eher matt und ausdruckslos wirkt.

Der Schüler Planck offenbarte zwar kein Genie – der heranwachsende Knabe bekam als Liebling der Lehrer stets vorzügliche, nie aber die besten Noten –, zeigte jedoch eine ausgesprochen vielseitige Begabung, die von der Mathematik bis zur Musik reichte und ihn bei der Wahl des Studienfachs lange schwanken ließ, bis sich immer deutlicher die Physik als das lohnende Ziel herauskristallisierte. Wenn man Plancks Hinweisen in seiner *Wissenschaftlichen Selbstbiographie* glauben darf, dann steckte hinter dieser Wahl der – über die Heilsbotschaft von der Energieerhaltung hinausgehende – Wunsch, einem von ihm als tief empfundenen Geheimnis der Natur und der Menschen auf die Spur zu kommen. Was ihn nämlich »von Jugend auf für [die Wissenschaft] begeisterte, ist die durchaus nicht selbstverständliche Tatsache, dass unsere Denkgesetze übereinstimmen mit den Gesetzmäßigkeiten im Ablauf der Eindrücke, die wir von der Außenwelt empfangen«.

Was Planck hier so knapp und unauffällig andeutet, so dass seine bisherigen Biografen diesen Aspekt an keiner Stelle weiter aufgegriffen haben, hat sich im Verlauf der 1970er-Jahre – also lange nach seinem Tod – zu einem veritablen interdisziplinären Forschungsprogramm namens »Evolutionäre Erkenntnislehre« entwickelt, zu dem Biologen, Philosophen und andere Wissenschaftler beigetragen haben. Eigentlich müsste es heißen, »erst im

Verlauf der 1970er-Jahre«, denn der dazugehörige Grundgedanke war bereits zu Plancks Lebzeiten geäußert und vorgetragen worden, und zwar von dem österreichischen Physiker Ludwig Boltzmann (1844–1906), dessen intensivstes Bemühen um denselben schon erwähnten Zweiten Hauptsatz der Wärmelehre kreiste, der auch Planck so faszinierte. Wir können daher vermuten, dass sich hier ein tiefer Zusammenhang des Verstehens von Natur verbirgt, dessen Erkundung sich durchaus lohnt.

Die Energie eines Lehrers

Keine Frage – die Naturwissenschaften boten in den Jahren vor 1874, in denen Planck auf das Abitur zusteuerte, eine aufregende Gedankenwelt an, und er hatte das Glück, auf einen Lehrer zu treffen, der seinen Schülern zeigte, dass auf diesem Feld auch etwas von Wert mit absoluter Geltung zu finden sei. Er hieß Hermann Müller, und in Plancks Erinnerung an seinen Physikunterricht erfährt er durch ihn die Heilsbotschaft, die eingangs zitiert worden ist. In seiner *Wissenschaftlichen Selbstbiographie* schildert Planck, wie der Lehrer ihm das Prinzip von der Erhaltung der Energie beigebracht hat: »Unvergesslich ist mir die Schilderung, die Müller uns als Beispiel der potentiellen und der kinetischen Energie zum besten gab, von einem Maurer, der einen schweren Ziegelstein mühsam auf das Dach eines Hauses hinaufschleppt. Die Arbeit, die er dabei leistet, geht nicht verloren: sie bleibt unversehrt ausgespeichert, jahrelang, bis vielleicht eines Tages der Stein sich löst und einem vorübergehenden Menschen auf den Kopf fällt.«

Durch diesen engagierten Lehrer, der unermüdlich auf die Bedeutung physikalischer Gesetze hinwies und dessen Begeisterung für das genaue Erfassen des Natürlichen ansteckend wirkte, bekam der Schüler Planck schon früh den Eindruck, »dass die Außenwelt etwas von uns Unabhängiges« darstellt, dem wir Menschen fragend und findend gegenüberstehen. Was uns gegenübersteht –

was somit wörtlich ein Gegenstand ist –, kennzeichnen wir gewöhnlich mit dem aus dem Lateinischen stammenden Ausdruck »objektiv«, mit dem dasselbe ausgedrückt wird. In der Möglichkeit zur Objektivität steckt der Stolz der klassischen Wissenschaft, die Planck in der Schule und beim Studium vorgesetzt bekam. Vor allem die Physik konnte die Welt objektiv erfassen, was hieß, dass ihre Gesetze ohne Bezug auf ein Subjekt zu formulieren waren und insofern ohne Relation zu uns galten.

Diese Unabhängigkeit von uns Beobachtern, diese Abwesenheit von jeder Subjektivität bezeichnet Planck schon früh als etwas »Absolutes«, und bereits in jugendlichen Jahren – erschien ihm »das Suchen nach den Gesetzen, die für dieses Absolute gelten«, »als die schönste wissenschaftliche Lebensaufgabe«. Ihr wollte er sich widmen, ihr hat er sich gestellt, und aus ihrer Durchführbarkeit hat er seine Kraft geschöpft.

»Bestenfalls ein Stäubchen oder Bläschen«

Doch bevor er diese Suche nach dem Absoluten in Angriff nehmen konnte, musste noch die dritte (und vermutlich schwerste) Hürde überwunden werden: die Wahl des Studienfachs. Zwar hatte Planck inzwischen von der Idee eines Musikstudiums Abstand genommen – auf seine Erkundigung nach den Berufsaussichten hatte der befragte Professor beleidigt mit dem verächtlichen Satz reagiert, »Wenn Sie schon fragen, studieren Sie etwas anderes« –, aber um mit der Wahl der Physik und der künftigen Richtung sicherzugehen, suchte der erst 16-jährige Planck 1874 den Münchener Ordinarius für Physik Philipp von Jolly auf und bat ihn um Rat. In einer Gastvorlesung an der Münchener Alma Mater aus dem Jahre 1924 hat der sechsundsechzigjährige Planck Jollys Antwort wiedergegeben, die ein Paradebeispiel für menschliches Irren ist:

»Als ich meine physikalischen Studien begann und bei meinem ehrwürdigen Lehrer Philipp von Jolly wegen der Bedingungen und Aussichten meines Studiums mir Rat erholte, schilderte mir dieser die Physik als eine hoch entwickelte, nahezu voll ausgereifte Wissenschaft, die nunmehr, nachdem ihr durch die Entdeckung des Prinzips von der Erhaltung der Energie gewissermaßen die Krone aufgesetzt sei, wohl bald ihre endgültige stabile Form angenommen haben würde. Wohl gäbe es vielleicht in einem oder dem anderen Winkel noch ein Stäubchen oder ein Bläschen zu prüfen und einzuordnen, aber das System als Ganzes stehe ziemlich gesichert da, und die Theoretische Physik nähere sich merklich demjenigen Grade der Vollendung, wie ihn etwa die Geometrie schon seit Jahrhunderten besitze.«[3]

Zum Glück hielt sich 1874 der schmächtige Schüler nicht an den Rat des großen Gelehrten. Er orientierte sich mehr an seinem Verlangen nach dem Absoluten, das er in der Physik zu stillen gedachte. So machte sich der Teenager Planck trotz der professoralen Warnung vor fachlicher Langeweile auf die Suche nach neuen Gesetzen, und er bereitete sich beim Studium der Physik sorgfältig darauf vor.

Es war eine schwierige Entscheidung, für die es keine rationale Grundlage gab. Sie hatte von Jolly ja gerade entfernt. Was hier den Ausschlag gegeben hat, kann auf keinen Fall im bewussten Handeln des Kandidaten zu finden sein. Es muss – emphatisch gesprochen – aus den Tiefen der menschlichen Seele kommen, in denen die Psychologen archetypische Bilder vermuten, die faszinierend auf den sie wahrnehmenden Menschen wirken, der dankend ihre Hilfestellung annimmt. Diese Nachtseite der Wissenschaft erklärt im Übrigen, warum Planck nicht einmal zögerte, sich der Physik zuzuwenden.[4] Das archetypische Konzept der Energie und das daran gekoppelte Rätsel der Zeit hatten ihn ergriffen und ließen ihn nie wieder los. Planck hatte sich für einen Wert entschieden, die Frage nach der Energie band ihn, ohne dass er sich gebunden (unfrei) fühlte. Er hatte jetzt eine Vorstellung von dem, was ihm wünschenswert und lohend erschien. Er hatte sich selbst gefunden.

Was hatte von Jolly vor Augen, als er seinen weit das Ziel verfehlenden Ratschlag gab? Das Gebäude der Physik, das es in der zweiten Hälfte des 19. Jahrhunderts zu bewerten galt, konnte auf den ersten Blick nur Staunen und Bewunderung hervorrufen. Zum einen gab es eine Lehre von der Bewegung – eine Mechanik –, die vollkommen zufriedenstellend beschreiben konnte, nach welchen Gesetzen materielle Körper von einem Ort zum anderen kamen, wenn Kräfte auf sie einwirkten. (Diese Mechanik reicht heute noch aus, um Astronauten erst auf den Mond und dann zur Erde zurückzubringen oder auch um weiter in den Kosmos einzudringen.) Zum anderen gab es eine Lehre von den Wechselwirkungen, die genau darstellen konnte, wie immaterielle Gegebenheiten in der Art elektrischer und magnetischer Felder sich gegenseitig beeinflussen, wenn sie sich in Raum und Zeit ausbreiten. Mithilfe dieser Lehre, der Elektrodynamik, konnten die Forscher unter anderem das Licht und seine Ausbreitung zu ihrer restlosen Zufriedenheit erfassen und berechnen. Und da gab es drittens – dies aus jüngster Zeit in der Perspektive Plancks – ein Verständnis für die Erscheinungen, die mit der Wärme, ihrer Umwandlung und ihrem Transport zu tun haben. Diese Theorie hatte sich in jeder praktischen Hinsicht bewährt und zum Beispiel die Konstruktion immer effizienterer Maschinen ermöglicht.

Was wollte ein Physiker mehr? Er verstand den Kosmos (durch die Mechanik), er verstand das Licht (durch die Elektrodynamik), und er verstand die meisten technischen Geräte. Es konnte in seiner Sicht und in seiner Disziplin nicht viel zu tun bleiben – vielleicht noch in der Chemie und in der Biologie, aber nicht in der Physik.

Der Gedanke, dass ein Feld abgeschlossen und umfassend erfasst ist, taucht ab und zu in der Geschichte der Naturwissenschaft auf, und zwar nicht nur in zurückliegenden Jahrhunderten, als unter anderem um das Jahr 1800 herum ein baldiger Abschluss der

Astronomie prognostiziert wurde. Das Gerede vom Ende war auch in jüngster Zeit häufig zu hören, zum Beispiel in den späten 1960er-Jahren, als viele Biologen meinten, dem Leben mit dem ersten Ertasten und Erkunden der genetischen Moleküle bereits auf sämtliche Schliche gekommen zu sein. Als man gar die ersten Mechanismen der Regulation erkannte, blieben selbst in großen amerikanischen Universitäten die ersten Lehrstühle für Bakteriengenetik unbesetzt – aber nur bis jemand ohne Vorwarnung das vorstellte, was man heute Gentechnik nennt. Diese Methode eröffnet nicht nur einen ganz neuen Blick auf das Leben und seine Mechanismen, sondern bietet auch so viele Eingriffsmöglichkeiten in die organische Welt, dass viele Philosophen neuerdings angefangen haben, ihre längst vergessene ethische Kompetenz erneut zu reklamieren und den Forschern, die sich Gedanken über Gefahren und Risiken der Wissenschaft machen wollen, ihre Hilfe anzubieten.

Die offene Welt der Wissenschaft

Der Gedanke, dass ein Feld abgeschlossen und umfassend erfasst werden kann, gehört der europäischen Denktradition der Aufklärung an, der wir durch ihre konsequente Rationalität herrliche Einsichten verdanken. Allerdings – in der Idee der Rationalität (lat. *ratio*) steckt auch das Konzept der Berechenbarkeit bzw. Rechenschaft, und wer rechnet, bekommt zumeist eines Tages ein Ergebnis, das nichts weiter offen lässt. Wer der Ansicht ist, dass die Dinge berechenbar sind und eine vollkommen rationale Erfassung der Welt möglich ist, wird auch erwarten, dass dieses kalkulierende Erklären eines Tages zum Abschluss kommt. Und unter diesem Aspekt macht es sehr viel Sinn, das Ende einer Wissenschaft zu prognostizieren – so wie es Plancks Lehrer von Jolly getan hat. Er betrachtete die Welt unter dem Aspekt der Rationalität und war damit zufrieden.

Allerdings läuft man dabei Gefahr zu übersehen, dass es längst das Gegenstück zur Aufklärung gibt, das ebenso erfolgreich und einflussreich auftritt: Gemeint ist das Denken, das im Anschluss an die Jahrzehnte kurz vor und nach 1800 als Gegenentwurf dazu entstanden und das als Romantik bekannt ist. Zu den vielen Grundüberzeugungen eines Romantikers gehört auch die, dass Wissenschaft ein Bildungsprozess ist und insofern offen bleibt. Als Wilhelm von Humboldt im frühen 19. Jahrhundert gebeten wurde, das preußische Bildungswesen zu reformieren, begann er damit, die Wissenschaft »als etwas noch nicht Gefundenes und nie ganz Aufzufindendes« zu charakterisieren, und aus dieser Überzeugung heraus schlug er die Gründung einer Stätte vor, an der sich dieser Prozess vollziehen könne: Gemeint ist die 1810 gegründete Berliner Universität, die später eine von Plancks großen Wirkungsstätten werden sollte und tatsächlich ein Kind des romantischen Denkens ist. Da Planck vermutlich im Träumen so groß war wie im Denken – was ihm zu äußern in seiner Zeit verschlossen blieb und was auch seine Biographen bislang außer Acht gelassen haben –, ließ er sich von Jollys Skepsis über die Zukunft der Physik nicht beirren und begann leidenschaftlich mit dem Studium der Wissenschaft, die von Energie und Entropie handelte.

Planck unternahm dies anfänglich in einer Gruppe von Freunden, zu denen unter anderem der um zwei Jahre ältere Mathematikstudent Carl Runge (1856–1927) gehörte, der den Mut zu kühnen Gedankenflügen hatte und seinen Kommilitonen Planck mit der damals aufrührerisch neuen Frage aufschreckte, ob es nicht sein könne, dass die christliche Kirche mehr Schaden als Nutzen für die Menschen und die Welt gebracht habe. Die beiden fanden reichlich Gelegenheit zu solchen Gesprächen, unter anderem auf einer Fußtour, die sie im Frühjahr 1877 nach Italien unternahmen. Während dieser Wanderung konnte Planck seine körperliche Leistungsfähigkeit unter Beweis stellen, die er durch anstrengende Bergtouren in seiner Jugend erworben hatte. Sein Vater liebte es nämlich, »mit all den Seinen … für mehrere Sommerwochen in ein entlegenes und damals noch ganz einsames Dorf im nördlichen oder südlichen Tirol zu ziehen und in ausgedehnten Touren die nahe und weite Umgebung zu durchforschen«, wie ein Verwandter Plancks in seinen Erinnerungen berichtet hat.[5]

Vor welchem historischen Hintergrund sind diese Erfahrungen gemacht und die Gespräche geführt worden? Was war das für ein Land, in dem sich das Denken und der Leistungswille Plancks und seiner Freunde formten?

Das Deutschland jener Tage – in Plancks Bewusstsein

Gemeint ist Deutschland in den ersten Lebensjahrzehnten von Max Planck, wie es sich vom frühen 19. Jahrhundert an, als auch das romantische Denken aufkam und Einfluss nahm, entwickelt hat. Historiker sprechen dabei gerne von der »Geburt der deutschen Nation«, die sich zwischen 1806 und 1848 ereignete und aus der nach 1871 ein »Nationalstaat in der Mitte Europas« hervorging.[6]

Am 6. August 1806 hörte das so genannte Heilige Römische Reich Deutscher Nation zu bestehen auf, weil Kaiser Franz II. unter immensem Druck Napoleons abdankte und die Reichskrone niederlegte. Der Zeitgenosse Johann Wolfgang von Goethe bemerkte zu diesem Vorgang, dass ihn der Streit seines Kutschers mehr interessiert habe als diese Nachricht, weshalb auch wir nur kurz bei ihr verweilen wollen, um zu sagen, dass nach dem Verschwinden der Reichshülle niemand mehr so recht zu sagen vermochte, was Deutschland sei. Man konnte sich zwar als preußischer, bayerischer, sachsen-gothaischer oder geografisch sonst wo angesiedelter Untertan als »Teutscher« fühlen, aber ein Nationalgefühl kam dabei nicht auf.

Nach der Niederlage der preußischen Armee in der Doppelschlacht von Jena und Auerstedt am 14. Oktober 1806 war Napoleon in Berlin eingezogen und von der dortigen Bevölkerung begeistert begrüßt worden. In den folgenden Jahren versuchte man, die Staatsverwaltungen nach dem französischen Vorbild des »Code Napoléon« zu modernisieren, aber da dies sehr langsam und zudem höchst unterwürfig betrieben wurde, fanden die Bürger immer weniger Gefallen an diesem Vorgehen. Nach und nach wurde eine Nationalbewegung erkennbar, die viele Formen annehmen konnte, unter anderem die eines tugendhaften Deutschen Bundes, dem der berühmte »Turnvater« Friedrich Ludwig Jahn gründete, auf den das berühmte Motto »Frisch, fromm, fröhlich, frei« zurückgeht.

Als Napoleon, der inzwischen Berlin verlassen und nach Moskau aufgebrochen war, dort im russischen Winter 1813 vernichtend geschlagen wurde, brach sich der Hass der Deutschen auf die Franzosen Bahn. Er wurde von Preußenkönig Friedrich Wilhelm III. geschürt, was sowohl viele Bildungsbürger als auch zahlreiche Handwerker in Freikorps zu den Waffen greifen ließ, um Napoleon in die Enge zu treiben. 1814 standen die deutschen Truppen – verbündet mit rheinbündischen und österreichischen Soldaten – vor Paris, und Napoleon dankte kurz darauf ab.

Vom 18. September 1814 bis zum 9. Juni 1815 wurde darauf der berühmte Wiener Kongress abgehalten, der eine Neuordnung Europas, und folglich auch Deutschlands, festlegte – mit grandiosen Folgen. Europa erlebte in den kommenden Jahrzehnten die längste Friedensperiode seit Menschengedenken, und in Deutschland begann die Phase, die im Rückblick besinnlich-beschaulich als »Biedermeier« bezeichnet wird und deren Sinnbild der treuherzige und verschlafene deutsche Michel ist. Diese Gemütlichkeit währte aber nur bis um das Jahr 1840 herum. Dann machte sich ein Wiedererwachen des deutschen Nationalismus bemerkbar, was sich sowohl politisch als auch kulturell auswirkte – etwa in Form gesamtdeutscher Wissenschaftskongresse, auf denen die Einheit von Wissenschaft und Nationalidee betont und gefördert wurde.

Damit lief die deutsche Geschichte auf die bürgerliche Märzrevolution im Jahr 1848 zu, als fast sechshundert Volksvertreter in der Frankfurter Paulskirche zusammenkamen, um ihrem Land eine freiheitliche Verfassung zu geben und eine nationale Regierung zu wählen. Dieser Versuch misslang jedoch, nicht zuletzt weil keine Einigkeit über die Frage herrschte, welche Länder man zu dem Deutschland zusammenschließen wollte, das man zu schaffen sich vorgenommen hatte. Sollte es Österreich mit einbeziehen und einem habsburgischen Kaiser unterstellt werden, oder favorisierte man die »kleindeutsche Lösung« unter Führung Preußens und unter Ausschluss Österreichs?

Im Hintergrund der politischen Ereignisse der Jahre 1848/49 fand auch die so genannte Industrielle Revolution statt. Ihr Ursprung wird gewöhnlich in das 18. Jahrhundert und nach England verlegt und mit der Entwicklung der Dampfmaschine in Verbindung gebracht, was in unserem Zusammenhang wichtig ist, weil die Wissenschaft von der Thermodynamik, in der Planck glänzte, bei der Konstruktion dieser Maschinen entwickelt und benötigt wurde. Energie wurde – praktisch – als die Fähigkeit eines Apparates verstanden, äußere Wirkungen hervorzubringen, also Arbeit zu verrichten. Den dazugehörigen Wirkungsgrad galt es erst zu verstehen und dann zu verbessern, und in beiden Fällen schien die Theorie das nötige Rüstzeug bereitzustellen.

Aus ersten Dampfmaschinen, die zum Pumpen dienten, wurde dank einem besseren Verständnis der thermodynamischen Gesetze im 19. Jahrhundert die Lokomotive entwickelt, die dann in Verbindung mit einem entstehenden Schienennetz zur Eisenbahn führte und bald Zugfahrten erlaubte. 1835 wurde unter großer und begeisterter Anteilnahme der Bevölkerung die erste deutsche Eisenbahnlinie zwischen Nürnberg und Fürth eröffnet, und am Vorabend der 1848er-Revolution gab es bereits mehr als fünftausend Eisenbahnkilometer innerhalb des Gebietes der Länder, die sich 1834 zu einem Deutschen Zollverein zusammengeschlossen hatten. Mit diesem Bund, dem Anfang 1848 bereits achtundzwanzig von neununddreißig deutschen Bundesstaaten angehörten, entstand zum ersten Mal ein einheitliches Wirtschaftsgebiet auf deutschem Boden – mit der Folge, dass die Ökonomie boomte und sich ein Strom von billigen Arbeitskräften etwa aus dem agrarischen Ostelbien erst nach Berlin durchkämpfte und sich dann darüber hinaus in deutschen Landen ausbreitete.

Die Entwicklung verlief nun schnell und umfassend, wie Hagen Schulze darstellt: »Die ständische Agrargesellschaft löste sich auf, und an ihre Stelle trat die städtische, in Proletariat und bürgerliche Mittelschicht getrennte moderne Industriegesellschaft.« Genau hier treffen wir auf Plancks Eltern, die ihm zusätzlich ein Bildungsmilieu lieferten, in dem er aufwachsen und seine Erfahrungen machen konnte.

Das harmonische Familienleben musste der junge Planck dabei als Glück empfinden, denn »das vorherrschende Gefühl des Zeitalters war das der Entwurzelung – Familienbande zerrissen, religiöse Bindungen lockerten sich, herkömmliche Loyalitäten wurden aufgegeben«, »mit einem Wort, es herrschte ein noch nie da gewesenes Gefühl des Normenverlustes, der gesellschaftlichen Orientierungsungewissheit und Identitätskrise«, wie der Historiker erkennt, und aus dieser Lage heraus entstanden in den 1850er-Jahren und danach eine Vielzahl konkurrierender Ordnungsideen.

Alles schien möglich, sogar eine liberale Regierung in Preußen, wie sie Wilhelm I. dann tatsächlich in Plancks Geburtsjahr 1858 einsetzte, nachdem er seinem zuletzt geisteskranken Bruder Friedrich Wilhelm IV. gefolgt war. Zwar lockerte Wilhelm I. zur allgemeinen Überraschung der Öffentlichkeit sogar den Druck durch die Zensur, aber bald überfielen den Monarchen erneut die gewohnten konservativen Nationalgedanken, und 1862 ernannte er den damaligen preußischen Gesandten in Paris, Otto von Bismarck, zum Ministerpräsidenten. Bismarck verfolgte in diesem Amt vor allem ein Ziel, nämlich die Machterweiterung Preußens in einem revolutionären Europa, und er wollte dies über den Weg einer preußischen Hegemonie in Deutschland – auf Kosten Österreichs – erreichen. Der neu ernannte Ministerpräsident wusste auch, was dafür zu tun war, und er drückte dies 1862 im Abgeordnetenhaus aus, als er in einer Rede seine berühmt gewordene Formulierung »Blut und Eisen« verwendete (auch wenn sie erst umgekehrt auftaucht): »Nicht durch Reden und Majoritätsbeschlüsse werden die großen Fragen der Zeit entschieden – das ist der Fehler von 1848 und 1849 gewesen –, sondern durch Eisen und Blut.«

Der Deutsch-Französische Krieg von 1870/71, der sich in den 1860er-Jahren abzeichnete und einen Bruder Plancks das Leben kostete, kann als erster »Krieg der modernen Technik und der Massenheere« bezeichnet werden, »der die Schrecken des ungebändigten totalen Kriegs des 20. Jahrhunderts bereits vorausahnen ließ« (Hagen Schulze). Der deutsche Generalstab unter Helmuth von Moltke nutzte vor allem seine technische Überlegenheit (Einsatz von Eisenbahnen), um die französischen Truppen zu schlagen, und dieser Sieg erlaubte zusammen mit der nationalen Hochstimmung der Bevölkerung die Gründung des Deutschen Kaiserreichs, die am 18. Januar 1871 im Spiegelsaal des Schlosses von Versailles ausgerufen wurde: König Wilhelm I. von Preußen wurde in Frankreich zum Deutschen Kaiser proklamiert.

Der Aufstieg des neuen Staatswesens gelang, weil es nicht nur ideologisch auf sicherem Boden stand, sondern weil es auch wirtschaftlich voranging, wie der Ausdruck Gründerzeit erkennen lässt, der für die Jahre nach 1872 verwendet wird. Damals entstanden viele erfolgreiche Unternehmen, die die Wandlung Deutschlands von einem Agrar- zu einem Industriestaat ermöglichten. Aus Dörfern und Kleinstädten wurden Siedlungskonglomerate und Industrieareale, und mehr als fünfzig Prozent der Bevölkerung wohnten in Städten mit mehr als fünftausend Einwohnern.

Ein auffälliges Wahrzeichen der Industriellen Revolution, die sich mit den skizzierten gesellschaftlichen Folgen vollzog, war die künstliche Beleuchtung, mit der man die Nacht zum Tag machen konnte. Zwar gab es bereits seit den 1830er-Jahren erste Bemühungen um eine öffentliche Stadtbeleuchtung, aber die zunächst allein verfügbaren Gaslampen stanken und flackerten. Erst die Erfindung der Glühbirne, die dem amerikanischen Mulitalent Thomas A. Edison für das Jahre 1879 zugeschrieben wird, bedeutete den Triumph des künstlichen Lichts. In ihrem Gefolge begannen die Menschen – im Anschluss an die Pariser Weltausstellung von 1881 – mit dem Aufbau von Elektrizitätswerken und dem Ausbau von Stromnetzen.

Der englische Physiker und Chemiker Joseph Swan aus Newcastle hatte zwar schon vor Edison eine Glühlampe entwickelt, bei der er als Glühfaden verkohltes Papier in einem luftleeren Glaskolben benutzte, jedoch vergessen, seine Erfindung zeitig zum Patent anzumelden. In einer solchen Birne wird primär ein Faden erhitzt. Das Licht entsteht als Nebenprodukt der erzeugten Wärme, was einen Physiker natürlich reizt, diesen Vorgang im Detail zu verstehen. Wie hängen die Temperatur des Fadens und die Art seines Leuchtens zusammen? Wie wird aus der Wärme des Materials die Farbe, die wir sehen? Als Planck diese Frage nach langem Bemühen endlich beantworten konnte, löste er langfristig die größte Revolution in der Geschichte der physikalischen Wissenschaften aus.

Die Wissenschaft der Dampfmaschine

Mit dem elektrischen Strom lassen sich Elektromotoren betreiben, und der Strom lässt sich durch den so genannten Dynamo erzeugen. Diesen heute eher ungebräuchlichen Ausdruck für einen elektrischen Generator – höchstens Fahrradfahrer sprechen manchmal noch von dem Dynamo, der ihnen Licht gibt, wenn sie genügend strampeln – hat der Industrielle Werner von Siemens in den Jugendtagen Plancks geprägt, als es ihm gelungen war, viele technische Detailprobleme zu lösen, um hohe Spannungen durch Drehungen von Wicklungen in Magnetfeldern erzeugen zu können. Der elektrische Strom entsteht durch eine mechanische Bewegung, und die Aufgabe eines Physikers besteht an dieser Stelle darin, die Zusammenhänge zu präzisieren und auf *einen* Begriff zu bringen.

Diese Rolle übernahm die Energie, die auf das griechische Wort *energeia* zurückgeht, womit eine wirkende Kraft gemeint ist – was vor jedem Wissenschaftler bereits im Jahre 1581 ein Dichter zu nutzen wusste. Der englische Schriftsteller Philip Sidney verfasste damals eine *Verteidigung der Poesie*, in der er den Poeten »genau jene Kraft oder Energie (wie es die Griechen nennen)« zutraute, die eine Gesellschaft in Bewegung versetzen sollte.[7]

Bevor die Energie als Wort in der Wissenschaft auftauchte, war dort anschaulich erfahrbar von Arbeit, Kraft, Wucht, Leistung und Wirkung zu hören und zu lesen, also von Bezeichnungen, die aus dem Alltag stammen und die wir auch heute noch verwenden. Die Ingenieure bauten ihre ersten Maschinen, damit sie die Arbeit übernehmen konnten, die Menschen sonst zu erledigen hatten. Sie taten dies zunächst ohne wissenschaftliche Hilfestellung, und zwar umfangreich seit dem 18. Jahrhundert und zumeist in dem Bemühen, Kohle zu fördern. Dieses schwarze Gold hatte man schon länger entdeckt. Damals reduzierte sich eigentlich das ganze Problem der Wissenschaft auf die Frage, wie Kohle in Arbeit umgewandelt werden konnte. In moderner Formulierung würde man wissen wollen, wie aus Öl die Bewegung der Maschinen wird, die wir fahren und betreiben, und es leuchtet sofort ein, dass eine Menge naturwissenschaftlicher Kenntnisse nötig ist, um von der chemisch-stofflichen Zusammensetzung des Öls oder der Kohle in den Lagerstätten der Welt über die Raffinierung der darin enthaltenen Kohlenwasserstoffe oder ähnlicher Moleküle bis zum Betrieb eines Schmelzofens in einer Gießerei oder zur Beschleunigung eines Flugzeugs zu kommen, das von einer Startbahn abhebt.

Diese lange Strecke kann nur zurückgelegt werden mithilfe des Begriffs, der den ersten Förderern von Kohle noch unbekannt war – den Begriff der Energie. Er nistet sich – nach seinem literarischen Debüt und einem kurzen Auftauchen in der Gedankenwelt, die der Philosoph Gottfried Wilhelm Leibniz (1646–1716) im späten 17. Jahrhunderte entwickelte – als wirkende Kraft im frühen 19. Jahrhundert in der Wissenschaft ein, als man verstehen wollte, wie eine Dampfmaschine funktionierte. In dieser Konstruktion aus den Anfangstagen der Industriellen Revolution machten britische Erbauer wie Thomas Newcomen und James Watt praktischen Gebrauch von der riesigen Ausdehnung, die Wasserdampf bei Erhitzung erfährt und der sich eine rasante Kondensation bei der nachfolgenden Abkühlung anschließt, um einen Kolben hin und her zu bewegen. Damit wandelt die Maschine die Wärme, die zur Verdampfung des Wassers eingesetzt wird, in die Arbeit um, die der Kolben durch sein mechanisches Agieren ausführt. Die ersten Dampfmaschinen kamen zunächst als Pumpen zum Einsatz – und zwar gerade in den Bergwerken, die die Kohle förderten, mit der sie beheizt wurden –, dienten aber schon bald zur Erledigung von Transportaufgaben, was dadurch gelang, dass die ursprünglich geradlinig geführte Bewegung des Kolbens in einen kreisförmigen Umlauf überführt wurde und somit Räder in Gang setzen konnte.

Spätestens 1784 funktionierten Dampfmaschinen so gut, dass sie das Interesse nicht nur der Ökonomen und Politiker fanden, sondern auch zum Gegenstand grundlegender Wissenschaft wurden. Die Physiker fragten sich voller Neugierde, was da eigentlich geschieht, wenn aus spürbarer Wärme mechanische Bewegung wird, und einige von ihnen kamen um 1800 auf die naheliegende Idee, dass Wärme selbst eine Bewegung sein muss. Aber eine Bewegung wovon?

Damals konnte man nicht die heute für uns selbstverständliche Antwort »Bewegung von Atomen und Molekülen« geben. Die antike Idee der Atome war in Vergessenheit geraten – sie sollte dann aber bald erneut auftauchen –, und die Forscher, die über Wärme nachdachten, sahen diese Qualität vor allem in den Flammen, die zum Feuer gehören, und sie führten sie und deren Wärme auf einen hypothetischen Stoff zurück, den sie nach dem griechischen Ausdruck für »verbrannt« Phlogiston nannten.

Es bedurfte langer und höchst genauer Versuchsreihen mit Waagen und anderen Präzisionsinstrumenten, um der zwar anschaulichen, aber falschen Idee eines beim Verbrennen entweichenden Phlogiston den Garaus zu machen, aber es gelang Ende des 18. Jahrhunderts, und die Wissenschaft begann, sich mehr auf das Quantitative und Messbare zu konzentrieren. Unter anderem befasste man sich genauer mit der Wärme – etwa indem man anfing, Thermometer zu bauen und mit ihnen Temperaturen zu bestimmen –, um anschließend aus den Daten etwas über die stoffliche Natur der Erwärmung bzw. Hitze zu gewinnen. Bald wurde klar, dass man ein Konzept benötigte, mit dem möglichst alle Phänomene unter einem begrifflichen Dach zu fassen waren, und da die Industrialisierung und ihre Bedürfnisse das Denken prägten, einigte man sich darauf, die Fähigkeit eines physikalischen Systems – einer Maschine – zu untersuchen, Arbeit zu verrichten. Diese »dem System innewohnende Fähigkeit, äußere Wirkungen hervorzubringen« – so Plancks eigene Formulierung aus seinem *Vorlesungen über Thermodynamik*[8] – nannte man Energie, und sie wurde in den kommenden Jahrzehnten scharf unter die Lupe der Forschung genommen – nicht zuletzt, um endlich sagen zu können, was für eine Art Stoff oder Erscheinung die Wärme denn nun war, die immer mit im Spiel zu sein schien, ohne sich einfach in das physikalische Schema der Mechanik zu fügen.

Die Einkreisung der Energie

Bei der frühen Erkundung der Energie haben sich mindestens drei Forscher hervorgetan – der aus Massachusetts stammende Benjamin Thompson (1753–1814), der als Graf von Rumford bekannt ist und über die Hitzeentwicklung beim Bohren von Löchern in Kanonen nachgrübelte, der Engländer James Precott Joule (1818 bis 1889), der davon überzeugt war, dass Wärme und Arbeit äquivalent sind ,und der sich immer feinere Versuchsanordnungen ausdachte, um dies quantitativ und mit möglichst präzisen Zahlen zu bestimmen, und der aus Heilbronn stammende Arzt Julius Robert

Mayer (1814–1878), der in den Tropen beim Betrachten der Farbe von Blut plötzlich die Einsicht hatte, die heute als erste Hauptsatz der Thermodynamik gilt und die Planck so wunderbar erschien.

Liest man im Detail nach, wie die drei Forscher vorgegangen sind und ihre Ideen entwickelt haben, so wird man wieder an die Romantik erinnert und begreifen, was die Philosophiebücher meinen, wenn sie als eine der Grundvorstellungen des in den Jahren nach 1800 spürbar werdenden romantischen Denkens die Idee des »Urphänomens« vorstellen. Damit ist eine (ideelle) Einheit gemeint, aus der die (aktuelle) Vielheit hervorgehen kann – etwa durch Bildung von Polaritäten, wenn sie als Tag und Nacht oder Geist und Materie getrennt werden. Die Naturphilosophie der Romantik beginnt mit der Setzung einer einheitlichen Erscheinung, die sie bei Mensch und Natur zu finden hofft, und merkwürdigerweise kommt sie dabei zu dem Schluss, dass alles Bewegung ist. Das heißt für den Menschen, dass er nicht einfach da ist, sondern sich selbst erschaffen muss, und das bedeutet für die Energie, dass der äußeren (mechanischen) Bewegung eine innere Bewegung als Wärme entsprechen muss und die eine die andere hervorbringen kann.[9]

So spannend das auch sein mag – wir können den romantischen Hintergrund des thermodynamischen Trios nicht in all seinen Verzierungen ausmalen und auch nur auf eine ihrer Beobachtungen eingehen, die Mayer um 1840 als Schiffsarzt machen konnte. Zuvor soll aber noch in Erinnerung gerufen werden, dass Energie heute in Einheiten gemessen wird, die nach Joule benannt sind. Ein Joule (J) ist dabei klein ausgelegt, und zwar so, dass ein Herz für einen Schlag etwa ein Joule benötigt. Da ein menschliches Herz jeden Tag rund 100 000 Mal schlägt, müssen wir allein 100 000 Joule an Energie dafür aufwenden (und aufnehmen), um am Leben zu bleiben.

Damit sind wir bereits dicht bei dem Blut, das Mayer auf seinen größten Gedanken brachte. Zu seinen Aufgaben als Arzt gehörte es, Krankheiten von Matrosen im Stil der Zeit zu behandeln, und das hieß unter anderem im Paradigma seines Jahrhunderts, Aderlässe durchzuführen. Als Mayer eine Vene öffnete, erwartete er, das normalerweise dunkle Blut zu sehen, das in diesen Gefäßen transportiert wird. Diese Art der Färbung erklärte (und erklärt) die Medizin durch die Tatsache, dass das zuerst helle Blut in den Venen seinen Sauerstoff an die Gewebe abgibt und seinen Zweck erfüllen kann. Tatsächlich hatte Mayer bei europäischen Patienten an diesen Stellen nur dunkles Blut gesehen, aber in tropischen Breiten –in Indonesien – kam hellrotes Blut aus den Venen. Der Arzt stutzte erst und erinnerte sich dann an die Hitze, der die Menschen dort ausgesetzt – oder der sie angepasst – waren, und er notierte die Vermutung, dass sie unter diesen Umständen wohl weniger Energie in ihrem Blut benötigen und deshalb weniger aufgenommene Nahrung verbrennen müssen.

Die Medizin beschreibt also einen Vorgang der inneren Welt, bei dem Wärme ohne Feuer produziert wird, mit einem Wort für den Vorgang des Verbrennens, den wir zunächst nur – mit Flammen – für die äußere Welt kennen. Mayer dachte aber als Arzt, und für ihn verschaffte sich ein Körper seine Kraft und die Fähigkeit, Arbeit zu verrichten, durch das Verbrennen der Nahrung, die er aufnahm, und diese Kraft musste sowohl mit der inneren als auch mit der äußeren Wärme eng zusammenhängen. Aus diesen Überlegungen entwickelte Mayer den Gedanken der Energieerhaltung, den er um 1840 publizierte. Er fügte sich nahezu perfekt in das Gebäude ein, das Graf Rumford und Joule mit ihren Überlegungen zu bauen begonnen hatten.

In den alten Texten wird oft von »Kraft« gesprochen, wenn wir heute »Energie« sagen, und so kommt es auch, dass die wahrlich grundlegende Schrift, die heute als Ursprung für die Entdeckung des Prinzips von der Erhaltung der Energie angesehen wird, den Titel *Über die Erhaltung der Kraft* trägt. Geschrieben hat sie 1847 der damals noch junge Arzt und Physiker Hermann von Helmholtz, dem Planck in Berlin noch persönlich begegnen sollte.

Helmholtz hatte sich – wie Mayer – zunächst mit physiologischen Wärmeerscheinungen in Organismen beschäftigt – es ging um eher unappetitliche Dinge wie Gärung und Fäulnis – und sich erst danach anderen Energieumwandlungen zugewandt, wie sie bei elektromagnetischen, thermoelektrischen und anderen Phänomenen beobachtet worden waren. Ihm schien die damals immer noch populäre Annahme einer besonderen »Lebenskraft« für ein Verständnis des Biologischen unnötig, und er sah alle Kenntnisse sowohl über die anorganische als auch über die organische Welt vollkommen in Einklang mit der Erhaltung der physikalischen Kraft, die nachfolgende Wissenschaftler als Energie präzisiert haben und die auch ein physiologisches Gewand tragen kann, wie mehrfach deutlich geworden ist.

Klarheit bei Clausius

Der wichtigste unter den nach Helmholtz sich der Energie zuwendenden Physikern war der aus Köslin gebürtige und in Berlin lehrende Rudolf Clausius (1822–1888), dessen Schriften Planck bereits als Student der Physik mit großem Genuss und Gewinn gelesen hatte. Allerdings – die Gründe, die Planck in Berlin schon früh zu den Texten von Clausius greifen ließen, hatten leider nicht zuletzt mit der Tatsache zu tun, dass der große Helmholtz in seinen Vorlesungen peinlich schlecht auftrat – er hatte sich »nie richtig vorbereitet, er sprach immer nur stockend, (...) außerdem verrechnete er sich beständig an der Tafel, und wir hatten das Gefühl, dass er sich selber bei diesem Vortrag mindestens ebenso langweilte wie wir«, wie Planck in seiner *Selbstbiographie* verraten hat.

Auch der zweite große Physiker, auf den Planck sich in Berlin freute und dessen Leistung noch eine entscheidende Rolle in Plancks Leben spielen sollte, Gustav Robert Kirchhoff, brachte nicht das erhoffte Erlebnis in der Lehre. Zwar trug Kirchhoff »ein sorgfältig ausgearbeitetes Kollegheft vor, in dem jeder Satz wohlerwogen an seiner richtigen Stelle stand«, aber »das Ganze wirkte auswendig gelernt, trocken und eintönig«, wie Planck in seiner *Wissenschaftlichen Selbstbiographie* ausplaudert. Damit deutet er an, warum er sein Bedürfnis nach wissenschaftlicher Fortbildung weder bei Helmholtz noch bei Kirchhoff stillen konnte, sondern nur dadurch, dass er zu den Originalschriften von Clausius griff, die von der Energie handelten: Ihre »wohlverständliche und einleuchtende Klarheit [machten] mir einen gewaltigen Eindruck«, heißt es weiter. Wenn er von Clausius sprach, benutzte Planck gerne das Wort »Meister«, und er hat dafür gesorgt, dass einige Schriften von Clausius in einer Reihe mit klassischen naturwissenschaftlichen Texten erschienen sind. Dazu gehört die Abhandlung *Über bewegende Kraft der Wärme und die Gesetze, welche sich daraus für die Wärmelehre ableiten lassen* aus dem Jahre 1850 und der sieben Jahre später verfasste Aufsatz *Über die Art der Bewegung, welche wir Wärme nennen*, wobei Planck in den Texten von Clausius »die von ihm gegebene genaue Formulierung der beiden Hauptsätze der Wärmetheorie« würdigte und allen Lesern »die erstmalige Durchführung ihrer scharfen Trennung« zur Lektüre empfahl.

In der ersten Schrift zeigt Clausius – zu Plancks Begeisterung –, »dass in allen Fällen, wo durch Wärme Arbeit entstehe, eine der erzeugten Arbeit proportionale Wärmemenge verbraucht werde«. Nach und nach entwickelte Clausius die Gedanken, die es ihm 1865 erlaubten, dem Ersten Hauptsatz eine universale, anspruchsvolle und prägnante Formulierung zu geben: »Die Energie der Welt ist constant.«

Der Zweite Hauptsatz aufs Neue

In dem eben genannten Jahr 1865 führte Clausius noch die bereits als vertrackt angedeutete Zustandsgröße Entropie in die Physik ein, um dem Ersten einen Zweiten Hauptsatz an die Seite stellen zu können, den er ebenso universal, anspruchsvoll und prägnant formulierte: »Die Entropie der Welt strebt einem Maximum zu.«

Mit dieser Auskunft beschäftigte sich der damals gerade volljährig gewordene Max Planck in seiner Doktorarbeit aus dem Jahre 1879, und er erkannte dabei, dass durch das von Clausius eingeführte Konzept in die Physik etwas eingegangen war, das die alte Mechanik ausgelassen hatte und also noch nicht kannte – die Richtung der Zeit. Wenn sich ein einzelner Gegenstand nach den Gesetzen bewegt, die Isaac Newton bereits im 17. Jahrhundert formuliert hat und mit der eine Sonde bis heute zum Mars findet, kann er dies vorwärts und rückwärts in der Zeit tun. Um sich das klarzumachen, braucht man nur an einen Film zu denken, in dem ein Ball auf seiner Flugbahn durch die Luft auf ein Tor zu gezeigt wird. Niemand würde merken, wenn der Film rückwärts liefe – natürlich nur bis zu dem Zeitpunkt, in dem er im Tor einschlägt und das Netz aufbauscht. Es würde auch niemandem auffallen, wenn ihm ein Zusammenspiel mit Billardkugeln umgekehrt vorgeführt würde – aber nur, bis der Spieler ins Bild kommt, der den Stoß dazu ausgeführt hat.

Eine freie und durch Äußerlichkeiten unbeeinflusste Bewegung ist zeitumkehrinvariant, wie es in der Fachterminologie heißt, und deshalb kam die Richtung der Zeit in dieser Wissenschaft nicht vor – bis Clausius den Zweiten Hauptsatz formulierte und Planck darauf aufmerksam und davon fasziniert wurde. Er erkannte, dass die zeitliche Entwicklung durch diese Entropie gegeben ist. Da das Wort eine Neubildung nach dem griechischen *entrepein* ist, das »umkehren« heißt, begann Planck sich umfassend Gedanken über die Frage zu machen, welche Vorgänge und Abläufe in der Natur umkehrbar (reversibel) sind und welche unumkehrbar (irreversibel) bleiben.

Planck tat dies übrigens, ohne an technische Anwendungen zu denken, die aber nicht weit entfernt sind, wenn man Maschinen unter dem Aspekt betrachtet, dass sie zunächst Energie zugeführt bekommen, um sie in Arbeit umzuwandeln. Wer etwa sein Auto auftankt, versorgt es mit (teurer) Energie, um anschließend damit fahren zu können. Die Energie geht also in zwei Richtungen – in die Maschine und wieder aus ihr heraus –, und folgerichtig stellt sich die Frage, wie viel Arbeit jemand für das Geld bekommt, das er für das Benzin ausgegeben hat.

Es leuchtet leider ein, dass nicht alle Energie in Arbeit umgewandelt werden kann, und die grundlegende Frage der Wärmeforscher bestand schon früh darin, den unbrauchbaren Teil sowohl zu charakterisieren als auch so klein wie möglich zu halten. Der Teil der Energie, der in Arbeit verwandelt werden kann, der also in dieser Form freikommt, wurde freie Energie genannt, und der Unterschied zur Gesamtenergie sollte mithilfe der Entropie gefunden werden – was in Plancks Augen dann gelänge, wenn man zwischen umkehrbaren und irreversibeln Abläufen zu unterscheiden gelernt hätte.

Bis heute ist Entropie ein spannendes Gebiet für die Wissenschaft, wie zu Beginn eines 2005 erschienenen Buches zu lesen ist, das schlicht *Entropie* heißt: »Der Entropiebegriff hat sich ursprünglich aus einer rein technischen Fragestellung bei der Konstruktion von Wärmekraftmaschinen (Dampfmaschinen) entwickelt. Dabei entstand eine ganz neue physikalische Disziplin, die Thermodynamik oder Wärmelehre, deren allgemeine Bedeutung bald offenbar wurde. Während ihr zentraler Begriff, die bis dahin nur unzureichend definierte Temperatur, auf praktisch alle makroskopischen Objekte wie Gase, Flüssigkeiten, feste Körper und Strahlungsfelder, aber auch auf biologische Systeme anwendbar ist, überwindet der Entropiebegriff selbst Grenzen zwischen ganz unterschiedlichen Wissenschaften. Er hat sich nicht nur in anderen Naturwissenschaften wie Chemie, Biologie, Astronomie, Kosmologie und insbesondere für das Konzept der Evolution als bedeutsam erwiesen, sondern lässt sich auch als ein *Maß für Unordnung* sehr viel weitergehend anwenden – auch unabhängig von Begriffen wie Wärme und Dynamik. So wird er etwa in der Linguistik, Soziologie, Ökonomie, Ökologie und in der Kunsttheorie verwendet, insbesondere aber in der formalen Informationstheorie.«[10]

Mit »Maß für die Unordnung« oder »Vorrat an Zufälligkeit«

pflegen Wissenschaftler den Begriff Entropie zu umschreiben, um sie allgemein verständlich zu machen. Darauf werden wir zurückkommen, wenn es um die Versuche geht, den Zweiten Hauptsatz nicht nur aufzustellen, sondern auch zu beweisen. Damit beschäftigte sich der vor allem in Wien tätige Ludwig Boltzmann, dessen statistische Überlegungen einige Klarheit in das Thema brachten – aber erst nachdem Planck seine Dissertation geschrieben, Studien angefertigt hatte und zum Dozenten für Physik geworden war.

Umgekehrt oder rückgängig

Erst noch ging es um die Formulierungen von Clausius, der seine Einsicht namens Zweiter Hauptsatz aus der durch sämtliche Erfahrungen gestützten und erhärteten Hypothese ableitete, dass »die Wärme nicht von selbst aus einem kälteren in einen wärmeren Körper übergeht«.

Genau an dieser Stelle wollte Planck weiterdenken und Fortschritte machen, um nicht nur zu sagen, dass Wärme niemals spontan und ohne Verluste von einem wärmeren zu einem kälteren Körper übergeht, sondern dass dies auch dann ausgeschlossen bleibt, wenn von außen eingegriffen wird. »In dem Bestreben, mir über diesen Punkt möglichst Klarheit zu schaffen, kam ich [in meiner Doktorarbeit] auf eine Formulierung der Hypothese [von Clausius], die mir einfacher und bequemer zu sein schien«, wie es in seiner *Wissenschaftlichen Selbstbiographie* heißt. Diese Formulierung lautet: »Der Prozess der Wärmeleitung lässt sich auf keinerlei Weise vollständig rückgängig machen.«

Vorgänge, die sich auf keinerlei Weise vollständig rückgängig machen lassen, werden heute als irreversibel bezeichnet, wobei anzumerken ist, dass Planck sie »natürlich« nannte, was einfacher und zugleich weitreichender ist. Tatsächlich kann man in der Natur lange nach einem reversiblen Ablauf suchen, ohne fündig zu werden, und selbst die oben angeführte Flugbahn des Balls oder

der Lauf einer Billardkugel sind bei genauem Hinsehen nicht umkehrbar, da sie durch Reibung – an der Luft oder am Tuch – etwas von ihrer Energie verlieren. Der Ball, der am Anfang des Kapitels vom Dach fällt, springt zwar nach dem Aufprall wieder hoch. Er erreicht aber nie seine Ausgangshöhe, und so bleibt auch dieser Vorgang letztlich unumkehrbar, also irreversibel.

Für Planck war es wichtig, mit diesem Wort bzw. mit diesem Konzept sehr genau und gewissenhaft umzugehen. Es ärgerte ihn, wenn er Formulierungen der Art las: »Irreversibel ist ein Vorgang, der nicht in umgekehrter Richtung verlaufen kann.« Dass diese Festlegung nicht ausreicht, zeigt der Blick auf natürlich stattfindende Abläufe, die rückgängig gemacht werden können, ohne im Detail reversibel zu sein. Beispiele bieten unter anderem das Frieren bzw. Kochen von Flüssigkeiten oder das Mischen von Tinte mit Wasser. Wenn ein Tropfen blauer Tinte in ein mit Wasser gefülltes Glas fällt, wird man nur beobachten, wie sich die Farbe verteilt, und niemand wird jemals erleben, dass die Tinte sich plötzlich wieder an einem Ort versammelt. Der Vorgang ist irreversibel. Er kann aber rückgängig gemacht werden – mit allgemein bekannten technischen oder anderen Tricks.

Planck hatte viele solcher natürlichen Vorgänge vor Augen, als er in seiner Dissertation versuchte, den Zusammenhang zwischen der Irreversibilität und der Entropie aus dem Zweiten Hauptsatz von Clausius so präzise wie möglich zu fassen. Er nutzte dazu die universelle Beobachtung, dass die Entscheidung darüber, ob ein Ablauf in der Natur umkehrbar ist oder nicht, nur von der Beschaffenheit des Anfangs- und Endzustands abhängt, und nicht davon, wie das untersuchte System den Weg zwischen diesen beiden zurücklegt. Die Natur schien – wie Planck sich ausdrückte – für den Endzustand eine größere »Vorliebe« zu haben, und die Entropie von Clausius lieferte ein Maß für die Größe dieser Vorliebe. Planck verstand als Sinn des Zweiten Hauptsatzes die Aussage, »dass bei jedem Naturvorgang die Summe der Entropien aller an dem Vorgang beteiligter Körper zunimmt«, und zwar so lange, bis dabei für die gesamte Entropie ein Maximum erreicht worden ist. Danach sind weitere Änderungen des betrachteten Systems ausgeschlossen, das sich nun in Plancks Vorstellung in einem stabilen Gleichgewicht befindet.

Promotion und Habilitation

Man kann sich vorstellen, wie sich der junge Akademiker gefühlt haben muss, als er zu seinem großen Leidwesen nach dem Einreichen seiner Dissertation 1879 bemerken musste: »Der Eindruck [meiner] Schrift in der damaligen physikalischen Öffentlichkeit war gleich Null. Von meinen Universitätslehrern hatte, wie ich aus Gesprächen mit ihnen genau weiß, keiner ein Verständnis für ihren Inhalt. Sie ließen sie wohl deshalb als Dissertation passieren, weil sie mich von meinen sonstigen Arbeiten im physikalischen Praktikum und im mathematischen Seminar kannten. Aber auch bei den Physikern, welche dem Thema an sich näher standen, fand ich kein Interesse, geschweige denn Beifall. *Helmholtz* hat diese Schrift wohl überhaupt nicht gelesen, *Kirchhoff* lehnte ihren Inhalt ausdrücklich ab mit der Bemerkung, dass der Begriff der Entropie, deren Größe nur durch einen reversiblen Prozess messbar und daher auch definierbar sei, nicht auf irreversible Prozesse angewendet werden dürfe. An *Clausius* gelang es mir nicht heranzukommen, auf Briefe antwortete er nicht, und ein Versuch, mich ihm in Bonn persönlich vorzustellen, führte zu keinem Ergebnis, weil ich ihn nicht zu Hause antraf.«

Doch Planck war nicht aus dem Holz geschnitzt, das unter solcher Anspannung knirscht oder gar bricht. Er war vielmehr längst »durchdrungen von der Bedeutung« der Aufgabe, die Entropie und die Richtung der Zeit zu verstehen, und aus dem inneren Drang heraus, den er immer verspürte, legte er in sensationell kurzer Zeit – bis 1880 – eine Habilitationsschrift vor, die *Gleichgewichtszustände isotroper Körper* behandelte. Mit dem zweiten Wort des Titels sind Eigenschaften gemeint, die unabhängig sind von der Richtung, die man einschlagen bzw. anvisieren kann. In »isotropen Körpern« können die Prozesse, die sich auf dem Weg in den Endzustand abspielen, in alle Richtungen – nach rechts und links, nach oben und unten, nach vorne und hinten – gleich ablaufen, und mit dieser mathematischen Erleichterung als Vorgabe konnte Planck beginnen, alle Gesetze des physikalischen und chemischen Gleichgewichts theoretisch abzuleiten. Damit hatte er den Weg zum Erfolg betreten. Sein erstes Ziel erreichte er im Jahre 1897, als die erste Ausgabe seiner *Vorlesungen über Thermodynamik* erschien. Mit diesem Text war Planck für seine Kollegen eine weltweit anerkannte Autorität auf dem Gebiet der klassischen Thermodynamik geworden.

Allerdings – zwei Enttäuschungen gab es bei diesem Aufstieg schon. Die erste betraf die Ergebnisse, die Max Planck erzielen konnte, als er sich mit den drei Aggregatzuständen – fest, flüssig und gasförmig – beschäftigte, die Stoffe bei sich ändernden äußeren Bedingungen (wie Druck oder Temperatur) einnehmen können. Wer etwa dem flüssigen Wasser Wärme zuführt, wird es irgendwann verdampfen sehen, und wer Wasser in ein Tiefkühlfach sperrt, sorgt dafür, dass es zu Eis gefriert.

Für die junge Wissenschaft der Thermodynamik war es nicht leicht zu erklären, wie sich zum Beispiel die übertragene Wärme auswirkt, wenn die Temperatur nicht weiter steigt, sondern sich nur der Aggregatzustand ändert, wenn also Wasser von der flüssigen zur gasförmigen Phase wechselt. Zwar kam Planck auf diesem Gebiet allmählich voran, er erzielte sogar »fruchtbare Ergebnisse«, wie er selbst stolz verkündete – aber nur, um entdecken zu müssen, dass ihm dabei jemand zuvorgekommen war. Ohne dass Planck davon wusste, hatte schon einige Jahre zuvor (ab 1876) der amerikanische Mathematiker und Physiker Josiah Willard Gibbs (1839 bis 1903) ähnliche Ideen entwickelt und zu Papier gebracht.

Planck Unkenntnis muss und kann erläutert werden. Gibbs arbeitete nämlich in einer Epoche, in der Europa noch keine Ergebnisse von wissenschaftlicher oder philosophischer Bedeutung aus den USA erwartete. Damit soll nicht unterstellt werden, dass Planck meinte, sich nicht um Publikationen von Physikern der Yale Universität kümmern zu müssen, an der Gibbs arbeitete und unter anderem das Konzept der freien Energie ausarbeitete. Dieser Umstand soll nur aufzeigen, dass der Doktorand und Assistent Planck in einer Zeit lebte und forschte, als seine Wissenschaft vor allem in deutscher Sprache entwickelt wurde und niemand eine andere Sprache lernen musste (was Planck lebenslang einige Schwierigkeiten bereitete). Zudem dauerte es damals eine geraume Zeit, bevor wissenschaftliche Mitteilungen in einer anderen Sprache zur Kenntnis genommen wurden, wenn sie nicht in weltweit verbreiteten Fachzeitschriften erschienen waren. So wurden die wichtigen Aufsätze von Gibbs zur Thermodynamik nicht vor 1891 ins Deutsche übertragen, und sein Hauptwerk *Statistische Mechanik* kam erst 1905, also zwei Jahre nach seinem Tod, auf Deutsch heraus, und zwar in der Übersetzung von Plancks Assistenten Ernst Zermelo.

Heute wird Gibbs längst als Begründer der statistischen Thermodynamik gefeiert, unter anderem, weil er ein als »Freiheitsgrad« bezeichnetes Konzept eingeführt hat, das für Plancks Quantensprünge relevant werden wird. Mit »Freiheitsgrad« meinte Gibbs eine messbare Größe wie Druck oder Temperatur, die in einer Substanz frei verfügbar ist. Freiheitsgrade lassen innere Bewegungen zu, was genauer bedeutet, dass dort jederzeit und in jeder Menge (bis zu einem gegebenen Umfang) Energie gelagert oder abgerufen werden kann. Von zwei Körpern (Materialien) kann derjenige mehr Wärme aufnehmen und speichern, der über mehr Freiheitsgrade verfügt.

Die zweite Enttäuschung betraf die Hoffnung des Privatdozenten Planck auf eine Berufung an die Universität in München, an der er sich habilitiert hatte. Alle Bemühungen Plancks blieben ohne Erfolg, und er musste sich in Geduld üben und auf bessere Zeiten warten. Ein Grund für die miserable Situation lag darin, dass Planck in der neuen Disziplin der Theoretischen Physik arbeitete, die heutzutage an jeder Universität durch ein Institut mit dem dazugehörigen Direktor vertreten ist. Was aber heute die Norm ist – vor allem, nachdem Albert Einstein diesem Fach öffentliche Anerkennung verschafft hat –, war zu Plancks Zeiten die Ausnahme, und es gab viele Experimentalphysiker, die den Anstrengungen ihrer Kollegen der Theoretischen Physik eher mit Skepsis begegneten. Für Planck war dies kurzfristig mit Mühen verbunden, langfristig aber nur ein Ansporn, sich und sein Fach »irgendwie in der wissenschaftlichen Welt bekannt zu machen«, und aus diesem Grunde beteiligte er sich 1887 an der bereits erwähnten Herausforderung der Göttinger Akademie der Wissenschaften, das Wesen der Energie zu klären. Zum Glück hatte Planck damals bereits seine erste Anstellung gefunden, und zwar ausgerechnet in seiner Vaterstadt Kiel, die 1885 ein Extraordinariat für Theoretische Physik eingerichtet hatte.

Der Ruf aus Kiel »kam mir vor wie eine Erlösung«, und den Augenblick, in dem Planck die näheren Bedingungen erfuhr, zählte er auch im Alter noch »zu dem glücklichsten meines Lebens. Denn wenn ich auch im Elternhaus das denkbar schönste und behaglichste Leben führte, so war der Drang nach Selbstständigkeit doch immer stärker in mir geworden, und ich sehnte mich nach der Gründung eines eigenen Haushaltes«.

Diese Aufgabe konnte jetzt endlich in Angriff genommen werden. Er kannte auch schon die Braut, die er so gerne heimführen wollte.

Ein Akt der Verzweiflung
(1881–1900)

> Kurz zusammengefasst kann ich die ganze Tat als einen Akt der Verzweiflung bezeichnen. Denn von Natur aus bin ich friedlich und bedenklichen Abenteuern abgeneigt ... Aber eine theoretische Deutung musste um jeden Preis gefunden werden, und wäre er noch so hoch.
>
> Max Planck, *Frühgeschichte der Quantentheorie*[1]

Die Theoretische Physik – Plancks Fach – bemüht sich um die verständliche Deutung von Beobachtungen, die im Umgang mit der physikalischen Natur entweder auf besondere Weise im Experiment gelingen oder einfach so zustande kommen. »Einfach so« sieht zum Beispiel jeder, dass sich der Himmel tagsüber blau zeigt (wenn sich keine weißen oder dunklen Wolken davor schieben) und abends rot leuchten kann, wenn die Sonne untergeht (falls sie es tut).

Die Aufgabe eines theoretisch tätigen Physikers besteht nun darin, die genannten Farben zu erklären, und um dies überzeugend zu tun, muss er von möglichst plausiblen Annahmen ausgehen, die nicht zu knapp, aber auch nicht zu zahlreich ausfallen dürfen. Unser imaginärer Physiker kann sich zum Beispiel vorstellen, dass erstens nur das Licht der Sonne eine Rolle spielt und sich keine andere Quelle einmischt, dass wir zweitens auf der Erde nur die Strahlung empfangen und zu sehen bekommen, die von der Atmosphäre in unsere Richtung gestreut worden ist, dass drittens dieser Effekt von winzigen Partikeln bewirkt wird, die in der Atmosphäre schweben, und dass viertens die gesehenen Farben durch Wellenlängen bzw. Frequenzen charakterisiert werden können. Damit kann er nun versuchen, die beobachteten Phänomene auf die bekannten Gesetze der Physik zurückzuführen. Vielleicht fängt er dabei mit der Frage an, was eigentlich passiert, wenn eine Lichtwelle auf ein Teilchen der Atmosphäre trifft, und er kann diese Interaktion nach dem modellieren, was passiert, wenn eine Wasserwelle einen Stein umspült.

Wellen können durch drei Messgrößen (Parameter) bestimmt werden, durch ihre Wellenlänge, ihre Frequenz und ihre Geschwindigkeit. Wenn sich eine Welle ausbreitet – etwa das Licht von der Sonne oder vom Himmel her –, ohne das Medium zu verlassen, das sie trägt, liegt ihre Geschwindigkeit fest, und zwar als Produkt aus Wellenlänge und Frequenz. Wir führen diesen Zusammenhang hier deshalb an, um klarzumachen, dass bei einer einzelnen Welle, die man betrachtet, die Wellenlänge und die Frequenz fest zusammenhängen. Eine hohe Frequenz (blaues Licht) zieht unweigerlich eine geringe Wellenlänge nach sich und umgekehrt. Rotes Licht mit seiner großen Wellenlänge verfügt folglich über eine tiefe Frequenz. Zwischen diesen beiden Extremen des sichtbaren Spektrums findet sich grün-gelbes Licht mit mittleren Messwerten.

Mit den oben aufgezählten Vorgaben beginnt die physikalische Deutung der beschriebenen alltäglichen Phänomene, und sie kann tatsächlich konsequent durchgeführt werden, wie ein Zeitgenosse Plancks, der englische Physiker John William Strutt (1842 bis 1919), als Erster zeigen konnte. Da Strutt 1873 geadelt wurde und seitdem als Lord Rayleigh bekannt ist, versteht die Physik die Farbe des Himmels und des Sonnenuntergangs als so genannte Rayleigh-Streuung. Wenn – so konnte der Lord zeigen – die Partikel, auf die das Sonnenlicht trifft, deutlich kleiner sind als die Wellenlängen der einfallenden Strahlen, dann wird bei diesem Vorgang der Anteil mit der hohen Energie – also das blaue Licht – so stark bevorzugt, dass es allein wahrgenommen wird. (Energieschwache

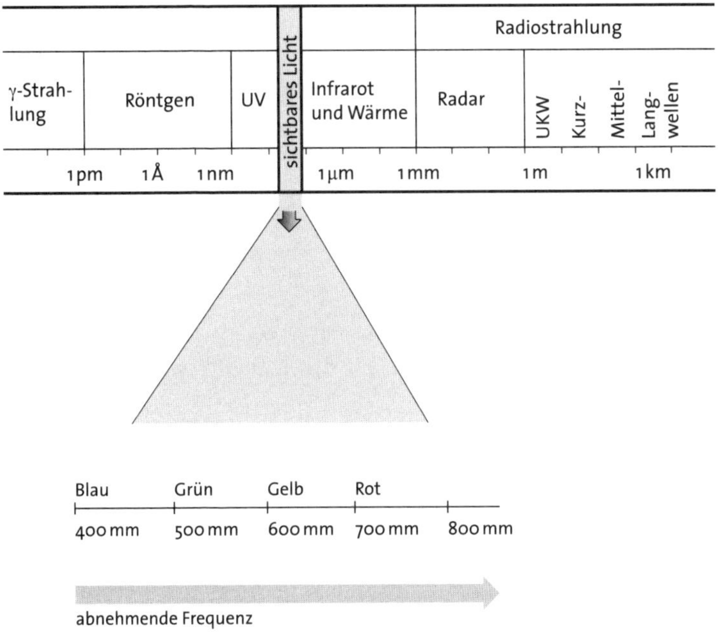

Das elektromagnetische Spektrum und die Verbindung von Wellenlänge und Frequenz.

Wellen scheinen sich nicht an den Teilchen zu stören und an ihnen vorbeizulaufen.) Abends, beim Untergehen der Sonne, wirkt der Mechanismus in die entgegengesetzte Richtung – das blaue Licht wird dank des jetzt viel längeren Weges durch den atmosphärischen Dunst nicht zu uns hin, sondern von uns weg gestreut, und das energiearme Licht bleibt übrig, also das Rot, das so viele Menschen entzückt.

Theoretische Physik kann natürlich viel mehr erklären – zum Beispiel den Regenbogen, den Wechsel der Gezeiten oder einige Gesetze des elektrischen Stroms, und ihr gelingt dies sowohl qualitativ als auch quantitativ. Planck und seine Kollegen bemühten sich, sehr genaue Vorhersagen zu machen, die in einem Experiment überprüft werden können, und zwar mit der Absicht herauszufinden, ob die Annahmen, von denen man ausgegangen war, der

Wirklichkeit standhielten und etwas über sie aussagten. Wenn die Beobachtung zeigte, dass die Theorie eine ungenaue oder falsche Auskunft gab – ohne dass sich dabei ein Rechenfehler eingeschlichen hatte –, dann galt es, ihre Vorgaben infrage zu stellen und mit der Deutung von vorne zu beginnen.

Erläutert sei dies am Beispiel der Wolken. Auch sie sehen wir dank des Lichts, das sie streuen, aber sie sehen weiß und nicht blau aus. Bei ihnen, so hat ebenfalls bereits Lord Rayleigh festgestellt, trifft die Annahme nicht zu, dass sie aus Partikeln bestehen, die sämtlich deutlich kleiner sind als die Wellenlängen des Sonnenlichts. Werden in den theoretischen Überlegungen Teilchen aller Größen zugelassen, dann weist das Streulicht auch alle Wellenlängen auf, was nichts anderes heißt, als das es weiß erscheint – wie wir erst mit den Augen sehen und wie wir dann durch die Physik einsichtig machten.

Was gedeutet werden muss

Theoretische Physik kann allein deshalb spannend sein, weil man durch die beobachteten Phänomene gezwungen werden kann, Vorstellungen über Aufbau und Wirkung der Natur aufzugeben, an die man sich im Laufe der Jahre nicht nur gewöhnt, sondern die man eventuell sogar lieb gewonnen hat. Die Messungen oder Beobachtungen können einen zu einer neuen und verstörenden Sicht der Dinge zwingen, und genau diese Erfahrung musste Planck machen, als er sich mutig daran machte, seinen größten und wirkungsmächtigsten Beitrag zur Theoretischen Physik zu liefern.

Er nannte es – wie eingangs zitiert – einen »Akt der Verzweiflung«. Und Planck wurde zu ihm genau an der Wende der beiden Jahrhunderte gezwungen, die er kennenlernte und bereicherte. Man schrieb das Jahr 1900, in dessen Verlauf Planck sich auf einen Vortrag vorbereitete, den er im Dezember vor der Physikalischen Gesellschaft in Berlin halten sollte. In ihm wollte er seinen Vorschlag zur Lösung eines Problems vorlegen und begründen, das die Physiker mindestens das halbe 19. Jahrhundert hindurch beschäftigt hatte, das aber außerhalb dieser Wissenschaft eher speziell und marginal erscheinen musste. Es ging um die Wärme bzw. Energie, die Körper in Form von Strahlung aussenden, wenn sie so lange erhitzt werden, bis sie glühen und dann schmelzen. Planck wollte die Farben des Lichts erklären, die dabei zu sehen sind, und dieses Phänomen stachelte seinen inneren Drang besonders an, weil er hierbei endlich ein Gesetz mit absoluter und universaler Geltung zu finden hoffte, das ihm physikalisch und philosophisch Befriedigung verschaffen würde.

So schön und überzeugend die Erklärung von Lord Rayleigh für die Himmelsfarben war, handelte es sich hierbei um eine einfache Übung in Theoretischer Physik mit einer bekannten Quelle für das Licht, der Sonne. Das traf für die Wärmestrahlung, die Planck jetzt ins Auge fasste, nicht zu. Das zu erklärende Licht wurde ja nicht gestreut, sondern erzeugt. Aber wie und in welcher Menge geschah dies?

Bei diesen Fragen ging es darum, Lichtquellen und ihre Energiebilanz zu verstehen, was auch das Interesse der Industrie weckte, da sie inzwischen Glühbirnen in großen Mengen anfertigte. »Eine theoretische Deutung« der Wärmestrahlung muss also aus vielen Gründen und »um jeden Preis gefunden werden«, notierte Planck. Er war bereit, dafür jeden Preis zu bezahlen, »und wäre er noch so hoch«. Noch ahnte er nicht, was es wirklich kostete, die Farben glühender Körper verständlich zu machen.

Ein historischer Hinweis

Der amerikanische Wissenschaftshistoriker Thomas Kuhn hat die Entstehung von Plancks Erklärung in jedem verfügbaren Detail verfolgt und 1978 in einem umfangreichen Standardwerk beschrieben: *Black-Body Theory and the Quantum Discontinuity, 1894–1912*[2] – ein unentbehrliches Buch, um die vielfältigen Wendungen des theoretischen Denkens in der Physik dieser Epoche zu verstehen. Beim Verfassen dieser Studie gewann Kuhn selbst die Erkenntnis, dass sich die großen Fortschritte der Wissenschaft, zu denen Plancks Entdeckung gehört, nicht als logische Leistungen erfassen lassen, sondern dass dabei etwas anders ins Spiel kommt. Beim Nachdenken darüber hat Kuhn das Konzept von wissenschaftlichen Revolutionen entwickelt, deren Struktur er in den 1960er-Jahren auf die Spur kommen wollte.[3] Kuhns Buch hat in den 1960er-Jahren in wissenschaftshistorischen Kreisen für Furore gesorgt und bewirkt, dass überall nach einem Paradigmenwechsel gesucht wurde, der eine Revolution zu begleiten hatte.

Inzwischen ist die Begeisterung merklich abgeklungen. Man kommt mehr und mehr zu der Ansicht, dass sich kaum sagen lässt, was ein Paradigma sein soll, und dass es so ungeheuer revolutionär in der Wissenschaft eigentlich gar nicht zugeht. Eine Ausnahme gibt es aber sicher doch – Plancks Quantenhypothese. In diesem Fall kann man auch sagen, wie das Paradigma ausgesehen hat, das nach ihr ausgewechselt wurde: Es ist die klassische Physik und die Summe der Annahmen, mit denen sie operierte.

Plancks Vertrauen

Plancks Vertrauen in die Fähigkeiten seiner Wissenschaft war grenzenlos, und er zweifelte keinen Augenblick an der Möglichkeit, einen Naturvorgang mit mathematischen Methoden qualitativ verständlich und quantitativ präzise zu erfassen. Damit erwies er sich als guter und gelehriger Schüler von Galileo Galilei, der im 17. Jahrhundert vollmundig postuliert hatte, das Buch der Natur sei in der Sprache der Mathematik geschrieben, und wer in ihm lesen und es erfassen wolle, müsse das dazugehörige Vokabular lernen und einige Grammatikregeln kennen.

Galileis Bekenntnis muss deshalb »vollmundig« genannt werden, weil es nicht auf Tatsachen beruhte und bestenfalls eine kühne Vision oder ein grandioses Versprechen darstellte. Der berühmte Italiener ist bekanntlich bei seinen eigenen Versuchen, erste Naturgesetze in mathematischer Form zu formulieren, gescheitert, und als wirklich zutreffend erwies sich sein Gedanke erst nach seinem Ableben, als Newton die bekannten Gesetze der Bewegung aufgestellt hatte. Seine Mechanik des Himmels und der Erde und die mit ihr verbundenen Erläuterungen der Gezeiten und anderer Phänomene bezogen sich aber auf Abläufe der äußeren Welt – auf Kugeln zum Beispiel, die schiefe Ebenen hinunterliefen oder aus Kanonen abgefeuert wurden. Plancks Interesse richtete sich nach innen, nach den dynamischen Gegebenheiten innerhalb der Körper, die Newton kreisen, fliegen und zusammenstoßen ließ. Damit haftet Plancks Überzeugung, auch dort Gesetze zu finden, bei aller Rationalität des Ansatzes doch etwas Wunderbares und sogar eine gewisse Vernunftwidrigkeit an.

Hier zeigt sich, dass der feste Glaube an die Macht der Rationalität selbst nicht rational ist, sondern anderen Quellen entstammt. Sie flossen bei Galilei reichlich, und sie versiegten auch bei Planck nicht. In der Theoretischen Physik steckt nämlich eine Menge archaischer Stoff mit entsprechender Lust und Emotion. Dies zeigt nicht zuletzt die bis heute unveränderte Verwendung des längst vor allem biologisch verstandenen Wortes »Körper«. Die Himmelskörper hat man in der Antike so genannt, weil man dem Bemühen um Verstehen ein organisches Bild der Welt zugrunde legte. Einem der Körper, mit denen sich die Physik befasste, gehörte um die Wende zum 20. Jahrhundert Plancks besondere Aufmerksamkeit.

Die Strahlung schwarzer Körper

Die Erscheinung, um deren physikalisches Verständnis und theoretische Erklärung sich Planck nun bemühte, betraf einen Vorgang, der in den frühen Jahrzehnten seines Lebens von vielen Phy-

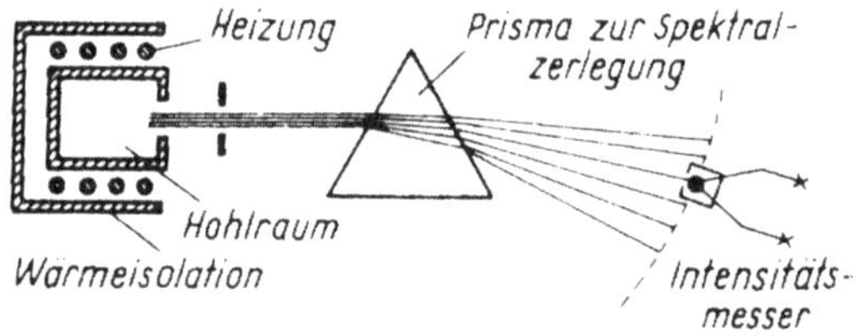

Der schematische Versuchsaufbau zur Messung der Strahlung eines schwarzen Körpers. Der Ausdruck »schwarz« meint dabei, dass alles Licht, das von ihm ausgeht, aus seinem Inneren kommt und nicht durch Reflexion von außen bedingt ist. Die aus einem Hohlraum austretende Strahlung setzt sich aus vielen so genannten spektralen Anteilen zusammen, die sich durch ihre Wellenlänge bzw. ihre Frequenz unterscheiden. Sie können zunächst durch ein Prisma getrennt und anschließend in ihrer Intensität bestimmt werden. Auf diese Weise entstehen die Messkurven der Art, wie sie die folgende Abbildung zeigt.

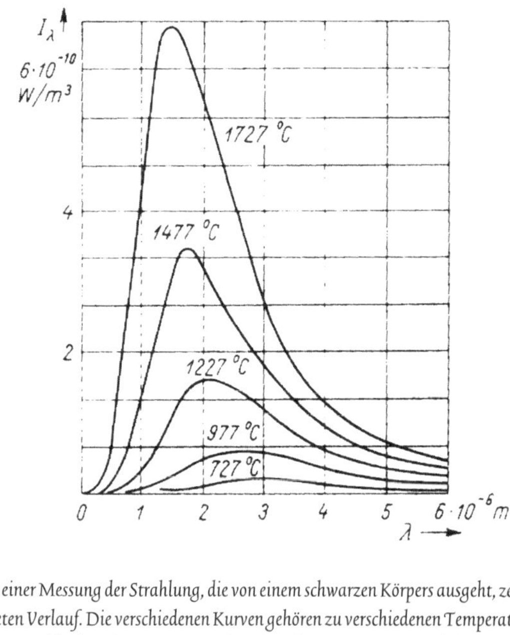

Das Ergebnis einer Messung der Strahlung, die von einem schwarzen Körpers ausgeht, zeigt gewöhnlich den abgebildeten Verlauf. Die verschiedenen Kurven gehören zu verschiedenen Temperaturen (gemessen in Grad Celsius), auf die der schwarze Körper erhitzt worden ist. Gemessen wird die Intensität der Strahlung, die zu einer Wellenlänge gehört. Diese Intensität wird auf der senkrechten Achse (der Ordinate) eingetragen, und zwar gegen die Wellenlänge selbst, die entlang der waagerechten Achse (der Abszisse) festgehalten wird. Als Maß für die Intensität greifen die Physiker auf die Energiedichte des Lichts zurück, und sie geben sie Zahlenwerte in Watt pro Kubikzentimeter (W/cm^3) an; die Wellenlänge wird in der Abbildung in Mikrometern (10^{-6} m) angegeben.

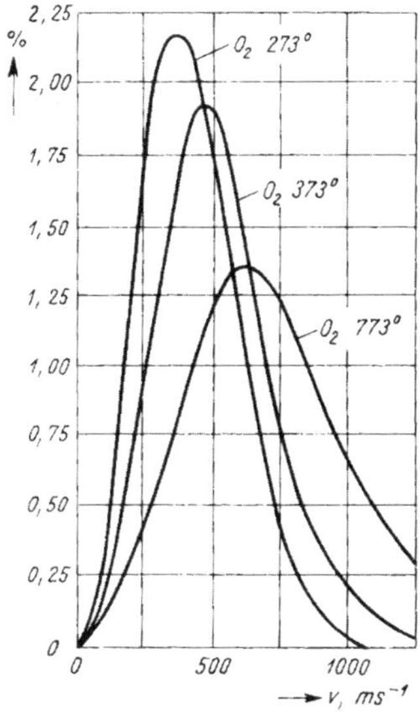

Zu Plancks Zeit fiel es nicht sofort auf, dass die Glockenform der Strahlungskurve (Abb. 5, S. 70) einigen Wissenschaftlern aus einem scheinbar völlig anderen Zusammenhang vertraut sein konnte. Der schottische Physiker James Clerk Maxwell (1831–1879), der ein bedeutender theoretischer Physiker avant la lettre war – also bevor es ein Fach dieses Namens gab –, hatte um 1860 herum statistische Überlegungen mit Gasen unter der Voraussetzung angestellt, dass sie aus gleichartigen und unveränderlichen Atomen oder Molekülen bestehen. Man darf sich für diesen Zweck winzige harte Kügelchen vorstellen, die gegeneinander prallen und gegenseitig ihre Schnelligkeit und Richtung beeinflussen.
Die Physiker beabsichtigten, in einer kinetischen Gastheorie die Energie (oder Temperatur) eines solchen Gases durch die Bewegung seiner Bestandteile zu erklären. Man stellte sich vor, dass sich die gesamte Bewegungsenergie der Gasteilchen als deren Wärme bemerkbar machte. Je schneller sich die Moleküle bewegten, desto höher stieg die Temperatur des Gases. Natürlich sausten nicht alle Teilchen gleich schnell durch den Behälter, in dem sich ein Gas aufhielt, aber man kann wohl annehmen, dass es einen Durchschnittswert für die Geschwindigkeit gibt. Ihn führte Maxwell ein, um anschließend zu fragen, wie sich die Abweichungen davon unter den Gasmolekülen (Kügelchen) verteilen.
Damit beginnt das statistische Denken in der Physik, und Maxwells Antwort ist heute klassischer Lehrstoff und Grundlage seiner Wissenschaft geworden. Man nennt sie Maxwell-Verteilung, sie verläuft wie eine Glocke und sieht aus wie die ähnlich verlaufenden Messkurven der Schwarzkörperstrahlung. In der Abbildung sieht man das Ergebnis einer Rechnung, das von einer gegebenen Zahl von Molekülen ausgeht und ermittelt, welcher Anteil von ihnen (in Prozent) eine bestimmte Geschwindigkeit (in Meter pro Sekunde) hat. Für dieses Beispiel durchgerechnet wurde der Fall eines Sauerstoffgases (O_2), und wie beim Wienschen Verschiebungsgesetz bewegt sich das Maximum der Verteilung mit veränderten Temperaturen. Die Denkfigur der Analogie – sie beurteilt die Übereinstimmung der Gestalt – legt den Gedanken nahe, dass die Schwarzkörperstrahlung als statistisches Phänomen gedeutet werden muss, an dem Atome beteiligt sind. Als Planck sich an die Arbeit machte, war die Wissenschaft allerdings noch nicht so weit, diesen Gedanken grundlegend einzuführen.

sikern mit äußerster Sorgfalt und in nahezu allen Details gut vermessen worden war: die Intensität und Art der Strahlung, die ein kompakter Körper emittiert, wenn er erhitzt und dabei wärmer wird.

Bei den Messkurven fällt neben der glockenartigen Form auf, dass das Maximum der Strahlung sich verschiebt, wenn die Temperatur dies tut. Höhere Temperaturen sorgen dafür, dass die höchste Intensität bei niedrigeren Wellenlängen erreicht wird. Wie sich bei genauerer (quantitativer) Analyse der Messdaten herausstellte, geht die Verschiebung nicht zufällig, sondern hochgradig geordnet vor sich, und zwar so, dass das Produkt aus der Wellenlänge, bei der das Strahlenmaximum erreicht wird, und der Temperatur des schwarzen Körpers konstant bleibt. Diesen Zusammenhang nennt man das Wiensche Verschiebungsgesetz. Es wurde von dem Experimentalphysiker Wilhelm Wien (1868–1928) entdeckt, der eine nicht unbeträchtliche Rolle im Leben des Theoretikers Plancks spielen würde.

Es ist bekannt, dass etwa ein Eisenofen oder ein Kupferdraht bei Erwärmung (durch Feuer oder Strom) erst rot glüht, dann gelblich leuchtet und sogar noch ganz weiß wird, bevor er schließlich zu schmelzen beginnt. Bis 1859 hatte der von Planck verehrte Gustav Robert Kirchhoff diese »Wärmestrahlung« bei so genannten schwarzen Körpern immer wieder und mit größter Genauigkeit ausgemessen, allerdings nicht für alle möglichen Wellenlängen, sondern nur für den mittleren Bereich, der einen charakteristischen Kurvenverlauf mit Auf- und Abstieg und einem glockenförmigen Gipfel erkennen ließ. Das Attribut »schwarz« meint dabei, dass alle von den Instrumenten registrierte Strahlung durch die von dem Körper aufgenommene Wärme bewirkt wird und sich kein Streulicht von irgendeiner Beleuchtung dazwischenmischt. Dies wird von dem schwarzen Körper festgehalten (absorbiert).

Auf welche Weise die Erhöhung der Temperatur eines schwarzen Körpers die Wellenlänge des Lichts verändert, das gemessen werden kann, blieb im 19. Jahrhundert und lange danach rätselhaft – und nicht nur das. Es blieb damals überhaupt rätselhaft, wie Materie und Licht Kontakt miteinander aufnehmen und in Wechselwirkung treten können. Was passiert im Detail, wenn Licht etwa auf ein schwarzes Kleidungsstück fällt und dabei mehr oder weniger absorbiert wird? Und was geschieht, wenn umgekehrt ein Draht oder ein Stück Koks zu glühen anfangen und Licht bzw. Strahlung emittiert wird?

Das Verständnis für diese elementaren und grundlegenden Vorgänge der Natur war erst nach dem revolutionären Schritt möglich, den Planck bis zum Jahre 1900 vollzog, als er die elementare und unaufhebbare Lücke in der Natur bemerkte, die wir heute als Quantensprung feiern, nutzen und bedenken. Nur dank dieser Vorgabe besteht die Möglichkeit, ausreichend Verständnis für stabile Zustände von Atomen aufzubringen und anschließend mit deren Hilfe zu verstehen, wie Licht bei Übergängen zwischen solchen elementaren Konfigurationen abgegeben und eingefangen werden kann.

Noch kümmerte sich aber Kirchhoff um die Wärmestrahlung. Dabei entdeckte er bald, dass die gemessenen Wellenlängen und Frequenzen des Lichts mehr oder weniger unabhängig von der Art des glühenden Metalls (des schwarzen Körpers) sind. Kirchhoff konstruierte so etwas wie den Idealfall eines schwarzen Körpers, der kein Licht reflektierte, indem er einen metallischen Hohlraum mit einer schmalen Öffnung anfertigte, durch die die Wärmestrahlung entkommen und nach Durchqueren eines Prismas auf ein Messgerät gelenkt werden konnte.

1860 war Kirchhoff in der Lage, seinen Kollegen mitzuteilen, dass das, was den schwarzen Körper verließ – was von ihm emittiert wurde –, unabhängig von seinen Eigenschaften war und nur von der Temperatur abhing, bis zu der man ihn aufgeheizt hatte. Kirchhoff zog daraus den für Planck überzeugenden und ihn erregenden Schluss, dass es eine »universale Funktion« geben musste, mit der sich die Wärmestrahlung beschreiben ließ. Kirchhoff erwartete sogar, dass sie einfach und kompakt sein und eine geschlossene mathematische Form zeigen würde, die man eventuell sogar schön nennen könnte.

Genau nach einer solchen Situation hatte der theoretische Physiker Planck Ausschau gehalten, der davon besessen war, in den experimentellen Daten das Absolute, Allgemeine, Invariante zu finden, das sie enthalten. Deshalb hatte Planck doch die neue Disziplin einer Theoretischen Physik gewählt und erlernt. Sie war für solche Aufgaben prädestiniert, und so machte er sich voller Hoffnung und mit Kirchhoffs Messergebnissen an den Hohlräumen auf die Suche nach dem Gesetz für die Wärmestrahlung.

Wenn damals jemand prophezeit hätte, dass Planck mit dem Resultat seiner Überlegungen einen massiven Umsturz im Weltbild der Physik herbeiführen würde, dann hätte man ihn für verrückt erklärt. Als Planck das angestrebte Gesetz im Jahre 1900 gefunden hatte, muss er sogleich geahnt haben, wie weitreichend und wichtig sein Ergebnis war. Nur so erklärt sich, dass der sonst so bescheidene Mann dem damals siebenjährigen Sohn Erwin gegenüber die Äußerung fallen ließ, ihm sei eine »der größten Entdeckungen der Physik seit Newton« gelungen.[4]

Die Zeit des Dozenten

Im Rückblick darf man sagen, dass Planck sich mit seiner Einschätzung nicht geirrt hat und sein Name deshalb in der Geschichte der Physik mit einer Hochachtung genannt wird, die mit dem Respekt Newton gegenüber vergleichbar ist. Man gesteht ihm auch einen entsprechenden Rang in dem Sinne zu, dass immer von der Planckschen Konstante die Rede sein wird, solange Newtons Gesetze von Interesse sind.

Die neue Wissenschaft war damals Plancks Leben. Zählt man die Jahre von seiner ersten publizierten Arbeit (1880) bis zu seiner Entdeckung (1900) zusammen, so ergibt sich ein langer Lebensabschnitt von zwanzig Jahren, der vielleicht der glücklichste war,

Max Planck mit seiner Verlobten Marie Merck.

und in dieser Phase seines Wirkens konnten die aufregenden physikalischen Gedanken ungestört Plancks Aufmerksamkeit in Anspruch nehmen.

Wie verlief aber das Leben dieses Mannes, der sich der Klassischen Physik zuwandte, um ihr neue Ufer zu zeigen? 1885 fand der junge Privatdozent endlich eine Anstellung als außerordentlicher Professor an der Universität Kiel und bezog dafür ein Jahresgehalt von 2000 Mark. Zusammen mit einem amtlichen Zuschuss, der als Wohnungsgeld deklariert war, reichte dieser Betrag, um einen eigenen Hausstand zu gründen, und im März 1887 konnte der neunundzwanzigjährige Planck endlich seine Verlobte Marie Merck heiraten.

Plancks Jahresgehalt stieg bis 1900 auf 4400 Mark und der Wohnzuschuss auf 900 Mark. Da er zu diesem Zeitpunkt noch ein Gehalt von der Akademie in gleicher Höhe bekam, verfügte er über ein Grundeinkommen von 6200 Mark, was zwar nicht wenig war, was aber trotzdem »etwas unter dem Durchschnitt der Einkünfte ordentlicher Physikprofessoren um 1900 lag«.[5]

Bald konnte Planck sich im vornehmen Villenviertel Berlins – in der Wangenheimstraße im Grunewald – ein großes Haus für die wachsende Familie bauen lassen, aber zu dessen Errichtung und Instandhaltung wurden neben dem Gehalt gewiss noch andere Geldquellen benötigt. Vermutlich wird Planck zusätzliche Honorare und Tantiemen bekommen haben, und es kam ihm sicher auch zugute, dass er die Tochter eines Bankiers geheiratet hatte, der nicht als geizig bekannt war.

Seine Frau Marie, die als reizvoll und hochbegabt geschildert wird, hätte sicher schon früher eingreifen und bereits mit väterlichen Mitteln vor der ersten Kieler Anstellung ein gemeinsames Eheleben und den dazugehörigen Haushalt finanzieren können. Aber Planck orientierte sich an den bürgerlichen Grundregeln und Sitten des 19. Jahrhunderts, die ein gesichertes Einkommen des Ehemannes als unabdingbar für die Heirat und Familiengründung vorsahen. War diese Bedingung erst einmal erfüllt, brauchte er natürlich nicht auf die Angebote zu verzichten, die ein Bankier seiner erweiterten Familie machen konnte, und so nutzte Planck erst mit seiner Frau allein und dann mit der wachsenden Kinderschar – zwischen 1888 und 1893 kamen die zwei Söhne Karl und Erwin und die Zwillingstöchter Emma und Grete zur Welt – den Familienbesitz der Mercks am Tegernsee, der wegen seines ungewöhnlich schönen Blicks auf die Bergwelt gelobt wurde. Zu dieser fühlte sich Planck seit seinen Studententagen (und bis ins hohe Alter) hingezogen. Die Alpen verlockten ihn zu abenteuerlichen Touren, und so kam Planck gewöhnlich gleich zu Beginn der Semesterferien an den Tegernsee, um sich auf die oft langen und strapazenreichen Wanderungen im Hochgebirge vorzubereiten, die er für den Sommer plante.

Während das persönliche Glück wuchs und sich festigte, blieb der berufliche Erfolg in der Wissenschaft etwas stecken, da besonders das Interesse an dem neuen Fach der Theoretischen Physik, das Planck an der Universität vertrat, sehr zu wünschen übrig ließ. Die Zahl der Studierenden blieb sehr beschränkt, was mit Sicherheit nicht an der Vortragsqualität Plancks lag, über die es nur wohlwollende Berichte gibt. Zwar stieg die Zahl seiner Hörer um 1890 so an, dass sie nicht mehr an zwei Händen abgezählt werden konnten, aber selbst im Jahre 1900 waren es noch keine einhundert Studenten, die zu seinen Vorlesungen kamen, um in die neuen Theorien der Physik eingeführt zu werden.

Plancks Lehrverpflichtung erstreckte sich auf fünf Tage in der Woche, von denen vier für Vorlesungen reserviert waren, während am fünften Tag Übungen abgehalten wurden – der unangenehmste Teil für die Studenten. Im Verlauf von sechs Semestern stellte Planck in einer Art Zyklus das gesamte Gebäude der Theoretischen Physik vor, das er in die Gebiete Mechanik, Hydrodynamik, Elektrodynamik, Optik, Thermodynamik und kinetische Theorie einteilte, die heute »Statistische Physik« genannt wird. Das mit dieser im 19. Jahrhundert geborenen Disziplin verbundene Denken wurde im Verlauf von Plancks Leben immer wichtiger und eröffnete der gesamten Wissenschaft bald eine völlig neue Blickrichtung. Offenbar mied Planck anfänglich, ihren Namen – und ihre Methoden –, aber er merkte bald, dass sich dies nicht durchhalten ließ.

Frühe Theoretische Physik

Das Desinteresse an der frühen Theoretischen Physik ist in dem Wissenschaftsverständnis der damaligen Zeit begründet. Ende des 19. Jahrhunderts ging es vor allem um den praktischen Nutzen der Forschung. Sie erlebte ihre Triumphe unter anderem dadurch, dass sie Zugang zur Industrie bekam und vornehmlich in der Pharmaindustrie etabliert wurde, die eigens Laboratorien für die Wissenschaft einrichtete.

Der Nutzen wurde damals besonders deutlich in dem Testament hervorgehoben, mit dem der Industrielle Alfred Nobel sein (vor allem mit Dynamit angesammeltes) Vermögen für die Einrichtung des inzwischen berühmtesten Preises für die Wissenschaft zur Verfügung stellte. 1895 erklärte Nobel, dass diejenigen Forscher ausgezeichnet werden sollten, die durch ihre praktischen Arbeiten für den größten Nutzen der Menschheit gesorgt hatten – und an mathematische und andere theoretische Beiträge dachte er dabei nicht. Es gehört zu den erstaunlichen frühen Wandlungen bei den Richtlinien der Nobelpreisvergabe, dass man knapp zwei Jahrzehnte nach Einrichtung des großen Preises – 1901 wurde Wilhelm Conrad Röntgen als erster Laureat in der Physik ausgezeichnet – den Weg nach Stockholm auch für Beiträge der Theoretiker freimachte. Planck war nach dem Ersten Weltkrieg der Erste seiner Zunft, der auf diese Weise geehrt wurde.

Doch bis zu diesem Triumph waren noch schwierige und erfolglose Jahre zu durchleben. Gegen Ende des 19. Jahrhunderts hatte die Theoretische Physik zunächst nur wenig Aufregendes zu bieten. Sie war etwa damit beschäftigt, die elektrische Leitfähigkeit von Flüssigkeiten – den Elektrolyten – zu erkunden und zu fragen, was in Bewegung versetzt und als Strom messbar wird, wenn eine Spannung angelegt wird. Auch Planck nahm sich dieses Themas an und versuchte unter anderem zu verstehen, warum elektrolytische Flüssigkeiten wie etwa Salzlösungen einen Strom besser leiten, wenn sie erwärmt werden, während leitende Metalle mit zunehmender Temperatur ihre elektrische Qualität einbüßen. Überhaupt – was hatte die Wärme mit dem Strom in einem Stück Materie zu tun? Was strömte da eigentlich? Und wie konnte man die fließenden Bewegungen mathematisch bändigen?

Mit solchen Fragen setzten sich die Physiker in der Theorie auseinander, und sie wollten auch wissen, wie sich eine Spannung (eine Potentialdifferenz) aufbaut, wenn man zwei solcher elektrolytischer Lösungen durch ein Glas trennt und steuerbar über ein leitendes Element verbindet. Wie kann man dabei Batterien bauen, um deren elektromotorische Kraft, wie es damals bereits anschaulich hieß, einsetzen zu können?

Wichtig für die Physiker waren solche Themen schon, aber nicht unbedingt spannend für Laien, und besonders zukunftsweisend für Studierende wirkte diese Problematik auch nicht. Das änderte sich erst kurz vor dem Ende des 19. Jahrhunderts, als der Träger der oben erörterten Elektrizität entdeckt wurde: das Elektron. Ausgangspunkt war erneut die Untersuchung einer Strahlung, die sich Physikern zeigte, als sie mit Glasröhren arbeiteten, die sie leer gepumpt hatten. In dieses technisch erzeugte Vakuum führten sie zwei Metallplatten ein, zwischen denen sie eine Hochspannung anlegten. In diesen Vakuumröhren nannten die Physiker – wie bei einer Batterie – den negativen Pol Kathode, und wenn die Spannung groß genug war, löste sich von ihr etwas ab, das als Kathodenstrahl bezeichnet und in der Geschichte der Physik berühmt geworden ist. Bei der genauen Untersuchung solcher Kathodenstrahlen – Planck muss die dazugehörigen Entwicklungen mit atemloser Spannung verfolgt haben – zeigte sich 1897, dass sie aus negativ geladenen Partikeln bestanden, die wesentlich kleiner und leichter als Atome waren. Sie wurden Elektronen genannt und von den Physikern bestaunt. Was war das? Wie konnte etwas kleiner sein als das Atom?

Zu Plancks Zeit wusste man sich, im Gegensatz zu heute, noch zu wundern – zum Beispiel über die Befunde zum Elektron. Schließlich zeigten die experimentellen und theoretischen Befunde, dass es aus dem Atom stammte, also aus einem Objekt, das seit mehr als zweitausend Jahren als etwas Unteilbares betrachtet worden war. Diese Gewissheit gab es nun nicht mehr. Und nach und nach wurde es einigen Physikern bewusst, dass ein völlig neues Verständnis vom Aufbau der Materie und ihren Bausteinen erforderlich war.

Damit wurde es endgültig aufregend in Plancks Wissenschaft, die schon zwei Jahre vor der Entdeckung des Elektrons für ihre erste große Sensation gesorgt hatte: 1895 hatte Wilhelm Conrad Röntgen (1845–1923) das entdeckt, was er »eine neue Art von Strahlen« nannte und was wir heute als Röntgenstrahlen kennen und unter anderem routiniert für die medizinische Diagnose nutzen. Röntgens Strahlen ließen aber seinerzeit viele Menschen erschrecken, da sie Unsichtbares sichtbar machen konnten, ohne selbst sichtbar zu sein. Und als kurz danach noch erkannt wurde, dass es radioaktive Elemente gab, die ebenfalls strahlten, und als darüber hinaus – immer noch am Ende des 19. Jahrhunderts – ebenfalls unsichtbare elektromagnetische Wellen als Funksignale erzeugt werden konnten, da änderte sich auf einen Schlag das überkommene Weltbild.

Bis zur Entdeckung der Röntgenstrahlen und der Radioaktivität konnte man nämlich annehmen, dass die Welt so ist, wie sie aussieht. Jetzt wusste man dank der Wissenschaft, dass die Welt anders ist, als sie aussieht – mit anderen Worten, wer die Welt im 20. Jahrhundert zeigen will, wie sie ist, muss sie anders zeigen, als sie aussieht.

Der Wissenschaft und der Kunst standen aufregende Zeiten bevor. Planck war in dieser Phase der Entwicklung bereits in der

Großstadt Berlin, die sich von Kiel gewaltig unterschied. Während seiner ersten Dozentenjahre an der Ostsee herrschte eine gewisse Ruhe in der Physik – ohne zu ahnen, dass es sich dabei um die Ruhe vor dem mächtigen Sturm handelte, der bald vieles hinwegfegen sollte.

»Eine neue Art des Denkens«

Der Sturm begann mit Plancks Quantensprung im Jahre 1900 und legte sich allmählich in den späten 1920er-Jahren, als die neue Atomphysik zu ihrem ersten Abschluss mit der Einsicht kam, dass wir im Innersten der Welt keine Dinge mehr finden, wie wir sie anschaulich kennen, sondern dass wir dort auf Wahrscheinlichkeiten als das Primäre treffen. Die Atome liefern die Möglichkeiten, von denen die Wirklichkeit voll ist.

Die Geschichtsschreibung spricht von der Revolution der Wahrscheinlichkeit – *The Probabilistic Revolution*[6] –, die sich in der Wissenschaft bis dahin vollzieht und die alten Vorstellungen von deterministischen Gesetzen mit wohl definierter Kausalität durch statistische Fixierungen mit unvorhersehbaren Zufälligkeiten ablöst. Plancks Leben verläuft vollständig in dieser Periode, und an ihm lässt sich sehen, wie mühsam diese Neuorientierung im Einzelfall sein kann. Das statistische Denken führt tatsächlich zu »einer neuen Art des Wissens«, wie James Clerk Maxwell, einer der Protagonisten dieser Revolution, es in der zweiten Hälfte des 19. Jahrhunderts genannt hat.

Diese Wendung zur Wahrscheinlichkeit befreit unter anderem die Physik von dem Vorwurf, durch vollständige Determinierung des Geschehens jeden Hauch von Freiheit abzuwürgen. Eher das Gegenteil ist der Fall, denn wenn die Welt voller statistischer (stochastischer) Schwankungen ist, dann geht es zum Beispiel auch in einem Gehirn eher geräuschvoll und unruhig als ordentlich und geradlinig zu – und die Neurobiologen bestätigen dies durch ihre

Messungen (und manchmal auch durch das, was sie darüber sagen). In dem Fall besteht das Problem der Wissenschaft aber nicht mehr darin, die Freiheit des menschlichen Willens zu retten, sondern vielmehr darin, zu erklären, wie man bei all dem inneren Durcheinander nach außen hin zu klaren Entscheidungen kommt.

Wir müssen vielleicht »die neue Art des Denkens« immer noch lernen, auch wenn sie bereits im 19. Jahrhundert vorgestellt worden ist. Sie hat Planck zunächst nicht beeindruckt. Der junge Forscher und viele seiner Mitstreiter meinten nämlich, die physikalische Beschreibung von thermodynamischen Vorgängen ohne Rückgriff auf statistische Überlegungen liefern zu können.

Allerdings – was sie zustande brachten, war eine Beschreibung der Phänomene, die die Wärmelehre beobachtete. Wenn Clausius und seine Kollegen von Energie und Entropie sprachen, dann meinten sie damit Grundeigenschaften der Materie, die man hinzunehmen hatte, ohne sie weiter erklären oder ableiten zu können. Ableiten wovon auch? Und wenn sie von Wärmemenge und Temperatur sprachen, dann meinten sie damit Grundsubstanzen der Materie, die ihr innewohnten und ebenfalls nicht weiter rückführbar seien. Rückführbar auf was auch? Etwa auf Atome? Was wusste man denn davon? Gab es sie überhaupt? Wie sahen diese Gebilde aus? Wie groß und schwer sollte man sie sich vorstellen?

In der Geschichte der Wissenschaft werden die Physiker, die sich um eine ausschließlich an messbaren und wahrgenommenen Phänomenen orientierte Physik kümmerten, als »Energetiker« bezeichnet. Sie gehen phänomenologisch vor, womit gemeint ist, dass sie sich um das Makroskopische kümmern, das man sehen und quantifizieren kann – etwa um das Volumen, die Elastizität oder den Druck. Ihnen gegenüber stehen die Theoretiker, die versuchten, die im Experiment zugänglichen Eigenschaften der Materie – unter anderem ihre Temperatur, ihren Wärmegehalt, ihr Gewicht, ihre Farbe – aus grundlegenderen Vorstellungen abzuleiten, aus so genannten »first principles«. Diese »Atomisten« schauen auf das Mikroskopische bzw. tasten sich gedanklich zu den elementaren Bausteinen der Dinge vor.

In der damaligen Zeit wusste man immer besser, welche Konzepte es zu nutzen galt, nämlich die vom atomistischen oder molekularen Aufbau der Materie. Heute gilt es als trivial, und wir tun es als banal ab, wenn uns jemand informiert, dass Gase wie Sauerstoff und Flüssigkeiten wie Wasser aus Sauerstoffmolekülen (O_2) oder Wassermolekülen (H_2O) bestehen. Diese Feststellung bzw. Festlegung wurde damals erst nach und nach vorsichtig geäußert bzw. erörtert. Zwar kannte man den Begriff des Atoms aus der Antike. Aber die Idee wurde über lange Perioden der Geistesgeschichte eher stiefmütterlich behandelt, und sie tauchte erst im frühen 19. Jahrhundert wieder auf mit wissenschaftlichen Folgen. Die Chemiker waren die Ersten, die sich mit dem Gedanken von Atomen vertraut machten, weil sie dadurch Verbindungen erklären konnten, die Elemente wie Wasserstoff und Sauerstoff untereinander oder miteinander eingingen.

Die behauptete bzw. vermutete Existenz der Atome musste aber noch im Detail überprüft werden. Sie blieb vorerst umstritten, und zwar teilweise sehr heftig. Gab es diese Moleküle oder gar die dazugehörig gedachten Atome überhaupt? Wie konnte man ihre Existenz nachweisen? Zu sehen waren sie jedenfalls nicht. Und falls es sie gab – wie groß und wie schwer sollte denn ein Sauerstoffatom oder ein Wassermolekül sein? Wie umfangreich konnten solche Gebilde werden? Und in welcher Form präsentierten sie sich?

Was Atomisten wissen wollten und für wesentlich hielten, kam Energetikern überflüssig und fehlgeleitet vor, und so teilten sich die Physiker in zwei Lager mit der Folge, dass derjenige, der zu dieser Wissenschaft beitragen wollte, sich für eines der beiden entscheiden musste. Ob sich nun jemand zu der einen Gruppe bekannte oder auf der Gegenseite Physik trieb, wies nicht zuletzt auf eine Festlegung hin, die sich durch Worte wie »Kontinuität« bzw. Kontinuum erfassen lässt. Energetiker glaubten fest an eine kontinuierliche Natur, die durch stetige und lückenlose Größen (Temperatur, Druck) charakterisiert ist. Atomisten hingegen war die Kontinuität nicht so wichtig; sie dachten mehr an abzählbare, weil abgrenzbare Einheiten – eben Atome –, die sich gegenseitig im Raum stießen und verteilten (vgl. Abb. S. 70). Sie störte das Erscheinen eines Elektrons im Atom nicht, weil damit nur ein Detail – die Körnigkeit der Materie – verändert wurde, und nicht das Prinzip.

Während nahezu jeder Physiker rasch und klar seine Position in einem der beiden Lager bezog, blieb Planck in dieser Frage lange Zeit gespalten und unentschieden in seiner Haltung. Er begann zunächst als Phänomenologe und ließ sich erst spät im 19. Jahrhundert von der Existenz der Atome überzeugen und zu ihnen bekehren – jedenfalls in seinen öffentlichen Bekenntnissen. Es ist durchaus möglich, dass ihm dabei immer noch Zweifel blieben, weshalb man sich leicht vorstellen kann, dass eine Mitteilung des Jahres 1905 zu seiner starken Beruhigung diente. In ihr konnte ein damals noch unbekannter Physiker namens Albert Einstein den ersten physikalisch befriedigenden und quasi direkten Nachweis für die Existenz von Atomen liefern. Nun endlich konnte sich Planck wirklich erleichtert (und auf der richtigen Seite stehend) fühlen, und es ist anzunehmen, dass diese Dankbarkeit das Verhältnis der beiden großen Physiker beflügelt hat. Der bereits berühmte und anerkannte Planck begann sich jedenfalls stark für den noch unbekannten und jugendlichen Einstein zu interessieren, und er lobte neben dessen Existenzbeweis der Atome auch die gleichzeitig vorgelegte Relativitätstheorie. Planck tat dies lange vor den anderen Kollegen, deren Respekt Einstein dank Plancks Befürwortung und Lob erwerben konnte.

Vor Einstein versuchten die atomistisch orientierten Physiker im 19. Jahrhundert den Nachweis von Atomen und ihren Verbindungen zu Molekülen dadurch zu führen, dass sie die phänomenologisch nachweisbaren und messbaren Eigenschaften von Materie – zum Beispiel Temperatur, Druck oder Volumen – durch Wechselwirkungen von Atomen und Molekülen ableiteten und somit erklärten. Die Schwierigkeit eines solchen kinetischen Ansatzes ergab sich dadurch, dass es nicht ausreichte, ein Teilchen und seine Bewegung zu betrachten, wie es die Physik seit Newton gelernt und immer besser erfasst hatte. Stattdessen galt es, sehr viele Teilchen auf einmal zu untersuchen, und damit waren nicht 10 oder 100 oder 1000 gemeint, sondern Zahlen, die der Allgemeinheit unvorstellbar groß erscheinen mussten und nur als so genannte Hochzahlen zu schreiben waren.

Um etwa eine Million nicht mit ihren sechs Nullen als 1000000 zu Papier bringen zu müssen, sondern kürzer zu notieren, haben die Mathematiker die Schreibweise 10^6 vorgeschlagen. Eine Milliarde kann man dann als 10^9 darstellen, und es macht natürlich keine Mühe, große Hochzahlen anzubringen und aufzuschreiben und auszusprechen – beispielsweise 10^{23}, »zehn hoch dreiundzwanzig«. Die Schwierigkeiten beginnen, wenn man versucht, sich unter einer solchen Zahl mit 23 Nullen hinter der Eins etwas vorzustellen. 10^{23} ist uns als Zahl so ungewohnt, dass wir für sie keinen Namen haben. Wir kennen Millionen (6 Nullen), Milliarden (9 Nullen), Billionen (12 Nullen) und Trillionen (15 Nullen), aber wenn wir die alle längst hinter uns gelassen haben, sind wir noch nicht einmal in der Nähe des großen Ziels. Tatsächlich ist 10^{23} so etwas wie das Ziel, denn die Untersuchungen zahlreicher Physiker des 18. und 19. Jahrhunderts – zu nennen sind vor allem der italienische Naturforscher Lorenzo Avogadro und der österreichische Physiker und Chemiker Josef Loschmidt – haben zeigen können, dass dies die Größenordnung ist, mit der jemand rechnen muss, der die Atome oder Moleküle in einem fasslichen Volumen zählt.

Mit 10^{23} Molekülen oder Atomen umzugehen, ist nicht nur schwierig, sondern hoffnungslos, wenn man von jedem einzelnen Molekül bzw. Atom alle Informationen erfassen und verarbeiten will. Dies war einer der Gründe, weswegen manche Physiker die mikroskopische Betrachtung als Vorhaben ohne jede Aussicht ablehnten und sich der makroskopischen Phänomenologie widmeten.

Wer sich aber nicht mit dem Blick von außen begnügen und die Materie von innen grundlegend verstehen will, muss eine neue Betrachtungsweise entwickeln, und das ist die statistische Physik, die mit Wahrscheinlichkeiten arbeitet und Zufälligkeiten zulassen muss. Aber die Physiker müssen auch damit rechnen, nie alle Informationen über ein System (ein Gas oder eine Flüssigkeit) bekommen zu können, wenn sie damit den Mikrozustand meinen, das heißt, wenn der Blick auf die Atome bzw. Moleküle gerichtet wird. Anders ist es bei dem sichtbaren und messbaren Makrozustand eines Systems, das sich durch die bekannten Messwerte wie Druck, Volumen, Temperatur und ähnliche Parameter bestimmen lässt.

Die Unterscheidung zwischen einem Mikro- und einem Makrozustand interessiert einen Energetiker kaum. Er versucht ja gar nicht, die Messdaten, zu denen die Energie und die Entropie gehören, abzuleiten und auf elementare Gegebenheiten zurückzuführen, sondern er will sie nur im Zusammenhang sehen und bestimmen, mit welcher Regelmäßigkeit der eine Messwert den anderen betrifft oder beeinflusst.

Ganz anders geht der Atomist vor, der mit statistischen Überlegungen versucht, Ordnung in das Gewimmel der Grundbausteine zu bringen. Den ersten großen Erfolg in dieser Richtung konnte Maxwell feiern, der sich fragte, wie sich die Geschwindigkeiten beschreiben lassen, die Moleküle eines Gases annehmen, wenn man ihnen allen eine Gesamtenergie zugesteht und erlaubt, dass sie sich dauernd durch mechanische Stöße beeinflussen. Maxwell nahm in Übereinstimmung mit der Physik Newtons an, dass sich die Energie gleichmäßig auf alle Teilchen verteilt, und er konnte unter dieser Vorgabe der Gleichverteilung zeigen, dass sich eine mittlere Geschwindigkeit für die Moleküle angeben lässt, um die herum sich die individuellen verschiedenen Geschwindigkeiten der einzelnen Moleküle gruppieren. Er konnte die Form der Verteilung ableiten, die wie eine Glockenkurve aussieht und über die Wahrscheinlichkeit informiert, dass ein einzelnes herausgegriffenes Molekül sich mit einer vorgegebenen Geschwindigkeit bewegt. Jetzt gab es eine statistische Physik und damit eine neue Art, die Gesetze der Natur mathematisch zu erfassen.

Die Deutung der Energie

Natürlich fragt man sich, was damit für das Verständnis von Energie und Entropie gewonnen ist, und die Antworten fallen unterschiedlich schwer aus. Mehr oder weniger leicht ist der erste Teil, da zum Beispiel die Wärme nun ganz einfach als die Umwandlung der Energie verstanden wird, die in der Bewegung steckt. Bewegung gibt es jetzt nicht nur außerhalb einer Substanz oder eines Gegenstands, wenn sie oder er einen Ortswechsel mit gegebener Geschwindigkeit vollzieht, sondern auch innerhalb, wenn die Moleküle oder Atome durcheinanderrasen und sich wie mikroskopische Billardkugeln benehmen und zusammenstoßen.

Betrachten wir zum Beispiel einen Stein, der in ein Wasserbecken geworfen wird. Seine Fortbewegung hört im nassen Element – in dieser Deutung – deshalb auf, weil die äußere (makroskopische) Geschwindigkeit auf mikroskopische Dimensionen (Freiheitsgrade) – also nach innen – übertragen worden ist und von Abermilliarden Molekülen im Wasser und im Stein übernommen wird. Dass die Wasserbausteinchen – im Durchschnitt und vor allem im Umfeld des Steins – jetzt schneller geworden sind als vorher, können die Physiker durch die Messung der Temperatur nachweisen. Sie zeigt, dass sie im Wasser leicht zugenommen hat, dass es etwas wärmer geworden ist. So erklärt die Wissenschaft auf molekularkinetische Weise die Energie oder den Wärmevorrat eines Systems durch die mechanischen Bewegungen seiner mikroskopischen Teile bzw. Bausteine, die wir als Atome oder Moleküle bezeichnen.

Natürlich sind Atome und Moleküle chemisch gesehen sehr verschieden, aber für statistische Zwecke können wir sie als gleich

Nahsicht

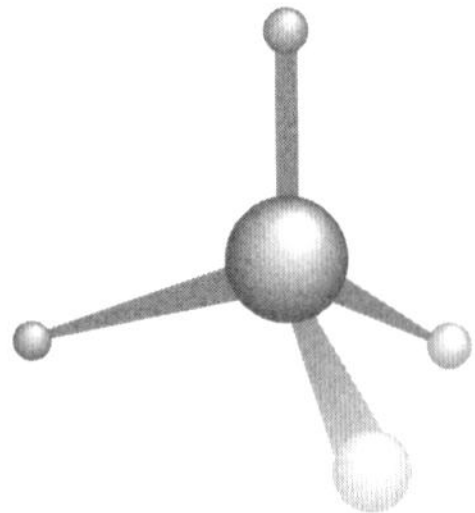

CH_4

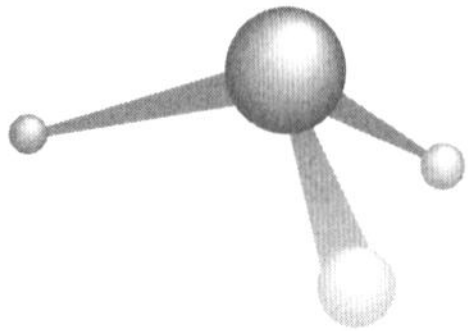

NH_3

Fernsicht

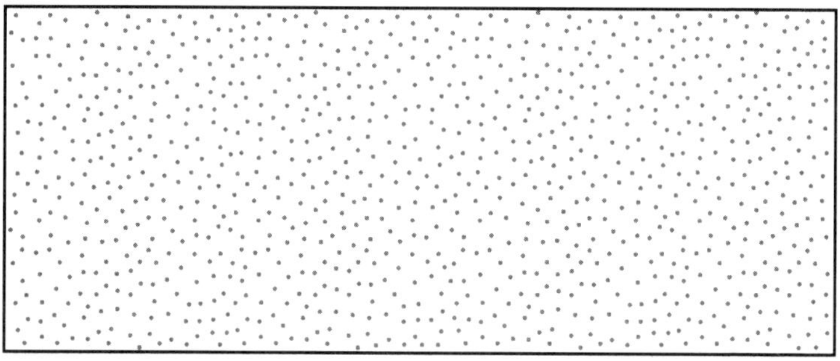

Atome und Moleküle in Nah- und Fernsicht. Moleküle – wie etwa das Methan CH_4 oder das Ammoniak NH_3 – bestehen aus Atomen, und beide zeigen höchst spannende Details, wenn ihr Aufbau aus nächster Nähe betrachtet wird. Für die statistischen Überlegungen reicht aber jeweils der Blick aus der Ferne, und der zeigt im Wesentlichen abzählbare Gebilde ohne besondere Strukturierung. Es ist wie beim Blick von einem Hochhaus, der Menschen als winzige Punkte erscheinen lässt, die sich begegnen oder aneinander vorbeibewegen.

▶

Die Physiker unterscheiden drei Zustände (Aggregatzustände), die Materie einnehmen kann: gasförmig, flüssig und fest. Wie ein Element vorliegt, hängt nicht zuletzt von der Temperatur ab. Bei hohen Temperaturen verdampfen Stoffe oft, sie werden gasförmig. Und bei tiefen Temperaturen friert alles fest. Dazwischen findet man den flüssigen Zustand. Das Lebenselement Wasser ist dadurch auffällig, dass bei den Temperaturen, die Menschen ertragen, alle drei Aggregatzustände möglich sind. (Wasser: H_2O, die kleinen Kugeln stellen den Wasserstoff H uind die großen der Sauerstoff O dar.) Festes Wasser nennt man Eis. Es schmilzt bei 0 Grad Celsius. Wasser kocht bei 100 Grad Celsius und wird dabei zu Dampf. In der molekularkinetischen Deutung nimmt der mittlere Abstand zwischen den Molekülen zu. Ihre Zusammenstöße nehmen ab und die Beweglichkeit zu.

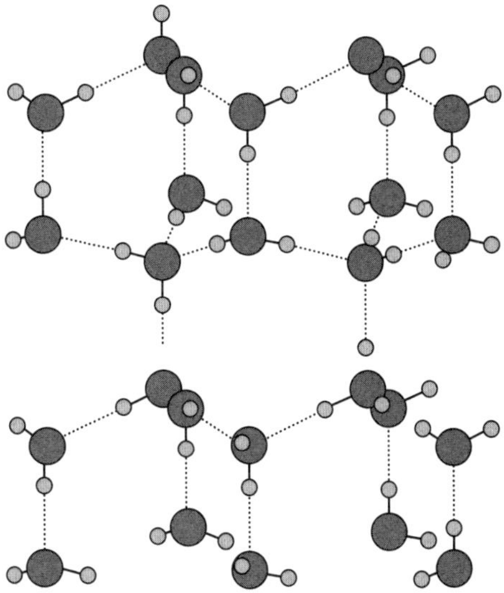

a) Die Kristallstruktur von gefrorenem Wasser (Eis).

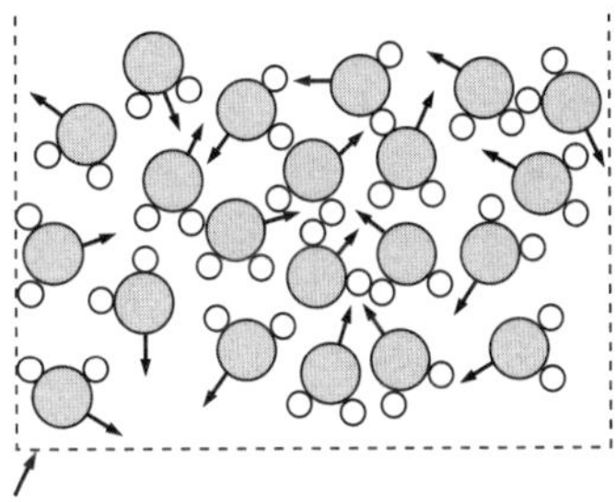

b) Wasser in flüssigem Zustand, Bewegung der Moleküle

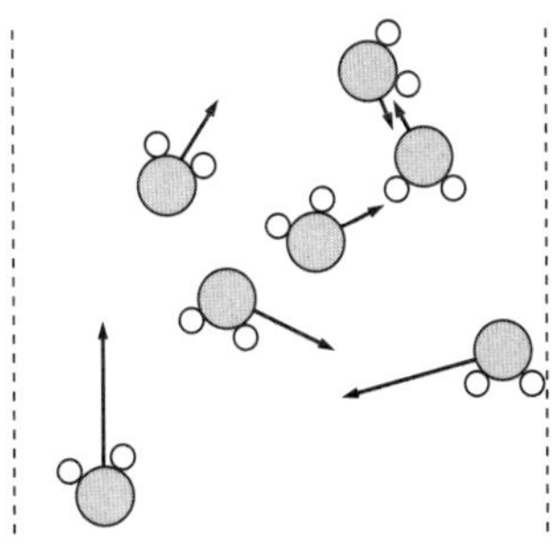

c) Darstellung von Wasserdampf

ansehen. Es handelt sich um Einheiten, die in erster Näherung unverändert bleiben und abgezählt werden können. Bewusst soll an dieser Stelle auf die Betrachtung der Materie in der Form fester Körper verzichtet werden, die wir als Kristalle kennen. Berücksichtigt werden nur die beiden Aggregatzustände, die als gasförmig und flüssig bekannt sind und in denen man sich vorstellen kann, es mit zählbaren Objekten (Atomen oder Molekülen) zu tun zu haben, die nicht in die feste Gitterordnung eingebunden sind, die etwa ein Kristall aufweist.

Die Annahme, dass Wärme die Energie der ungeordneten Bewegung von Atomen oder Molekülen sein könne, geht bis auf die Tage von Daniel Bernoulli – bis in das Jahr 1738 – zurück. Aber klar nachgewiesen und als statistisches Element in die Physik eingeführt hat dieses Denken erst Maxwell, als er 1859 – also in Plancks Kindertagen – mit der Maxwell-Verteilung umfassend angeben konnte, welche Geschwindigkeiten etwa Gasmoleküle annehmen können. Maxwells Verteilung erlaubt es dann zum Beispiel, die Temperatur eines Gases als die mittlere Energie seiner Moleküle zu definieren, und der Druck, den ein Gas auf die Wände des Behälters ausübt, in dem es aufbewahrt wird, kann durch die Impulse bestimmt werden, die bei den Zusammenstößen von Molekülen mit einer begrenzenden Wand übertragen werden. Kalte Luft besteht in dieser Sicht aus langsamen und warme Luft aus schnellen Molekülen, wobei die statistische Sicht korrekt besagt, dass es auch in der warmen Luft ein paar langsame und in der kalten Luft ein paar schnelle Moleküle gibt. Aber sie bilden nur den Rand der mikroskopischen Verteilung, deren Mittelwert entscheidend für das ist, was makroskopisch zum Tragen kommt und mess- und spürbar wird.

In demselben Jahr 1859, in dem Maxwell seine Geschwindigkeitsverteilung vorstellte, wurde die gemeinhin Darwin zugeschriebene Theorie eines natürlichen Prinzips der Evolution propagiert, obwohl der britische Naturforscher keineswegs als Erster bemerkt hat, dass die lebenden Arten nicht so stabil sind, wie vielfach seit der Antike angenommen wurde. Darwin hat auch nicht als Erster mit dem Hinweis auf die natürliche Zuchtwahl (Selektion) die Ursachen des Wandels benannt, die zu einer Weiter- bzw. Höherentwicklung – einer Evolution – des Lebens führen. Seine Leistung bestand vor allem darin, beide Gedanken zusammengebracht und die Erklärung durch Selektion nicht auf Spezialfälle eingegrenzt zu haben, sondern zu bemerken, dass er damit ein Werkzeug zum Verständnis der Vielfalt der Natur in der Hand hielt. Darwin ahnte zudem, dass er eine radikale Neuorientierung in der wissenschaftlichen Betrachtung des Lebens einleitete, die heute gewöhnlich durch die Erkenntnis ausgedrückt wird: Nichts macht in der Biologie Sinn, es sei denn, man betrachtet es im Lichte der Evolution.

Darüber hinaus hatte Darwins Blick auf die evolutionäre Natur noch eine wichtige Folge, die uns zur Thermodynamik und damit zu Plancks Thema zurückbringt. Wenn es möglicherweise auf den ersten Blick auch Mühe macht, eine Verbindung zwischen Maxwells Molekülen und Darwins Selektion zu erkennen, so entdeckt man bei näherer Betrachtung einen tiefgehenden, bedeutenden Zusammenhang. Darwin fand nämlich das erste statistische Gesetz der Natur, wie der amerikanische Mathematiker und Philosoph Charles Peirce bereits 1877 festgestellt hatte. Dieser hatte schon früh darauf hingewiesen, dass Darwins Erfolg nicht zuletzt darauf beruhte, wenigstens in seinen Grundzügen das statistische Denken in die Biologie eingeführt zu haben. Er machte dasselbe, was Maxwell in seiner Theorie der Gase versuchte. Maxwell kann nicht sagen, wie die Bewegung eines bestimmten Gasmoleküls aussieht, er kann nur durch Anwendung von Wahrscheinlichkeiten voraussagen, dass auf lange Sicht jeweils zu bestimmende Anteile der Moleküle unter vorgegebenen Umständen unterschiedliche Geschwindigkeiten erreichen, die einer Verteilung genügen. Maxwell kann weiter sagen, dass sich in einer festzulegenden Zeiteinheit enorme Mengen von Zusammenstößen ereignen, und aus diesen und anderen Auskünften gelingt es ihm, bestimmte Eigenschaften der Gase abzuleiten, besonders was ihr Verhalten bei Wärme angeht.

In gleicher Weise kann Darwin nicht sagen, was die Wirkung der Variation und natürlichen Selektion in irgendeinem Einzelfall sein wird. Er zeigt aber, dass sich Pflanzen und Tiere – auf lange Sicht gesehen – ihren Lebensumständen wahrscheinlich anpassen werden und sich ihnen höchstwahrscheinlich in den meisten Fällen schon angepasst haben. Mit anderen Worten: Darwin und Maxwell entdeckten zeitgleich die universelle und weitreichende Gültigkeit des statistischen Gedankens, und zwar sowohl in der physikalischen als auch in der biologischen Sphäre, und sie kündeten damit ein neues Zeitalter der Wissenschaft an: Mit Maxwell und Darwin kann man das Ende der deterministischen Phase der Wissenschaft markieren, wenn man darunter eine Wissenschaft versteht, die mit Gesetzen hantiert, wie sie Newton vorgelegt hat. Seine Bewegungsgesetze schienen den Ablauf der Welt – zumindest den Lauf der Planeten am Himmel – festzulegen und für alle Zukunft zu bestimmen. In einem Newtonschen Universum ist den Naturgesetzen nach alles vorbestimmt (determiniert), und viele Zeitgenossen denken immer noch, dass die Wissenschaft überwiegend solche Kenntnisse liefert. Wir haben in unseren Tagen nur das Wort geändert, nicht das Denken. Statt »vorbestimmt« sagen wir »vorprogrammiert«, ohne zu merken, dass seit Maxwells und Darwins Zeiten von dem damit zum Ausdruck gebrachten Determinismus ernsthaft keine Rede mehr sein kann. Zu Plancks Lebzeiten fand die Wissenschaft, dass es neben den (wenigen) deterministischen Gesetzen (sehr viel mehr) statistische Gesetze gab, was die Vorhersagbarkeit künftiger Ereignisse in ein neues – viel weniger determiniertes – Licht hüllte.

Allerdings – was in einer Epoche grundlegend neu ist, kann nicht sofort jedermann vertraut sein oder allgemein akzeptiert werden. Planck zählte mit zu den Zögernden, und seine Probleme mit der atomistischen Sicht und ihrer dazugehörigen statistischen Betrachtung können sicher auch damit erklärt werden, dass es sich um eine tief greifende Umwälzung des wissenschaftlichen Denkens handelte, und Planck gab Positionen nie leichtfertig auf. Mithilfe des evolutionären Gedankens lässt sich Plancks erster Satz seiner *Wissenschaftlichen Selbstbiographie* erläutern. Darin und an anderer Stelle hat er – wie erwähnt – auf die »durchaus nicht selbstverständliche Tatsache« aufmerksam gemacht, »dass unsere Denkgesetze übereinstimmen mit den Gesetzmäßigkeiten im Ablauf der Eindrücke, die wir von der Außenwelt empfangen«.

Der Gedanke der Evolution erlaubt es inzwischen, diese Übereinstimmung als Anpassung im Darwinschen Sinne zu deuten. Dazu wurde eine Evolutionäre Erkenntnistheorie entwickelt, deren Ausgangspunkt folgendermaßen formuliert werden kann: »Unser Erkenntnisapparat ist ein Ergebnis der (biologischen) Evolution. Die subjektiven Erkenntnisstrukturen passen auf die Welt, weil sie sich im Laufe der Evolution in Anpassung an diese reale Welt herausgebildet haben. Und sie stimmen mit den realen Strukturen (teilweise) überein, weil nur eine solche Übereinstimmung das Überleben ermöglichte.«[7]

Die erste Vorstellung, dass die kognitiven Strukturen des Menschen eine evolutionäre Erklärung vertragen, findet sich bereits in den Tagebüchern, die Darwin geführt hat. Er hat die platonischen Dialoge gelesen und die Ansicht des griechischen Philosophen kennengelernt, dass Verstehen etwas mit seelischen Bildern (Ideen) zu tun hat, die es schon immer gegeben hat, die also vor den Menschen da gewesen sind. Für den evolutionär ausgerichteten Blick hat dieses »vor« eine konkrete Bedeutung, und so vermerkt Darwin: »Lies Affe für Präexistenz.«

Abgesehen von diesem Einfall hat sich lange Zeit hindurch weder ein Biologe noch ein Philosoph um die Erklärung der kognitiven Fähigkeiten unserer Art gekümmert, die mit der Evolutionsidee möglich wird, wobei es vor allem die Trägheit der Erkenntnistheoretiker ist, die in diesem Zusammenhang überrascht. Schließlich hatte spätestens Immanuel Kant im Jahre 1781 in seiner *Kritik der reinen Vernunft* von angeborenen Strukturen des Erkennens gesprochen, die er mit den beiden Worten »a priori« belegte. Was angeboren ist, muss doch irgendwie etwas mit biologischen Gegebenheiten zu tun haben, und es hätte den reinen Denkern nicht geschadet, wenn sie genauer nach den im Leben verankerten Wurzeln unserer Denkgewohnheiten gefragt hätten.

Diese Aufgabe hat ihnen der Physiker Ludwig Boltzmann aus Wien abgenommen, der mit zu den Vätern der statistischen Physik gehört und sich am intensivsten um ein Verständnis der Entropie bemüht hat. Boltzmann hat in zahlreichen Vorträgen und in seinen *Populären Schriften* um die Wende zum 20. Jahrhundert vorgeschlagen, Darwins Lehre auf die Philosophie anzuwenden und das Gehirn »als den Apparat [zu betrachten], das Organ zur Herstellung der Weltbilder, welches sich wegen der großen Nützlichkeit dieser Weltbilder für die Erhaltung der Art entsprechend der Darwinschen Theorie beim Menschen geradeso zur besonderen Vollkommenheit herausbildete, wie bei der Giraffe der Hals, beim Storch der Schnabel zu ungewöhnlicher Länge«.[8]

Für Boltzmann war wichtig, »dass die Darwinsche Lehre keineswegs bloß die Zweckmäßigkeit der Organe des menschlichen und tierischen Körpers erklärt, sondern auch davon Rechenschaft gibt, warum sich oft Unzweckmäßiges, rudimentäre Organe, ja geradezu Fehler in der Organisation bilden konnten und mussten«.

Seine entscheidende Beobachtung trug Boltzmann im November 1900 in Leipzig vor: »Nach meiner Überzeugung sind die Denkgesetze dadurch entstanden, dass sich die Verknüpfung der inneren Ideen, die wir von den Gegenständen entwerfen, immer mehr der Verknüpfung der Gegenstände anpasste. Alle Verknüpfungsregeln, welche auf Widersprüche mit der Erfahrung führten, wurden verworfen und dagegen die allzeit auf Richtiges führenden mit solcher Energie festgehalten und dieses Festhalten vererbte sich so konsequent auf die Nachkommen, dass wir in solchen Regeln schließlich Axiome oder Denkgewohnheiten sahen.« Und weiter: »Man kann diese Denkgesetze aprioristisch nennen, weil sie durch die vieltausendjährige Erfahrung der Gattung dem Individuum angeboren ist.«

Damit nahm Boltzmann vorweg, was sein Landsmann Konrad Lorenz einige Jahrzehnte später prägnant formulierte, als er die angeborenen Formen der Erfahrung unter den biologischen Gesichtspunkten untersuchte, die ihm als Verhaltensforscher besonders wichtig schienen. In allerkürzester Form identifizierte Lorenz die Kategorien, die uns ontogenetisch ohne Erfahrung (a priori) gegeben sind, mit den Erkenntnisstrukturen, die sich im Laufe der Stammesgeschichte (phylogenetisch) an der Erfahrung bewährt haben. Der besondere Vorteil dieses Ansatzes bestand darin, dass sich damit die Frage beantworten ließ, wieso die Denkkategorien mit den Realkategorien (wenigstens teilweise) übereinstimmen, und zwar »aus denselben Gründen, aus denen die Form des Pferdehufes auf den Steppenboden und die Fischflosse ins Wasser passt. (...) Zwischen der Denk- und Anschauungsform und dem an sich Realen [besteht] genau dieselbe Beziehung, die zwischen Organ und Außenwelt, zwischen Auge und Sonne, zwischen Pferdehuf und Steppenboden, zwischen Fischflosse und Wasser auch sonst besteht ..., jenes Verhältnis, das zwischen dem Bild und dem abgebildeten Gegenstand, zwischen vereinfachendem Modellgedanken und wirklichem Tatbestand besteht, das Verhältnis einer mehr oder weniger weit gehenden Analogie.«[9]

In der Tiefe des Wissens gehören Entropie und Evolution zusammen, da die Naturabläufe in beiden Fällen eine Richtung in der Zeit bekommen, wenn auch in der Umkehrung. Im Verlauf der Evolution nimmt die Komplexität der Lebewesen zu, während mit der wachsenden Entropie keine Ordnung entsteht, sondern vergeht. Unter diesem Blickwinkel deutet sich schon an, dass ein Verständnis für das, was man das Geheimnis des Lebens nennen könnte, dann möglich werden kann, wenn sich Strukturen finden lassen, die genau das können, was der Zweite Hauptsatz für rein physikalische Prozesse auszuschließen scheint, nämlich Ordnung zu erhalten.

Wir kennen inzwischen diese Strukturen: Es handelt sich um die Gene, die als Doppelhelix konstruiert sind und dabei biologische Informationen tragen und weitergeben können. Planck hätte diesen Begriff nicht verstanden und wissen wollen, wo die Entropie bei alledem geblieben ist. Wir müssen ihm darauf antworten und überhaupt verstehen, wie Information und Entropie zusammenhängen, denn – das hat Josiah Willard Gibbs als Erster deutlich zu Plancks Zeit herausgearbeitet – wer ein Gas oder eine Flüssigkeit statistisch behandelt, tut das, weil seine Informationen über den Mikrozustand notwendig unvollständig bleiben. Entropie taucht also auf, wenn Information fehlt bzw. nicht verfügbar ist, und die Frage stellt sich, wie dies alles aus dem atomaren Aufbau der Materie abzuleiten ist und verstanden werden kann.

Wir hatten bislang erläutert, wie Wärme und Energie zu verstehen sind, wenn man annimmt, dass Gase und Flüssigkeiten aus Atomen bzw. Molekülen bestehen. Daraus folgt aber nicht, dass sie damit sofort gesicherte Erkenntnisse der Physik darstellten. Gase und Flüssigkeiten wurden im 19. Jahrhundert vielfach erfolgreich als kontinuierliche Medien behandelt, was man niemandem übelnehmen kann, da überzeugende Nachweise von Molekülen (und Atomen) erst nach 1900 gelungen sind – durch Methoden, die es erlauben, ihre Zahl genau zu bestimmen.

Plancks Schwierigkeiten mit dem atomaren bzw. statistischen Denken hingen mit der Frage zusammen, ob sich unter diesen Vorgaben denn nun ein besseres Verständnis für die Entropie ergab. Eigentlich lautete die Antwort seit 1866 »Ja«, denn damals hatte der im evolutionären Kontext erwähnte Ludwig Boltzmann vorgeschlagen, die Entropie als Wahrscheinlichkeit zu deuten bzw. als ein Maß für eine Wahrscheinlichkeit einzuführen. Wir können dabei die Vorstellung von Wahrscheinlichkeit benutzen, die wir im Alltag verwenden, etwa wenn von der Wahrscheinlichkeit die Rede ist, mit einem Würfel eine Drei (oder eine andere Zahl) zu würfeln. Die gesuchte Wahrscheinlichkeit ergibt sich in solchen Fällen, wenn man die Zahl der geeigneten Möglichkeiten durch sämtliche Möglichkeiten teilt. Es gibt bei sechs Ziffern nur einmal die Drei, und somit ist die Wahrscheinlichkeit für genau diese Ziffer eins geteilt durch sechs. Man kann auch andere Wahrscheinlichkeiten berechnen, etwa dafür, eine ungerade Zahl zu würfeln. Sie ergibt $^1/_2$, da es drei ungerade unter den sechs Zahlen auf den Würfeln gibt und unsere Vorschrift besagt, dass wir dann drei durch sechs teilen müssen.

Um die Idee der Wahrscheinlichkeit mit der Entropie in Verbindung zu bringen, muss man atomistisch vorgehen und die Unterscheidung zwischen dem Makrozustand und dem Mikrozustand eines Systems berücksichtigen, womit die Thermodynamiker in Plancks Epoche meist ein Gas oder eine Flüssigkeit meinten. Wir können dann fragen, mit welcher Wahrscheinlichkeit ein gegebener und gemessener Makrozustand eingenommen wird. Boltzmanns Vorschlag bestand darin, diesen Wert dadurch zu ermitteln, dass man fragt, durch wie viele Mikrozustände ein Makrozustand realisiert werden kann. Die Wahrscheinlichkeit eines Makrozustands nimmt zu, wenn viele (verschiedene) Mikrozustände zu ihm führen. Sie wird klein, wenn es nur wenige solcher Mikrozustände gibt, denen ein Makrozustand entspricht.

Um diesen langfristig erfolgreichen Gedanken nachvollziehen zu können, muss man sich klarmachen, dass verschiedene Mikro-

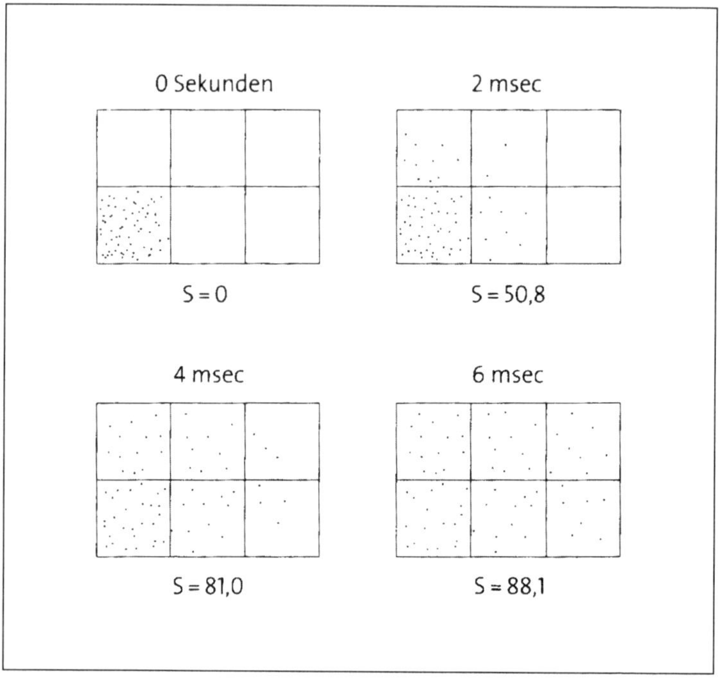

Die Ausbreitung (Diffusion) eines Gases, demonstriert mit Hilfe eines Gefäßes, das gedanklich in sechs Kammern aufgeteilt wird, zwischen denen keine Barrieren bestehen. Die als Punkte gezeichneten Gasmoleküle bewegen sich durcheinander, wobei jede Beobachtung zeigt, dass sie den ihnen zur Verfügung stehenden Raum ausnutzen und sich so weit es geht verstreuen. Man sagt dann, dass das Gas diffundiert. Gezeigt ist die Situation nach zwei, vier und sechs Millisekunden für den Fall, dass fünfzig Moleküle sich chaotisch durch die Räume bewegen. Wenn man sich überlegt, dass die Wahrscheinlichkeit für ein Molekül, sich in der linken unteren Ecke zu befinden, 1/6 beträgt – es gibt sechs Möglichkeiten wie beim Würfeln –, und wenn man daran denkt, dass sich Wahrscheinlichkeiten von unabhängigen Ereignissen multiplizieren – die Wahrscheinlichkeit, zwei Moleküle in der linken Ecke unten zu finden, beträgt 1/36 –, dann versteht man schnell, wie unwahrscheinlich die Ausgangssituation ist. Wenn wir die im Bild gezeichnete Diffusionsrate zugrunde legen, lässt sich ausrechnen, dass man ungefähr 10^{35} Sekunden warten muss, bis sich alle fünfzig Moleküle in einer Zelle einfinden. Umgerechnet in Jahren sind das unvorstellbare dreimal 10^{27} Jahre. Das Alter der Welt liegt bestenfalls bei 10^{10} Jahren, was bedeutet, dass man 10^{17} Weltalter warten muss, bis die gezeigten fünfzig Moleküle sich in einer Zelle treffen. In Wirklichkeit gibt es natürlich noch sehr viel mehr Moleküle. Mit anderen Worten, die Umkehrung des gezeigten Vorgangs kommt niemals vor.

zustände ein und denselben Makrozustand ergeben können. Um dies an einem einfachen Beispiel zu demonstrieren, stellen wir uns einen Empfang beim Bürgermeister oder beim Bundespräsidenten vor, zu dem fünfzig Personen geladen sind.

Wir stellen uns weiter vor, dass wir den Empfangssaal in sechs Bereiche unterteilen können, auf die wir von oben blicken, um die Köpfe zu zählen, die sich an einem bestimmten Ort aufhalten. Wir gehen weiter davon aus, dass alle Gäste pünktlich kommen und sich zu Beginn dicht hinter der Tür in einem der sechs imaginären Raumbereiche befinden. Dies ist ein Makrozustand, der extrem unwahrscheinlich ist, wie sich leicht ausrechnen lässt und wie jeder aus seiner Erfahrung weiß. Denn wenn es keinen Grund gibt, sich zusammenzudrängen – und der Physik wegen müssen wir das annehmen –, dann verteilen sich die Menschen im Raum, und Makrozustände, die durch eine gleichmäßige Besetzung der von uns eingeführten Raumzonen zustande kommen, können durch viele verschiedene Verteilungen einzelner Menschen im ganzen Raum – nicht nur durch die eine am Anfang – realisiert werden. Es gibt sehr viel mehr Möglichkeiten, die Gäste im ganzen Raum zu verteilen, als sie alle in einer Ecke zusammenzudrängen. (Dass Menschen anders sind als Moleküle sieht man daran, dass das höchst unwahrscheinliche Zusammenballen durch die Ankunft eines Stars oder durch ein anderes Ereignis ausgelöst werden kann.)

Boltzmann definierte ganz allgemein die Entropie als »*Maß für die Wahrscheinlichkeit* für einen makroskopischen Zustand – verstanden als die Zahl der Möglichkeiten, diese mikroskopisch zu realisieren«[10], und er war sicher, unter dieser statistischen Vorgabe den Zweiten Hauptsatz der Thermodynamik beweisen zu können – und damit der physikalischen Zeit eine Richtung zu geben.

Dieses Vorhaben sollte rasch von Erfolg gekrönt sein, denn etwa die Ausbreitung von Menschen in einem Raum oder von Gasmolekülen in einem Volumen zeigt eine eindeutige Tendenz in dem Sinne, dass es irreversibel zu einer Einnahme des ganzen Raums bzw. Volumens kommt und sich mit dem Einsatz von

Wahrscheinlichkeiten ausrechnen lässt, dass die Wartezeit auf den umgekehrten Vorgang das bekannte Alter der Welt um einen riesengroßen Faktor übersteigt. In diesem Bild lässt sich übrigens genau sagen, was ein unumkehrbarer Vorgang ist: Reversibel sind jetzt nur Abläufe, bei denen ein makroskopischer Zustand in einen anderen mit gleicher Wahrscheinlichkeit übergeht.

So einleuchtend und mühelos die Identifizierung der Entropie mit der Wahrscheinlichkeit erscheint, sie wurde zu Plancks Zeiten angezweifelt und stark kritisiert, wobei es zwei Arten von Einwänden gab: den Umkehr- und Wiederkehreinwand. Wer den Umkehreinwand vorbrachte, der wunderte sich über die Tatsache, dass jedes Teilchen, das zum Mikrozustand eines Systems gehört, sich nach zeitsymmetrischen Gesetzen bewegt, und er fragte, wieso es dann neben der Entropiezunahme keine entsprechende Abnahme gibt. Wo und wie verschwindet die Symmetrie der Zeit, wenn man nicht eins, zwei oder drei, sondern sehr viele Teilchen ins Kalkül ziehen muss – 10^{23} Stück zum Beispiel? Und wer den Wiederkehreinwand erhob, der vor allem von Plancks Assistent Ernst Zermelo um 1895 vertreten wurde, erinnerte die Physiker daran, dass sich ihren traditionellen Theoremen zufolge alle begrenzten Systeme im Prinzip periodisch verhalten und insofern zyklisch ablaufen, was bedeutet, dass irgendwann jeder Zustand ein zweites oder drittes Mal eingenommen wird, was im Widerspruch zum Entropiegesetz stehen würde.

Boltzmann hatte alle Hände voll zu tun, gegen diese ständig vorgetragenen Einwände zu argumentieren, und er musste zu wahrhaft kosmischen Annahmen greifen, um in seinem Denkschema die Richtung der Zeit zu begründen, die es doch so offensichtlich gibt und die es gerade deswegen zu verstehen gilt. In seiner letzten Erwiderung von 1896 stellte er eine atemberaubende Hypothese auf: »Der zweite Hauptsatz der Thermodynamik kann aus der mechanischen Theorie bewiesen werden, wenn man annimmt, der gegenwärtige Zustand des Weltalls oder zumindest desjenigen Teils, der uns umgibt, habe seine Entwicklung mit einem unwahrscheinlichen Zustand begonnen und befinde sich noch in einem relativ unwahrscheinlichen Zustand. Das ist eine vernünftig zu machende Annahme, da sie uns in den Stand setzt, die Erfahrungstatsachen zu erklären, sie aus irgendeiner grundlegenderen herleiten zu können. (...) Man mag darüber Spekulationen anstellen, ob sich das Weltall als Ganzes im thermischen Gleichgewicht befindet und ob es daher tot ist, es wird doch lokale Abweichungen vom Gleichgewicht geben, die die relativ kurze Zeit von wenigen Äonen dauern können. Für das Weltall als Ganzes gibt es keine Unterscheidung zwischen Rückwärts- und Vorwärts-Richtungen der Zeit, für die Welten aber, auf denen Lebewesen existieren und die sich daher in relativ unwahrscheinlichen Zuständen befinden, wird die Zeitrichtung durch die Richtung wachsender Entropie bestimmt, die von weniger wahrscheinlichen zu wahrscheinlicheren führt.«[11]

Zwei Ansichten und eine Einsicht

Die Debatte, die Zermelo mit Boltzmann führte, zwang Planck nach und nach, sich zwischen der energetischen (kontinuierlichen) und der atomistischen (diskreten) Betrachtung der Dinge zu entscheiden. Er hatte auffällig lange in seinem Urteil geschwankt, ob und wie der Zweite Hauptsatz (das Entropiegesetz) mit der atomistischen Annahme zu vereinbaren sei. Tatsächlich lässt sich sagen, dass Planck beinahe zwei Jahrzehnte – zwischen 1880 und 1900 – mit sich selbst gerungen und debattiert hat, wie sich Entropie und Atome vertragen können.

Natürlich erkannte Planck schon früh, dass die Grundannahme von Atomen und Molekülen die Wissenschaft voranbringen konnte, und als Beispiel hatte er die Chemie vor Augen, die die Regelmäßigkeiten der von ihr untersuchten (molekularen) Verbindungen am besten mit der Hypothese von Atomen begreifen konnte. Aber etwa im Jahre 1881 hoffte Planck noch, »dass man trotz der großen bisherigen Erfolge der atomistischen Theorie sich schließlich doch einmal zu einer Aufgabe derselben und zur Annahme einer continuirlichen Materie wird entschließen müssen«.[12]

Doch im Laufe der nächsten Jahre, als er sich um die Erklärung der Leitfähigkeit von elektrolytischen Flüssigkeiten bemühte und versuchte, den osmotischen Druck zu berechnen, den sie ausüben, stellte er 1887, als er seine preisgekrönte Göttinger Arbeit verfasste, dann plötzlich klar, »dass alle Naturerscheinungen als mechanische Prozesse dargestellt werden können«, und er wunderte sich über die Ansicht von Kollegen, eine solche atomistische Durchdringung der Physik beruhe auf »einer allzu engherzigen Auffassung der Naturerscheinungen«.[13]

Aber Planck hatte keineswegs seinen Frieden mit den sprunghaften Atomen gemacht, denn auf der Tagung der Gesellschaft Deutscher Naturforscher und Ärzte (GDNÄ) von 1891 meldete er sich mit dem Rat zu Wort, es gezieme sich für den theoretischen Physiker, »so weit wie möglich voranzukommen, ohne auf die atomistische, aber auch ohne auf irgendeine andere Hypothese zurückzugreifen«.[14] Und als er 1894 in die Preußische Akademie der Wissenschaften aufgenommen wurde, verkündete er seine Ansicht, dass die atomistische Hypothese und damit die mechanische Reduktion der Thermodynamik bei seinesgleichen kaum Anklang finden dürfe und über keinen entscheidenden Vorteil gegenüber anderen Modellen verfüge.

Doch bald stieß Planck auf das Problem, das ihn erst zu einem überzeugten Anhänger der Atomvorstellung und dann zu dem berühmten Revolutionär wider Willen werden ließ, der zu seinen heutigen Bekanntheitsgrad beigetragen hat. Für Boltzmanns statistische Deutung der Entropie zirkuliert in der wissenschaftlichen Literatur eine mathematische Formel, die nicht umfangreicher als die Gleichung ist, mit deren Hilfe Einstein die Energie – schon wieder diese geheimnisvolle Größe – mit der Masse verknüpft hat. Während bei Einstein die Energie (E) und die Masse (m) über eine

Konstante – die Geschwindigkeit des Lichts (c) – zusammengewoben werden in der Form $E = mc^2$, macht Boltzmann dasselbe mit der Entropie (S) und der Wahrscheinlichkeit (W). Auch sie verknüpft er über eine Konstante (k), die allerdings nicht so anschaulich ist wie das c bei Einstein. Und statt eines Quadrats tritt so etwas wie das mathematische Gegenstück auf, nämlich ein Logarithmus (Abk. »log«), sodass die berühmte Gleichung wie folgt lautet:

$$S = k \log W$$

Diese Gleichung wird hier nicht angeführt, weil Boltzmann so stolz auf sie war, dass er sie auf seinen Grabstein auf dem Wiener Zentralfriedhof meißeln ließ, sondern nur weil sie in dieser Form von Planck stammt, der dabei bescheiden genug war, der auftretenden Konstante nicht seinen, sondern Boltzmanns Namen zu geben (wobei es heißt, dass er das später bereut haben soll). Tatsächlich muss Plancks Name genannt werden, wenn diese Gleichung benutzt wird, aber dies geschieht selbst in den Lehrbüchern nur selten, die sie allein Boltzmann zuschreiben.

Mehr Zeichen als Einsteins Gleichung braucht Plancks Darstellung von Boltzmanns Idee nicht, aber die kleine Formel wirft trotzdem ein paar Probleme mehr auf, als es Einsteins Energierelation tut. Da wären zunächst einfache Fragen der Art, warum die Entropie S und Boltzmanns Konstante k heißen. Was das S angeht, darf man rückfragen, was denn als Alternative infrage gekommen wäre. E geht nicht, das steht schon für die Energie; O für Ordnung geht nicht, da die Entropie eher eine Unordnung erfasst, und U geht nicht, weil damit eine Spannung gemeint ist. Und so weiter. Es scheint einfach, dass in der Zeit, in der Boltzmann und Planck ein unverwechselbares Zeichen für die Entropie suchten, das S noch frei war, und so nahm man es. S hätte für einen (elektrischen) Strom stehen können, aber für diese Erscheinung hatten die Physiker j reserviert.

Viele andere Buchstaben des Alphabets waren ebenfalls für

das mathematische Formelwerk im Einsatz: Die ersten Buchstaben a, b und c zum Beispiel, um den Satz des Pythagoras zu formulieren ($a^2 + b^2 = c^2$), und die letzten drei Buchstaben bezeichneten das traditionelle Koordinatensystem (x, y, z). Also musste man irgendwo in der Mitte suchen, wenn man eine neue Konstante benennen wollte, und da bot sich das Gebiet um i und j bzw. die Zone um p und q an, die alle ihre mathematisch-physikalische Bedeutung besaßen. Im Grunde blieben nur die beiden Buchstaben h und k übrig, und tatsächlich hat Planck beide zu Ruhm und Ehren gebracht. Zunächst benutzte er k, das für eine Konstante auch naheliegt, und aus ihm machte er die Boltzmann-Konstante. Später griff er zu h, um damit seinen berühmten Quantensprung zu bezeichnen. Wenn Planck geahnt hätte, dass sein h eine wirklich fundamentale und physikalisch folgenreiche Konstante sein würde, hätte er vielleicht dieser Größe das k zugewiesen, das nach »konstant« klingt.

Es bleibt nun nur noch zu erklären, was in der Formel $S = k \log W$ das Logarithmuszeichen bedeutet und woher es kommt. Mit dem Wort logarithmieren meinen die Mathematiker die Umkehrung des Potenzierungsvorgangs, mit dem vielfaches Multiplizieren gemeint ist. Wir haben die Zehn schon vielfach mit sich malgenommen und zum Beispiel 10 mal 10 mal 10 als 10^3 geschrieben und die Drei dabei als Hochzahl (Exponent) bezeichnet. Der Logarithmus – wörtlich übersetzt bedeutet das Wort »Denkzahl« – einer so geschriebenen Kombination holt den Exponenten auf den Boden zurück und macht ihn leichter weiteren Operationen zugänglich. Der Logarithmus gibt den Mathematikern – also uns allen – ein Instrument an die Hand, mit dem wir eine Operation umkehren können. (Die Taste, die beim Computer eine Eingabe rückgängig macht, scheint mir oft die wichtigste Taste des ansonsten so fantastisch funktionierenden Apparats zu sein.)

Als Boltzmann bzw. Planck sich nun fragten, wie eine *mathematische* Gleichung auszusehen habe, in der die Entropie und die Wahrscheinlichkeit miteinander verbunden sind, galt es zu überlegen, welche *physikalischen* Eigenschaften und Bedingungen zu beachten seien. Wenn man wollte, dass die statistische Deutung der Entropie mit den thermodynamischen Überlegungen von Clausius zusammenpasste, dann musste die Entropie von zwei Systemen, die gemischt wurden, sich addieren: $S = S_1 + S_2$. Das Vertrackte nun lag darin, dass sich Wahrscheinlichkeiten nicht so verhalten. Die Wahrscheinlichkeit, mit einem ersten Würfel eine Drei und mit einem zweiten Würfel noch einmal eine Drei zu werfen, ergibt sich nicht als Summe der Einzelwahrscheinlichkeiten, sondern als ihr Produkt. Mit zwei Würfeln bestehen insgesamt sechsunddreißig Kombinationen, und von denen will man nur eine gelten lassen. Also besteht die Wahrscheinlichkeit von $1/36$, und das ist ja gerade $1/6$ mal $1/6$. Wenn man – wie weiter oben schon eingeführt – die Wahrscheinlichkeit wissen will, mit beiden Würfeln (oder bei zwei Würfen) nur ungerade Zahlen zu bekommen, muss man abzählen, wie viele von den sechsunddreißig Kombinationen günstig sind, und das sind neun – nämlich die Kombinationen 11, 13, 15, 31, 33, 35, 51, 53 und 55. Die Wahrscheinlichkeit liegt also bei $9/36$, was $1/4$ ergibt, und das ist wieder das Produkt aus den Einzelwahrscheinlichkeiten, die wir als $1/2$ kennengelernt haben.

Also – wer nicht nur S mit W verbinden will, sondern zugleich auch dem thermodynamischen und dem statistischen Denken Rechnung tragen möchte, der muss die Multiplikation der Wahrscheinlichkeiten zu einer Addition werden lassen, und genau dies kann der Logarithmus. Er verwandelt Potenzieren in Multiplizieren und Multiplizieren in Addieren.

Auf jeden Fall kann man versuchen, die Entropie mit dem Logarithmus der Wahrscheinlichkeit zu verbinden und dabei anzunehmen, dass diese beiden Größen proportional zueinander sind. Damit wird gesagt, dass mit steigender Entropie auch die Wahrscheinlichkeit für den erreichten Zustand wächst, oder anders ausgedrückt, dass Systeme in Zustände mit höherer Wahrscheinlichkeit übergehen und dabei deren Entropie wächst. Die Boltzmann-Konstante, die Planck dabei einführte, vermittelt qualitativ zwischen den atomistischen und thermodynamischen Modellen der Materie, und sie gibt quantitativ die Möglichkeit, Temperatur in Energie umzurechnen.

Die Katastrophe bei der Strahlung

Es tat sich also eine ganze Menge in der Physik, als Planck allmählich anfing, dem energetischen Vorgehen zu entsagen, um schließlich mehr und mehr molekularkinetisch zu denken und dann sogar ein vehementer Verteidiger der Vorstellung von den Atomen zu werden. Diese letzte Überzeugung brachte ihm jedoch bald eine Menge philosophischen Ärger ein. Aber trotz all der physikalischen Einsichten steht uns noch der wichtigste Schritt zur richtigen Theorie bevor. Gemeint ist der Akt der Verzweiflung, der dieses Kapitel seine Überschrift verdankt.

Planck unternahm ihn im Verlauf seiner Beschäftigung mit der Strahlung, die – wie berichtet – aus dem Hohlraum eines schwarzen Körpers kommt. So hatte es Kirchhoff eingerichtet und vermessen, und so konnte es ein Theoretiker wie Planck angehen und sich daran setzen, ein Strahlungsgesetz – eine Strahlungsformel – abzuleiten. Es ist ihm gelungen, und es hat ihm den Nobelpreis und viel Ruhm eingebracht.

$$U_\nu = \frac{8\,\pi\nu^2}{c^3}\;\frac{h\cdot\nu}{e^{\frac{h\nu}{kT}}-1}$$

Das Plancksche Wirkungsquantum

$$h \;=\; 6{,}626\cdot 10^{-34}\;\text{Joule}\cdot\text{Sekunde}$$

Plancks Strahlungsformel und ihre Symbole. In den Physikbüchern gibt es mehrere Formen der Formel. Hier zeigen wir den Ausdruck für die Energiedichte (u), die zu einer Frequenz (ν) gehört; in der Formel kommen weiter vor: Plancks Quantum der Wirkung h, die Lichtgeschwindigkeit c, die Boltzmann-Konstante k, die Temperatur T, die Eulerzahl e und die Kreiszahl π.

Die Hinwendung zur Strahlung hat vielleicht nicht allein damit zu tun, dass der von Planck so verehrte Kirchhoff hier den Zugang zu dem allgemeinen und absoluten Gesetz geöffnet hatte, nach dem es Planck verlangte. Sie hängt möglicherweise auch mit dem Wunsch zusammen, sich doch einer kontinuierlichen Welt zuzuwenden. Selbst wenn die Materie – vor allem die Gase und die Flüssigkeiten – aus diskreten Atomen aufgebaut sein mochte und damit atomistisch zu deuten war, so konnte man immer noch damit rechnen, dass die Hohlraumstrahlung, ja dass jede Strahlung ein durchgängiges (also kontinuierliches) Wellenfeld bildete und daher den Energetikern liegen und Vorteile bieten musste. Zwar hatte noch niemand die Entropie von Strahlung genau berechnet, aber der Gedanke, beim Licht und anderen Strahlen ebenso partikuläre Erscheinungen zu finden wie bei der Materie, tauchte im 19. Jahrhundert nicht einmal am Horizont auf. Für die Strahlung gab es ja auch eine völlig andere und eigenständige Physik, nämlich die Maxwellschen Gleichungen, die von demselben Mann stammten, der auch das Verteilungsgesetz abgeleitet hat.

Maxwells Gleichungen bezauberten die Physiker des 19. Jahrhunderts, und sie lassen selbst Zeitgenossen immer wieder staunen. Boltzmann fühlte sich beim Anblick der Maxwellschen Gleichungen dazu ermutigt, aus Goethes *Faust* zu zitieren: »War es ein Gott, der diese Zeichen schrieb?« Es war natürlich ein Mensch, nämlich Maxwell, zu dessen 100. Geburtstag im Jahre 1931 Planck eine große Rede hielt,[15] aber dieser Mensch hatte immer gesagt, dass diese Gleichungen weniger von ihm und mehr aus ihm gekommen seien. Sie wären ihm gewissermaßen diktiert worden, wie Maxwell in einem Brief mitgeteilt hat. Physikalische Theorien entstehen also in kreativen Akten, die denen vergleichbar sind, durch die Dichter wie Rainer Maria Rilke ihre Verse finden, dem – nach eigenen Aussagen – die »Sonette an Orpheus« zugeflüstert worden sind.

Die Grundpfeiler, auf denen das Gebäude der Physik ruhte – bis Planck und Einstein kamen.

Newton: Gesetze für materielle Teilchen und ihre Bewegung
Maxwell: Gleichungen für immaterielle Felder und ihre Wechselwirkungen

Maxwells Gleichungen liefern für die immaterielle Welt, was Newtons Physik der materiellen Welt beschert, nämlich die gesetzliche Grundlage, nach der alles abläuft. In Maxwells Bereich treten Wellen aus elektrischen und magnetischen Feldern auf, die durchgängig und lückenlos den ganzen Raum – als Kontinuum – ausfüllen, und was der schottische Physiker in der Mitte des 19. Jahrhunderts erst nur theoretisch vorhergesagt hatte, konnte sein deutscher Kollege Heinrich Hertz perfekt und praktisch realisieren. Es gab sie ganz konkret und empfangbar, diese kontinuierlichen elektromagnetischen Wellen, und kurz vor der Wende zum 20. Jahrhundert wandte sich Planck denjenigen zu, die aus Kirchhoffs Hohlraum kamen und so schön vermessen worden waren. Vielleicht fiel ihm irgendwann doch auf, dass die Messkurven nicht sehr verschieden von den Verteilungen waren, die Maxwell für diskrete Moleküle in einem Gas ausgerechnet hatte, aber darüber ist nichts bekannt, und wir sollten uns eher vorstellen, dass Planck die elektromagnetischen Wellen in dem Hohlraum, der seit Kirchhoff als schwarzer Körper funktionierte, als kontinuierlich (durchgängig und lückenlos) verteilt ansah und auf diese Weise im Detail verstehen wollte.

Doch was immer Planck dachte, die Messkurven zeigen auf jeden Fall eine Art Verteilung der Energie auf die verschiedenen Frequenzen bzw. Wellenlängen. Somit lautete die Frage: Wie sind die elektromagnetischen Wellen bei einer gegebenen Temperatur verteilt? Es galt also irgendwie doch, die Gedankenwelt der statistischen Physik einzusetzen, und für diesen Zweck stand auch ein grundlegendes Gesetz zur Verfügung, das Gesetz von der Gleichverteilung.

Dieses Gesetz war bei Atomen und ihren Bewegungen unbestritten, da es sich aus der Physik Newtons ableiten ließ und das ausdrückte, was man vernünftigerweise erwartete. Und Gleichverteilung meinte schlicht, dass die gesamte Energie, über die ein Ensemble von vielen Teilchen verfügt, die ihre individuelle Energie durch gegenseitige Stoßprozesse austauschen können, von all diesen Teilchen zu gleichen Teilen getragen wird. Wenn alle Teilchen gleich sind – wie dies etwa bei einem homogenen Gas aus Sauerstoff der Fall ist –, dann werden sie im Durchschnitt die gleiche Geschwindigkeit aufweisen und über die gleiche kinetische Energie verfügen. Bei N Teilchen mit der Gesamtenergie E_g wird jedes einzelne Teilchen im Durchschnitt die Energie E_g/N mit sich tragen. Genau unter diesen Vorgaben konnte Maxwell seine Verteilung ableiten und ausrechnen.

Wie konnte man nun die Idee der Gleichverteilung von diskreten Teilchen auf ein kontinuierliches Wellenfeld (die Lichtwellen aus dem Hohlraum) übertragen? Gegen Ende des 19. Jahrhunderts unternahmen die Physiker erste Versuche in diese Richtung. In England bemühte sich Lord Rayleigh mit Sir James Jeans um das Problem, und sie setzten die Gleichverteilung sehr direkt ein, indem sie annahmen, dass alle Energie der Strahlung über alle Wellenlängen bzw. Frequenzen gleichmäßig verteilt würde. Das klingt harmlos und wirkt plausibel, führt aber trotzdem in die Katastrophe. Lord Rayleigh und Sir Jeans scheiterten furchtbar. Im Gegensatz zu dem atomistischen Fall, in dem zwar extrem viele, aber letztlich doch nur endlich und abzählbar viele Moleküle in einem Gas zu berücksichtigen sind, kann die Zahl der möglichen Wellenlängen bzw. Frequenzen nicht limitiert werden. Die Strahlung soll ja auch kontinuierlich verteilt sein, und die Anwendung des statistischen Denkens auf eine solche Situation führte zu dem, was Planck und andere die Ultraviolettkatastrophe nannten, und wer einen neuen Ansatz vorlegen wollte, musste genau dies zu verhindern wissen.

Was besagt das Wort Ultraviolettkatastrophe, und wie kommt sie zustande? Die Forscher vor Planck stellten sich den Hohlraum von Kirchhoff als einen Würfel vor, dessen Innenwände aus einem idealen Material (einer Art Spiegelglas) bestehen, das alle auftreffende Strahlung vollständig reflektieren kann. Natürlich gibt es solche Spiegel in Wirklichkeit nicht, aber ein theoretischer Physiker kann sie sich in Gedanken vorstellen und mit ihnen dann auch entsprechende Gedankenexperimente ausführen. Dieses Verfahren hat Einstein im frühen 20. Jahrhundert zur Perfektion gebracht.

Wenn in einen solchen Strahlungswürfel Licht mit einer gegebenen Wellenlänge gelangt – wir wollen das Licht rot sein lassen, damit man sich gut eine Wärmestrahlung darunter vorstellen kann –, bildet sich zunächst eine Art stehende Welle aus, die aber nicht allein bleiben kann. Denn wie bei einem Klavier eine angeschlagene Saite nach und nach die benachbarten in Schwingung versetzt, wird auch die Welle im Würfel nach und nach die anderen Schwingungsmöglichkeiten im Hohlraum anregen. So sehen es die Gesetze der Physik vor, die absolut nach einer Gleichverteilung der Energie verlangen. Natürlich werden die Töne des Klaviers immer leiser, wenn immer mehr von ihnen angestoßen werden, und dass wir zuletzt überhaupt noch etwas hören, liegt nur daran, dass es insgesamt nur achtundachtzig Saiten gibt, die schwingen können.

Im kontinuierlichen Hohlraum fällt diese Beschränkung nun weg, mit der unangenehmen Folge, dass das ursprünglich rote Licht erst blau und dann violett wird, bevor es zuletzt sogar in den ultravioletten Bereich hineinwechselt und so für unseren Blick verschwindet. Das ist die Ultraviolettkatastrophe der Theorie, die bei einem Kontinuum von Wellen im Hohlraum und unter der gesetzlichen Vorgabe der Gleichverteilung auftritt. Das heißt, die Katastrophe mit dem Licht tritt allein in der Theorie und keineswegs im Experiment auf. Genau das war die Katastrophe für die Theoretische Physik, also für Plancks Disziplin.

Die gegebene Darstellung lässt aus heutiger Sicht genau erkennen, wie diese missliche Lage zu ändern ist, nämlich durch eine diskrete Einschränkung der Wellen im Hohlraum, und genau sie führte Planck mit seinem Akt der Verzweiflung ein – wenn er dabei auch nicht den Weg nahm, auf dem wir gerade unterwegs sind. Er probierte einmal eher aus Notwehr und ohne innere Überzeugung die Annahme aus, dass die Energie der elektromagnetischen Wellen – zu denen ja sichtbare Lichtwellen ebenso gehören wie unsichtbare Wärmestrahlen – nur in Form von den diskreten Paketen existieren kann. Ein solches Päckchen nennen wir heute nach Plancks Vorschlag ein Quantum. Das Wort ist lateinischen Ursprungs und drückt aus, wie viel von etwas gebraucht oder eingesetzt wird – so, wie wir es im Alltag tun, wenn wir einer Mischung noch eine gewisse Menge – ein Quantum – von einer weiteren Zutat – etwa Zucker – zusetzen. Und vielleicht steckt das Quantum auch in dem Quäntchen Glück, auf das wir alle hoffen.

Plancks Idee bestand also darin, die Energie der Strahlen zu quantisieren, wie man heute sagen kann und was eine höchst präzise zu fassende Bedeutung hat: Er setzte in seiner Theorie an, dass eine Welle, die mit der gegebenen Frequenz schwingt, über eine Energie verfügt, die proportional zu dieser Schwingungszahl ist, wie die Frequenz bei Planck noch hieß. Aus zufälligen historischen Gründen, die hier unerwähnt bleiben, bezeichnen die Physiker die Frequenzen des Lichts mit dem griechischen Buchstaben ν, den man »nü« ausspricht. Um nun seinen Ansatz korrekt in der Sprache der Mathematik formulieren zu können, muss man die Idee der Proportionalität ausdrücken, und dazu führt man eine Konstante ein. Planck bezeichnete sie – wie erläutert – mit dem Buchstaben h, mit dem er dann schreiben konnte:

$$E = h \cdot \nu$$

Man kann diese fünf Zeichen wörtlich lesen und sagen: »E ist gleich h mal nü«; und man kann das sachlich erläutern und für jedermann nachvollziehbar sagen: »Die Energie einer Welle ist proportional zu ihrer Frequenz«. Je höher (tiefer) die Frequenz, desto größer (niedriger) die dazugehörige Energie (was einen nebenbei ein wenig in anschauliche Schwierigkeiten bringt, da blaues Licht eine höhere Frequenz und somit mehr Energie als rotes Licht hat; dabei denken wir genau umgekehrt bei Blau an Kühle und bei Rot an Wärme.

Bei allen Abschweifungen dürfen wir nicht das eigentliche Ziel aus den Augen verlieren, das darin besteht, einen Weg an der Ultraviolettkatastrophe vorbei zu finden. Mit dem Planckschen Quantum haben wir die Lösung schon gefunden, allerdings ohne erläutert zu haben, wie dies damit gelingt. Zuvor seien aber noch zwei Anmerkungen gestattet, die beide mit der Tatsache zu tun haben, dass eine Frequenz die Anzahl von Ereignissen in einer Zeiteinheit misst und also die umgekehrte Dimension der Zeit hat. Frequenz wird »pro Zeiteinheit« angegeben, zum Beispiel wenn die Häufigkeit, mit der unser Herz schlägt, etwa bei sechzigmal pro Minute liegt oder wir ein Medikament dreimal pro Tag einnehmen sollen.

Die erste Anmerkung hat damit zu tun, dass eine Frequenz immer einen Zeitraum braucht, um definiert zu werden – eine Minute oder einen Tag zum Beispiel. Sie ist schwerlich für einen Zeitpunkt festzulegen, und hierin bestand für Planck ein Problem. Der ihm heilige Energiesatz verlangte nämlich eine Energie, die in jedem Augenblick definiert war und erhalten blieb. So erfolgreich Plancks Ansatz jetzt auch war – und die obige Gleichung ist einer der großen Schatzkästen der Physik, der täglich millionenfach geöffnet und genutzt wird und seinen Dienst tut –, gefallen konnte ihm das nicht. Aber erst einmal musste die Ultraviolettkatastrophe verhindert werden, deuten konnte man die Gleichung immer noch später.

Die zweite Anmerkung betrifft erneut die physikalischen Einheiten der Gleichung. Sie macht aus einer Frequenz eine Energie und benötigt dafür die Konstante h. Dieses h kann nicht nur eine Zahl sein, sie muss vielmehr eine Dimension haben, die sich leicht als Produkt aus Energie und Zeit erkennen lässt. Energie mal Zeit durch Zeit ist Energie, und dann stimmt die Bilanz der Gleichung.

h

Plancks Konstante h – der Quantensprung der Wirkung – kann heute extrem genau vermessen werden. Ihr Zahlenwert ist ebenso extrem winzig. Er liegt bei ungefähr $6 \cdot 10^{-27}$ (10 hoch minus 27) erg · sec, wobei die zuletzt genannte Einheit das Produkt aus der Maßeinheit für eine Energie (erg) und der Sekunde (sec) ist. Die Plancksche Konstante wirkt noch viel winziger in den Einheiten Joulesekunde (Js), in denen sie in den Lehrbüchern und Lexika verzeichnet wird. Dann handelt es sich um den Wert von (ziemlich genau) $6{,}626 \cdot 10^{-34}$ – was unvorstellbar klein ist.

Das Produkt aus Energie und Zeit ist nicht irgendeine zufällige Anordnung. Diese Kombination physikalischer Grundgrößen nennt man Wirkung. Das h heißt deshalb auch manchmal Plancks Quantum der Wirkung – oder Wirkungsquantum. Damit wird die ursprüngliche und urtümliche Lücke in der Natur bezeichnet. Es ist nicht die Energie, sondern die Wirkung, also ihr Produkt mit der Zeit.

Die Wirkung ist als physikalische Größe und nicht wie im Alltag gebräuchlich zu verstehen (obwohl man sich an dieser Stelle den Witz erlauben könnte, dass jemand, der nur wenig Energie an eine Aufgabe wendet, trotzdem eine große Wirkung erzielen kann, wenn er nur lange genug durchhält und weitermacht). Die Größe der Wirkung hat in Plancks Denken eine eminent wichtige Rolle gespielt, die mit seiner lebenslangen Sehnsucht nach einer Einheit des physikalischen Weltbilds zusammenhängt. Als Student der Physik lernte er das kennen, was die Lehrbücher immer noch das »Prinzip der kleinsten Wirkung« nennen (wobei Plancks Quantum ganz konkret die kleinste Wirkung ist, die der Natur zur Verfügung steht.)

Das Prinzip der kleinsten Wirkung wird zumeist dem französischen Mathematiker Pierre-Louis Moreau de Maupertuis zugesprochen, das er – der Geschichtsschreibung zufolge und im Anschluss an vorbereitende Arbeiten des Philosophen Leibniz und des Mathematikers Euler – um 1744 (vielleicht auch erst 1747) formuliert hat. Es besagt – in einfachster Form –, dass Vorgänge, die sich in der Natur mit einer vorgegebenen Gesamtenergie von einem Anfangs- zu einem Endzustand bewegen, so ablaufen, dass das Produkt aus Energie und Zeit – also die Wirkung – dabei so klein wie möglich (minimal) gehalten wird. In solchen Fällen spricht man von einem Extremalprinzip, und in der Physik sind inzwischen einige von ihnen bekannt. Als Maupertuis im 18. Jahrhundert das erste dieser Art formulieren konnte, meinte er, eine Weltformel in der Hand zu halten, die es erlaubt, kosmische Bewegung zu verstehen. Diese Hochschätzung hat im 19. Jahrhundert Planck geteilt, der sich nicht scheute, das Prinzip der kleinsten Wirkung mit demselben Ausdruck »heilig« zu ehren, den er dem Energiesatz zubilligte. Ihm zeigte sich hier die Möglichkeit seiner Wissenschaft, der Physik, die Vielfalt aller Bewegungen aus einem Gedanken zu erfassen, der damit etwas feierlich Absolutes bekam.

Die Vermeidung der Katastrophe

Es muss Planck allen praktischen und philosophischen Schwierigkeiten mit der Wärmestrahlung zum Trotz gefreut haben, dass es ausgerechnet eine kleinste Wirkung ist, die er einzuführen hatte, um mit seiner theoretischen Deutung voranzukommen. Wir kehren zu den Quanten und der Gleichung $E = h \cdot \nu$ zurück und stellen fest, dass es auf den ersten Blick im wissenschaftlichen Kontext nichts Harmloseres als diese Zeichenfolge zu geben scheint – sie ist sicher simpler als Einsteins Formel $E = mc^2$, die bemerkenswerterweise auch von einer Energie handelt (ohne dass jemand auf die Idee käme, die beiden gleichzusetzen). Und doch änderte der als »E gleich h mal ν« dargestellte Zusammenhang die Physik zu Beginn des 20. Jahrhunderts von Grund auf. Wie schaffte es Planck mit seinem mathematischen Kniff, die physikalische Ultraviolettkatastrophe zu vermeiden?

Seine entscheidende Wirkung erzielte Plancks Postulat dadurch, dass es die Strahlenenergie entmutigt bzw. behindert, in die grenzenlosen Bereiche hoher Frequenzen abzuwandern, wie es im Fall einer kontinuierlichen Energieverteilung unvermeidlich ist. Wir brauchen nur zu überlegen, dass die Gesamtenergie nicht beliebig groß sein kann, die wir gleichmäßig verteilen wollen bzw. müssen. Es leuchtet auch sofort ein, dass bei der Gleichverteilung der Energie eine einfache Regel zu beachten ist: Je höher eine Frequenz, desto weniger oft kann sie besetzt sein, denn für jede Frequenz steht derselbe Anteil zur Verfügung. Irgendwann wird die Energiedifferenz zwischen zwei Frequenzen zu groß, und das nötige Quantum überschreitet den Anteil, den das Gleichverteilungsgesetz ihm einräumen kann. Über diese Stelle – über diese Frequenz hinaus – kann es keine Strahlung mehr geben, und die Ultraviolettkatastrophe unterbleibt. Plancks kleine Lücke stellt ein unüberwindliches Hindernis dar und zeigt deshalb eine riesige Wirkung.

Die Energiepäckchen namens Quanten erlauben uns jetzt auch zu verstehen, warum die Strahlungskurve die Form der Verteilung hat, die Maxwell für die Geschwindigkeiten von Gasatomen ableiten konnte. Maxwells Kurve stellt mithilfe von Geschwindigkeiten so etwas wie die Verteilung einer gegebenen Menge von Energie auf einzelne Atome bzw. Moleküle dar. Die Strahlung eines schwarzen Körpers geht – wie wir heute sicher wissen – von seinen Atomen aus. Auch sie unterliegen der Statistik, das heißt, auch für sie gibt es eine Verteilung, die man ausrechnen kann, seit Planck sie nicht kontinuierlich, sondern stückchenweise auftreten lässt. Sie ist etwas komplizierter als bei Maxwell, aber sie verdeutlicht, dass es diskrete Atome sind, von denen die Physik handelt.

Planck stellte sein Quantum der Wirkung zum ersten Mal in einem Vortrag vor, den er am 14. Dezember 1900 auf der Sitzung der Deutschen Physikalischen Gesellschaft in Berlin hielt. Genauer muss man sagen, dass Planck an dem Abend zwei Themen angeboten und abgehandelt hat. In seinem ersten Auftritt machte er Bemerkungen »Ueber das Wien'sche Paradoxon«, um sich danach »Zur Theorie des Gesetzes der Energieverteilung im Normalspektrum« zu äußern, wie es das Protokollbuch für die historische Sitzung verzeichnet. Natürlich handelt es sich dabei nicht um zwei weit entfernte Themen, sondern um Fragestellungen, die eng zusammenhängen.

Im ersten Titel wird mit dem Namen »Wien« einer der damals wichtigsten Physiker benannt, nämlich Wilhelm Wien (1864 bis 1928), der Urheber des nach ihm benannten Verschiebungsgesetzes (siehe Abb. 5, S. …). Wien hatte sich in den 1890er-Jahren um ein Gesetz für die Energieverteilung bemüht und erhielt 1911 den Nobelpreis für Physik.

Der berühmte Experimentalphysiker wollte bei seinem Verschiebungsgesetz nicht stehenbleiben, und 1897 leitete er aus allgemeinen Überlegungen ein explizit formuliertes Strahlengesetz ab, mit dem alle Kollegen – einschließlich Planck – hoch zufrieden waren. Alle Messungen bis Mitte 1899 hatten im so genannten Normalbereich der Strahlung, den Plancks zweiter Vortragstitel der Sitzung vom 14. Dezember 1900 anspricht, die Wienschen Gesetze im Wesentlichen bestätigt, und »alles schien in befriedigender Ordnung zu sein«, wie Planck notierte, wobei er sicher sein konnte, die Ansicht der meisten damaligen Physiker wiederzugeben.

»Aber schon bald darauf«, so Planck in seiner »Geschichte der Auffindung des physikalischen Wirkungsquantums«[16], »machten zuerst Otto Lummer und Ernst Pringsheim, später auch Friedrich Paschen, auf gewisse Abweichungen vom Wienschen Verteilungsgesetz aufmerksam, welche sie bei der Ausdehnung ihrer Versuche

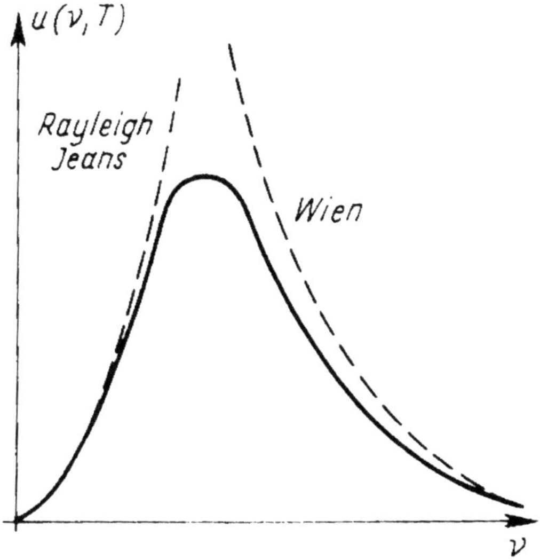

Die Vermessung der Strahlung eines schwarzen Körpers führen Physiker mit der so genannten Energiedichte durch, die sie als u abkürzen und die von der Frequenz (ν) und der Temperatur (T) abhängt. Die Messwerte (durchgezogene Linie) werden gegen die Frequenz der Strahlung aufgetragen. Gestrichelte Linien zeigen die Vorhersagen von Strahlungsgesetzen, die von Rayleigh und Jeans auf der einen und Wien auf der anderen Seite abgeleitet wurden. Beide erfassen nur einen Teil der Wirklichkeit (weshalb sie falsch sind). Bei dem Ansatz von Rayleigh und Jeans ereignet sich die weiter oben im Text erläuterte Ultraviolettkatastrophe – sie sagen einen unendlichen Anstieg der Energie mit zunehmender Frequenz voraus, was sowohl unsinnig als auch unstimmig ist. Bei Wien passiert so etwas wie das Gegenteil. Sein Gesetz stimmt für hohe Frequenzen (kleine Wellenlängen), versagt aber dort, wo Rayleigh und Jeans richtig liegen. Plancks Lösung ist mathematisch gesprochen eine Interpolation zwischen den beiden Ansätzen. Dieser Schritt gelingt aber nur, wenn ein Quantum der Wirkung eingeführt und zugelassen wird.

auf größere Wellenlängen gefunden hatten und welche im Laufe der beständig gesteigerten Genauigkeit der Messungen so deutlich wurden, dass an der allgemeinen Gültigkeit [des Wienschen Strahlungsgesetzes] ernstliche Zweifel aufsteigen mussten.«

Verdeutlicht sei dieser Zusammenhang an einer Abbildung, die den Gültigkeitsbereich des eben eingeführten Wienschen Strahlungsgesetzes und den des weiter oben in Zusammenhang mit der Ultraviolettkatastrophe erwähnten Rayleigh-Jeansschen Gesetzes vergleicht.

Planck glaubte lange Zeit, dass Wien die Sache erfasst hätte und sein Vorschlag für ein Strahlengesetz, der oft als die letzte allgemeingültige Aussage bezeichnet wird, die aus der klassischen Physik heraus abgeleitet werden konnte, das Entstehen der Hohlraumstrahlung erklärbar machte. Seine seit Frühjahr 1899 unternommenen Arbeiten konzentrierten sich eigentlich nur darauf, das etwas eigenwillige Wiensche Gesetz in den schönen Rahmen der Theorie einzufügen und ihm eine grundlegende Ableitung zu verschaffen.

Diese Bemühungen erwiesen sich aber als schwierig, und sie schienen im Oktober des Jahres 1900 zu scheitern, als »ein Ereignis« eintrat, »welches in dieser Angelegenheit eine entscheidende Wendung bringen sollte», wie Planck berichtet hat: »In der Sitzung der Deutschen Physikalischen Gesellschaft vom 19. Oktober 1900 teilte F. Kurlbaum die Resultate der von ihm in Gemeinschaft mit H. Rubens für sehr große Wellenlängen ausgeführten Energiemessungen mit, aus denen unter anderem hervorging, dass mit steigender Temperatur die Strahlungsintensität des schwarzen Körpers immer angenäherter proportional der Temperatur T wird, im krassen Gegensatz zum Wienschen Verteilungsgesetz, nach welchem die Strahlungsintensität stets endlich bleiben musste.«[17]

Die »sehr großen Wellenlängen« sind in Abb. S. 117 die sehr kleinen Frequenzen, und dort nähert sich die Messkurve der Vorhersage von Rayleigh-Jeans an. Für einen mathematisch versierten Menschen, wie Planck es war, lag jetzt unmittelbar der Gedanke nahe, eine Formel zu suchen, die zwischen den beiden Gesetzen und ihren Gültigkeitsbereichen vermittelte (Interpolation). Planck nahm sich dies vor, und sein Ratespiel wurde von Erfolg gekrönt – aber nur, wenn er sein Quantum der Wirkung einführte. Dabei entstand ein Gesetz, dessen mathematische Formulierung es gestattete, den Kurvenverlauf zu berechnen, und die theoretischen Werte fielen ganz genau mit den gemessenen zusammen. Die Übereinstimmung war so perfekt, dass Planck sicher sein konnte, dass sein Energieverteilungsgesetz – die Plancksche Strahlungsformel – die Natur richtig erfasste. Das heißt, die Sitzungsteilnehmer in

Berlin gaben sich alle rechnerische und experimentelle Mühe, diesen Tatbestand wasserdicht und unangreifbar zu machen.

Nachdem Planck seine neue Formel vorgestellt hatte, bat er die Experimentalphysiker erneut um minuziöse Prüfung der Zahlenwerte. Sie machten sich sofort an die Arbeit, wie Planck berichtete: »Am Morgen des nächsten Tages suchte mich der Kollege Rubens auf und erzählte, dass er nach dem Schluss der Sitzung noch in der nämlichen Nacht meine Formel mit seinen Messungsdaten genau verglichen und überall eine befriedigende Übereinstimmung gefunden habe. Auch Lummer und Pringsheim, die anfänglich Abweichungen festgestellt zu haben glaubten, zogen bald ihren Widerspruch zurück, da, wie mir Pringsheim mündlich mitteilte, sich herausstellte, dass die gefundenen Abweichungen durch einen Rechenfehler verursacht waren. Durch spätere Messungen wurde dann die Formel [vom Oktober 1900] wiederholt bestätigt, um so genauer, je feiner die experimentellen Methoden arbeiteten.«[18]

Das akademische Leben

Ende des Jahres 1900 konnte Planck »die Frage nach dem Gesetz der spektralen Energieverteilung in der Strahlung des schwarzen Körpers als endgültig erledigt« betrachten, wobei ihm allerdings bewusst war, dass die Akzeptanz unter den Kollegen noch verbesserungsfähig war und dass sich jetzt ein neues Problem stellte, denn »die Natur der Energieelemente $h \cdot \nu$ blieb ungeklärt«. Für viele war allerdings schon sicher, dass es das Wirkungsquantum tatsächlich gab, und man hoffte mit großer Zuversicht, seine tiefere Bedeutung bald klären zu können, und zwar so, dass es in den gewohnten Rahmen der klassischen Physik eingefügt werden konnte, der unter der Annahme abgesteckt worden war, dass die Natur keine Sprünge macht – vor allen Dingen keine Quantensprünge.

Niemand konnte damals ahnen, in welche Turbulenzen Plancks Wissenschaft bald geraten würde, vor allem nicht Studenten in seinen Vorlesungen. Dort verlor Planck nie ein Wort über seine Leistungen und Hervorbringungen; er führte im gewohnt ruhig sachlichen Ton in die jetzt immer deutlicher an Qualität gewinnende Wissenschaft der Theoretischen Physik ein. Es gab inzwischen sogar ein »Institut für theoretische Physik«, wie zunächst noch mit einem kleinen t geschrieben wurde, aber man darf sich darunter keinen hektischen Betrieb voller Entdeckerfreude und gespannter Erwartungen vorstellen. Eigentlich bestand die Einrichtung lediglich aus einer Bibliothek mit Fachliteratur. Die Aufregung fand im Kopf statt, und es war schwer, sie den Theoretikern damals anzusehen.

So ernst Planck seine akademischen Lehrverpflichtungen nahm und so souverän und fehlerfrei er in seinen Vorlesungen agierte – zu seinen Lieblingsäußerungen am Ende einer theoretischen Ableitung gehörte der Satz: »Jetzt ist die Sache vollständig genügend erledigt« –, verwundert es, dass er im Gegensatz etwa zu dem in München lehrenden Arnold Sommerfeld nie so etwas wie eine Schule gebildet hat. Im Laufe seiner Berliner Jahre in der Theoretischen Physik wurden nur knapp zwanzig Doktorarbeiten unter seiner Anleitung gefertigt, wobei die Kandidaten wenig von ihrem Lehrer gesehen oder gehört haben, nachdem die Aufgabe feststand, die es zu erkunden und gegebenenfalls zu lösen galt. Lise Meitner (1878–1968), die bei Planck studiert hat und durch ihn gefördert wurde, hat diese Zurückhaltung mit Plancks Wesensart begründet, zu der die auf Erfahrungen aus der Jugend beruhende Überzeugung gehörte, dass nichts besser als die Selbstorientierung sein könne.[19]

Natürlich hat Planck einige berühmte Schüler hervorgebracht – unter anderem den 1914 mit dem Nobelpreis ausgezeichneten Max von Laue, der Plancks Nachfolger auf dem Posten des Institutsdirektors wurde, und den später in die Philosophie gewechselten Moritz Schlick, der sich als Positivist und Begründer des so genannten Wiener Kreises einen Namen machte. Aber neben den theoretischen Fachfragen seiner Wissenschaft bekundete er auch nachdrücklich Interesse am ganzen Universitätsbetrieb und nahm schon früh Einfluss auf dessen Abläufe. Das war nicht immer leicht, denn im ausgehenden 19. Jahrhundert kam es zu ersten Konflikten zwischen dem Staat – als Dienstherrn – und der Universität. War dies der Fall, setzte sich Planck eindeutig für die akademische Sphäre – und letztlich für die Wissenschaft selbst – ein.

Max von Laue

Max von Laue (1879–1960) war Plancks nächststehender Schüler und naher Freund, wie Lexika vermerken. Von Laue hat bei Planck 1903 mit einer Arbeit zur physikalischen Optik promoviert und sich zwei Jahre später – an der Berliner Universität – als Assistent von Planck mit einer Schrift über »Die Thermodynamik der Interferenzerscheinungen« habilitiert. Dabei führte er den Begriff der Entropie in die Optik ein. Nach Wanderjahren in Zürich, Frankfurt und München kehrte von Laue nach Berlin zurück, um an der Seite des von ihm verehrten Planck lehren zu können. 1923 wurde von Laue Plancks Nachfolger als Direktor des Instituts für Theoretische Physik.

Seine Forschungsarbeiten konzentrierten sich auf die Anwendung von Röntgenstrahlen und ihre Beugung an Kristallgittern, was letztlich die Röntgenstrukturanalyse ermöglichte. Sie ist unter anderem entscheidend für die Entwicklung der Molekularbiologie geworden, die so zu den Strukturen lebenswichtiger Moleküle verstoßen konnte. 1914 wurde von Laue mit dem Nobelpreis für Physik ausgezeichnet.

Auch die kürzeste Würdigung Max von Laues muss auf sein mutiges Verhalten im Dritten Reich hinweisen. Er ist bei allen Schwierigkeiten »aufrecht geblieben«, wie Einstein und andere geschrieben haben, und hat unter anderem das Vortragen antisemitischer Hetzereien verhindert und Opfern des Regimes geholfen. Nach dem Zweiten Weltkrieg hat sich von Laue öffentlich als Gegner einer atomaren Bewaffnung der Bundeswehr zu Wort gemeldet (1957).

Er tat dies zum Beispiel 1894, als man in Berlin einen Nachfolger für den Experimentalphysiker August Kundt suchte. Als der von der Fakultät empfohlene Kandidat Emil Warburg, der Vater des Biochemikers Otto Warburg, vom Ministerium nicht akzeptiert zu werden schien, meldete sich Planck zu Wort und sprach – mit Erfolg – bei dem mächtigen Ministerialdirektor Friedrich Althoff vor, als er merkte, dass unsachliche Gründe ins Spiel kamen.

Während man diese Verhandlungen führte und nach einem Nachfolger für den verstorbenen Kundt suchte, sorgte Leo Arons, ein Privatdozent der Physik, dafür, dass der Lehrbetrieb weiterging. Planck zollte ihm dafür große Anerkennung und reagierte entsprechend verärgert, als er erfuhr, dass (der nicht beamtete) Arons entlassen werden sollte, weil er Mitglied der sozialdemokratischen Partei war. Eine verächtliche Handlungsweise, wie Historiker urteilen, die das Ministerium durch Zustimmung der Universität absichern und aufwerten wollte. Planck wollte dies verhindern, und er sorgte mit dafür, dass Arons als qualifizierter Lehrer und kompetenter Forscher beurteilt wurde, der seine politischen Ansichten nur außerhalb der Universität vortrug – was bekanntlich jedermann freistand. Zwar nützte diese Weigerung bzw. Intervention nichts, aber die besonnene Art, mit der Planck die Sache der akademischen Freiheit in diesem Fall vorgetragen hatte, ließ ihn in den Augen seiner Kollegen geeignet erscheinen, »zum Hüter der Universität zu werden«.[20] Planck war auf dem Weg zum Repräsentanten seiner Wissenschaft – ausgerechnet er, der nur ihr erster Diener sein wollte.

In diesen turbulenten Jahren gab es noch ein anderes Problem, mit dem Hochschullehrer damals konfrontiert wurden: die Frage, ob Frauen zum Universitätsstudium zugelassen werden durften oder nicht. 1897 räumte Planck auf Anfrage ein, dass er gegen eine prinzipielle Ablehnung sei, und er wies darauf hin, dass er selbst – »soweit es überhaupt mit der akademischen Ordnung verträglich ist« – angefangen hatte, in seinen Vorlesungen Frauen zuzulassen. Allerdings – so Planck trotz all seiner Sympathie für die Rechte der Frau – gebe es biologische und gesellschaftliche Aufgaben, die Vorrang hätten: »Im Allgemeinen kann man nicht stark genug betonen, dass die Natur selbst der Frau ihren Beruf als Mutter und Hausfrau vorgeschrieben hat, und dass Naturgesetze unter keinen

Umständen ohne schwere Schädigungen, welche sich in vorliegendem Falle besonders an dem nachwachsenden Geschlecht zeigen würden, ignoriert werden kann.«

Er schrieb dies, noch bevor er Lise Meitner kennenlernte. Dazu kam es aber erst nach der Wende zum 20. Jahrhundert.

An der Schwelle des 20. Jahrhunderts

Zwar findet man bei Planck keine Hinweise darauf, dass der Wechsel von 1899 zu 1900 mit seinen Zahlen irgendeine Bedeutung für ihn gehabt hätte – offenbar ließ er sich durch nichts von der Suche nach dem Strahlengesetz ablenken –, aber für viele Menschen verbanden sich mit der Wende der Jahrhunderte die Hoffnungen auf eine neue Zeit ohne Kriege.[21]

Die *Frankfurter Zeitung* (als deren Nachfolgerin sich die FAZ versteht) äußerte sogar die Ansicht, dass kriegerische Auseinandersetzungen zwischen Großstaaten künftig »als fast undenkbar« anzusehen seien. »Es ist eine Lust zu leben!«, schrieb der Sozialdemokrat Franz Mehring schwärmerisch. »Wie schön ist aber auch das Leben!«, pflichtete ihm der Dichter Heinrich Eduard Jacob bei: »Hunderttausend Jahre nach Daidalos lehrt die Maschine der Brüder Wright die Menschen das Fliegen. Mit Freunden, die in Paris oder Rom Vorlesungen hören, verknüpft uns das Telephon (...), und bald wird vielleicht der elektrische Fernseher erfunden werden, dieser Traum der Liebe, durch den man eines Morgens aus dem Berliner November die Bläue des Ligurenmeeres sehen kann oder die Geliebte in einer fernen Stadt.«

Vor allem von der Wissenschaft erhoffte man sich Wunderdinge, wie ebenfalls in der *Frankfurter Zeitung* zu lesen war: »Die Erkenntnis hat eine Stufe erreicht und die Nutzbarmachung der Naturkräfte zu einem Grade gediehen, wie nie zuvor. Wir haben bedeutungsvolle Schritte getan dem Ziele der Menschheit entgegen. Dieses Ziel heißt: Beherrschung der Natur und Herstellung des Reiches der Gerechtigkeit. Der Erfolg der Vergangenheit bürgt für den Erfolg der Zukunft.«

Um 1900 wimmelte es von solchen Hoffnungsprognosen für die Wissenschaft, die selbst erneut mit dem Gedanken spielte, zumindest in der Physik so etwas wie ein abgeschlossenes Verständnis der Welt liefern zu können. In vielen Vorlesungen wurde gefragt, was denn an diesem Ziel noch fehle, und die Antworten fielen immer gleich aus. Eigentlich gäbe es nur zwei dunkle Wölkchen am sonst herrlich klaren Himmel der Wissenschaft, und zwar die uralte Frage nach dem Äther und die neue Frage nach dem genauen Wert der spezifischen Wärme von Gasen – eine, wie sich im Rückblick zeigt, sehr gute und sogar entscheidende Frage.

Mit dem Wort Äther wollte Aristoteles vermeiden, dass es irgendwo in der Welt nichts gibt. Während einige Zeitgenossen annahmen, dass es Atome und den leeren Raum um sie herum gab, wollte Aristoteles weder von den Atomen noch von einem Vakuum etwas wissen. Er füllte das Weltall mit dem Äther auf, der deshalb in der Geschichte der Physik nicht verlorengegangen ist, weil man dort ein Trägermedium für die Lichtwellen brauchte, die das Universum durchqueren und uns erreichen. Schallwellen brauchen Luft, Wasserwellen benötigen Wasser, und Lichtwellen brauchen den Äther, so dachte man in der Physik. Die Aufgabe bestand nun darin, die Natur dieses Stoffes zu erkunden und zu beschreiben. Man hatte ja auch Wasser und Luft genauer erfasst und erklärt. Als das 19. Jahrhundert zu Ende ging, stand diese Frage immer noch im Raum, und sie galt als eines der Wölkchen, das die Freude am Blick auf den Himmel der physikalischen Theorien trübte. Das sollte sich bald ändern – aber nicht dadurch, dass das Wölkchen sich in Luft auflöste, sondern dadurch, dass der Himmel einstürzte. Verantwortlich dafür war ein zur Jahrhundertwende 21-jähriger Mann aus Ulm: Albert Einstein.

Merkwürdigerweise passierte mit dem zweiten Wölkchen dasselbe, denn es war erst Plancks Quantum, das das Rätsel mit der spezifischen Wärme von Gasen löste, ohne dass dies unmittelbar

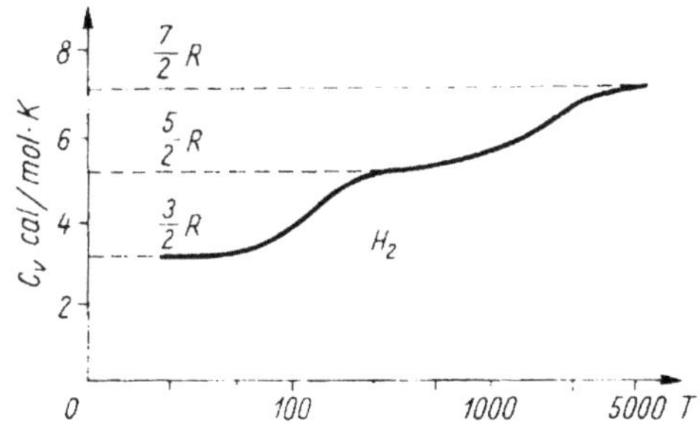

Die spezifische Wärme von Wasserstoffgas (H_2) in Abhängigkeit von der Temperatur (die Messungen finden dabei so statt, dass das Volumen des Gases konstant bleibt, während die Temperatur steigt). Die auftretenden Stufen konnte die Physik des 19. Jahrhunderts nicht erklären. Im Gegenteil – sie wunderte sich, warum der Wert nicht von Anfang an dort liegt, wo er zuletzt ankommt. Die Lösung steckt in der physikalischen Existenz von Plancks Quantum, wie im Text ausgeführt wird.

verstanden werden konnte. Auf diese Weise wurde im Verlauf der kommenden Jahre klar, dass Plancks Quantum mehr als ein mathematisches Hilfsmittel war, das lediglich bei der Aufgabe des Interpolierens half. Plancks Quantum war physikalische Wirklichkeit, die tief in der Materie steckte und ihr Geheimnis enthielt.

Unter »spezifischer Wärme« versteht man die Energie, die man einem Stoff zufügen muss, um seine Temperatur um ein Grad zu erhöhen. Wasser ist leichter zu erwärmen als Luft, die dafür dann auch schneller abkühlt. Viele Physiker hatten im 19. Jahrhundert die spezifische Wärme von vielen Gasen (und Flüssigkeiten) bestimmt und damit der Theorie die Aufgabe gestellt, die erhaltenen Daten zu erklären. Planck und seinen Kollegen wurde bald klar, dass sie dazu genauer die Moleküle betrachten mussten, aus denen Gase bestehen, und sie konzentrierten sich zunächst auf einfache Gase wie Wasserstoff. Dabei trat aber eine Merkwürdigkeit auf.

Die Theoretiker mussten überlegen, wohin die Wärmeenergie geht, die dem Gas durch die Erhöhung der Temperatur zugefügt wird. Sie hatten verstanden, dass die Energie sich in der Bewegung der Moleküle niederschlägt, und dies musste nun genauer betrachtet werden. Gasförmiger Wasserstoff besteht aus Molekülen,

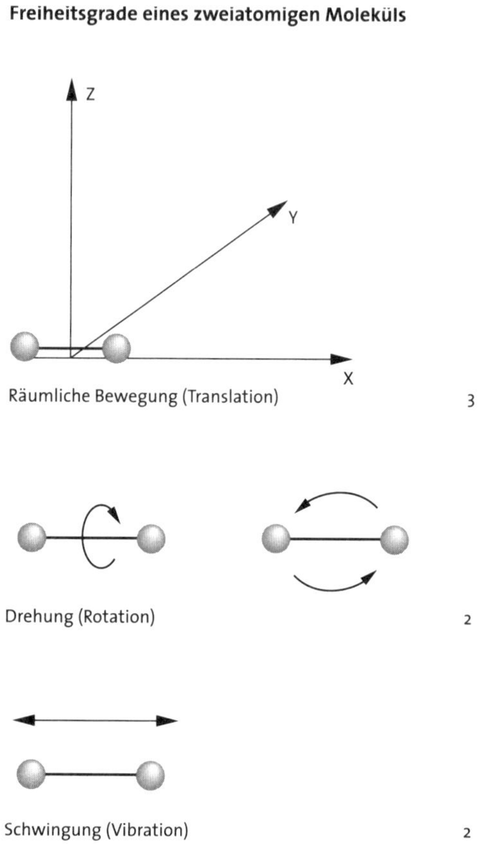

Das Wasserstoffmolekül und seine Freiheitsgrade. – drei durch die räumlichen Bewegungen (Translation), zwei durch die Drehbewegungen (Rotation) und zwei durch Schwingungen (Vibration).

in denen sich zwei Wasserstoffe (H_2) zusammengefunden haben, und als einfaches Modell kann man sich eine Hantel vorstellen. Ein solches Gebilde kann sich auf verschiedene Weisen bewegen: Es kann einfach als Ganzes durch den Raum sausen, sich zusätzlich komplett drehen oder um seine Achse rotieren, und es kann eine Art Vibration durchführen, wenn die Wasserstoffatome sich aufeinander zu und voneinander weg bewegen.

Da der Raum drei Bewegungsrichtungen zulässt – vor und zurück, hinauf und hinunter, links und rechts –, da das Drehen des Moleküls um die eigene Achse und senkrecht dazu (also auf zwei Weisen) erfolgen kann, und da es zusätzlich Schwingungen um die mittlere Position der Einzelatome gibt, die doppelt gezählt werden, da hier sowohl kinetische als auch potenzielle Energie gespeichert sind, sagt die Theoretische Physik, dass ein Wasserstoffmolekül über 3 plus 2 plus 2 gleich 7 Freiheitsgrade verfügt.

Nun gehörte es zu den großen Triumphen der frühen Thermodynamik, zeigen zu können, dass es zwischen der spezifischen Wärme und der Zahl der Freiheitsgrade eine Beziehung gab. Anschaulich und leicht verständlich ist ja, dass mehr Freiheitsgrade mehr Möglichkeiten liefern, Energie zu lagern bzw. zu speichern. Sie kann zur Drehung, Vibration oder Horizontalbewegung werden. Die Theorie machte sogar die Vorhersage, dass die spezifische Wärme proportional zu der Zahl der Freiheitsgrade sein würde, und sie kannte auch den dazugehörigen konstanten Faktor, die Gaskonstante. Für die Physiker des 19. Jahrhundert gehörte es zur Gewissheit, dass die spezifische Wärme von zweiatomigen Gasen – zum Beispiel H_2 – durch $^7/_2$ R gegeben ist.

Doch die Messungen brachten eine Überraschung hervor. Der vorhergesagte Wert wurde erst bei hohen Temperaturen erreicht. Es sah so aus, als ob erst nur drei, dann fünf und erst zuletzt alle sieben Freiheitsgrade Energie aufnehmen können. Was zunächst unbegreiflich schien, konnte Planck nach 1900 erklären. Die Freiheitsgrade können nicht beliebig kleine (kontinuierlich) Mengen an Energie aufnehmen. Sie müssen mindestens ein Quantum be kommen, das aber nicht nur vom Wert seiner Konstanten abhängt, sondern auch von der Art der Bewegung. Es leuchtet ein, dass Vibrationsbewegungen, um in Gang zu kommen, mehr Anschub brauchen als einfaches Treiben durch den Raum. Und tatsächlich – die Kurve versteht man heute durch den Hinweis, dass einzelne Freiheitsgrade unterhalb einer jeweils zu bestimmenden Temperatur »eingefroren« sind. Es muss erst genug Energie hinzugefügt werden, um sie durch einen Quantensprung aktivieren zu können und aufnahmebereit zu machen.

Aus den beiden Wölkchen, die sich um 1900 am Himmel zeigten, entwickelte sich das größte Gewitter, das je eine Wissenschaft erlebt hat. Als der Sturm vorbei war, gab es die moderne Physik mit ihrer Relativitätstheorie, die mit dem Namen Einstein verbunden wird, und mit einer Quantenmechanik, die ohne den Namen Planck nicht behandelt werden kann. Mit ihren Folgen sind wir bis heute und sicher noch weit darüber hinaus beschäftigt.

Tragik des Triumphs
(1901–1913)

> Meine vergeblichen Versuche, das Wirkungsquantum irgendwie der klassischen Theorie einzugliedern, erstreckten sich auf eine Reihe von Jahren und kosteten mich viel Arbeit. Manche Fachgenossen haben darin eine Art Tragik erblickt.
>
> Max Planck, *Physikalische Abhandlungen*[1]

Worin steckt die Schwierigkeit, die Planck – wie viele Kollegen aus der Hochzeit der Klassischen Physik – mit seinem wissenschaftlichen Kind, dem Quantum der Wirkung, hatte, das sich als unstetiger Wechsel der Energie zeigte und Lücken in der Natur zu offenbaren schien?

Eine kurze Erklärung könnte auf die hübsche mathematische Verbindung $E = h \cdot \nu$ verweisen, der zufolge die Energie von Licht proportional zu der Schwingungszahl von Licht ist, die auch Frequenz heißt. Nun ist es kein Problem, von einer Zahl zur nächsten zu kommen – man zählt zum Beispiel einfach 1, 2, 3, 4 und so weiter –, und während man das tut, kümmert es einen nicht, ob etwas zwischen den Zahlen liegt. Man springt einfach von der einen zur anderen, und übersieht dabei, dass genau dies physikalisch nicht geht – wenigstens nicht in Plancks Verständnis der materiellen Wirklichkeit, die seine Wissenschaft erkundete. Denn dort galt der eherne Hauptsatz der Thermodynamik, demzufolge die Energie stets konstant ist und durchgängig, also zu jedem Zeitpunkt erhalten bleibt. Wo aber steckt sie, wenn man von der einen zu der anderen Zahl geht bzw. springt? Irgendwie schien ein Widerspruch zwischen der von Planck so geschätzten Thermodynamik mit ihren großartigen Grundprinzipien und seiner unvermeidlichen Einführung des Quantensprungs zu bestehen, und der Urheber des Unstetigen sehnte sich danach, seine eigene Erfindung einordnen zu können und schätzen zu lernen, um nicht mehr von seiner Verzweiflung reden zu müssen.

Planck war mit seiner konservativen Haltung nach 1900 nicht allein. Im Gegenteil, er gehörte zu einer Garde berühmter Mitstreiter wie die englischen Physiker James Jeans und Lord Rayleigh und der Holländer Hendrick Lorentz. Dieses Trio hoffte als Repräsentant der Klassischen Physik des 19. Jahrhunderts sogar, dass sich in den Messungen der Hohlraumstrahlung und in der Darstellung ihres Spektrums Fehler eingeschlichen hätten, die sich irgendwann zu erkennen geben würden.

Planck kam das unsinnig und unredlich vor, da die dazugehörigen Experimente hundertfach durchgeführt worden waren – immer mit dem gleichen Ergebnis, das Planck gedeutet und abgeleitet hatte. Er schämte sich fast, wie borniert sich seine doch sonst die Physik so souverän voranbringenden Kollegen gebärdeten. James Jeans zum Beispiel erwähnte Plancks Quantenformel in seinem 1904 erschienenen Buch *Dynamical Theory of Gases* nicht einmal beiläufig, und Lorentz meinte noch im Jahre 1909 Planck dafür rügen zu müssen, dass er die Gültigkeit der Annahmen, die seiner Theorie zugrunde liegen, nicht ausreichend sorgfältig untersucht habe.

So viel Hartnäckigkeit war Planck am Ende doch »unverständlich«, wie er einmal in einem Brief an Wilhelm Wien schrieb. Plancks Ansicht zufolge lieferte jeder der drei Physiker »das Beispiel eines Theoretikers, wie er nicht sein soll, dasselbe, was Hegel in der Philosophie war. Umso schlimmer für die Tatsachen, wenn sie nicht stimmen«.

Planck spielte hier auf eine – in gebildeten Kreisen vielfach bis heute unter unverminderter Heiterkeit – erzählte Anekdote an, die von einem Studenten berichtet, der den in Berlin lehrenden Philosophen Georg Wilhelm Friedrich Hegel (1770–1831) fragte, wie man zu bewerten habe, wenn eine logisch einwandfreie Theorie nicht mit den Tatsachen übereinstimme. Dann sei das umso schlimmer für die Fakten, soll der aus Stuttgart stammende Denker geantwortet haben, der mit dieser Wendung sicher auch auf die Tat hinweisen wollte, die fest in dem umstrittenen Wort – der Tatsache – steckt.

Trotz allen Schmunzelns könnte es ja sein, dass erst eine Theorie darüber entscheidet, was das ist, das Physiker beobachten und einordnen wollen. Und es ist in der Geschichte der Naturwissenschaften immer wieder vorgekommen, dass sich so genannte Tatsachen (Messergebnisse und danach entworfene Modelle) als falsch herausgestellt haben. Große Entdeckungen sind oft gemacht worden, als man mehr den eigenen Ideen vertraute. *Errare humanum est*, und Tatsachen werden von eben diesen Menschen geschaffen, die irren können.

»Hintergrundsphysik«

Das Verhalten der genannten klassischen Physiker und der Hinweis auf Hegel deuten an, dass bei Plancks Entdeckung und ihrer Akzeptanz mehr als nur die Logik im Spiel war, die gewöhnlich eingesetzt wird, wenn die Wissenschaft Fortschritte macht. Tatsächlich kann man ja eher das Gegenteil feststellen, nämlich dass »die Verknüpfung der beiden Begriffe Frequenz und Energie vom Standpunkt der klassischen Physik als völlig (...) irrational« erscheinen muss. So schreibt es der 1945 mit dem Nobelpreis für Physik ausgezeichnete Wolfgang Pauli (1901–1958) in einem Manuskript mit dem Titel *Hintergrundsphysik*, das zwar 1948 entstanden, aber erst 1992 im Rahmen des Briefwechsels, den der Physiker mit dem Psychologen Carl Gustav Jung (1875–1961) geführt hat, publiziert wurde.[2] Pauli versuchte in seinem Schreiben an Jung ausfindig zu machen, welche Rolle unbewusste Gedanken für das

Weltbild bzw. für die Theorienbildung haben können. Er analysiert dazu gebräuchliche physikalische Begriffe wie Welle, Atom und Radioaktivität, um nach ihrem archetypischen Hintergrund zu fragen, wie es die Psychologie im Umkreis von C. G. Jung ausdrückt. Sie versteht unter Archetypen die Inhalte eines kollektiven Unbewussten, die durch äußere Eindrücke bewegt bzw. gelöst und in das Bewusstsein gehoben werden, um hier den symbolischen Sinn anzunehmen, mit dem Verstehen überhaupt gelingen kann. Zu diesen archetypischen Grundformen des Erkennens gehört die Energie, die nun durch Plancks Entdeckung ein völlig neues Gesicht bekommen hat.

Pauli selbst erinnert in seiner *Hintergrundsphysik* »an den starken geistigen Chock«, den Plancks Relation $E = h \cdot \nu$ und die dazugehörigen Konsequenzen ihm selbst versetzt haben, als er in seinen Studententagen zum ersten Mal davon hörte. Und er betont, »den meisten Physikern meiner und der älteren Generation ist es ebenso ergangen«, was heißt, dass sie verzweifelt oder erschrocken über diese Einsichten waren, wie es uns von Planck her vertraut ist. Die emotionalen Reaktionen der sonst so rational orientierten Physiker lassen auf ungewöhnlich tief reichende Schwierigkeiten schließen: »Die Wissenschaft brauchte nicht weniger als 27 Jahre [bis zu dem Jahr], um ein Begriffsystem aufzustellen, das diesem paradoxen Sachverhalt angepasst und dennoch logisch widerspruchsfrei ist«, wie Pauli Jung – und damit uns – erläutert, und er teilt dem Psychologen auch mit, warum es so lange dauerte, bis man mit dem Quantum ins Reine kam:

> Es hat sich gezeigt, dass die Quelle der Widersprüche, zu denen die *Verknüpfung von Energie und Frequenz* bei uneingeschränkter Verwendung anschaulicher Bilder führt, in der Voraussetzung besteht, dass die Energie in jedem scharfen Zeitmoment einen ganz bestimmten Wert habe. Dagegen macht es offenbar keinen Sinn vom Wert einer zeitlichen Periode zu reden in Bezug auf eine Zeitdauer, die kleiner ist als die Periode selbst. Je länger

> die Zeitdauer ist, die zur Verfügung steht, um eine Periode zu definieren, um so schärfer ist ihr Wert bestimmt. Eine vollkommen scharf bestimmte Periode entspricht dem Grenzfall ihrer Gültigkeit während unendlich langer Zeit. Das Neue, das die moderne Quantenphysik uns gelehrt hat, besteht nun darin, *dass für die Energie etwas genau Analoges gilt.* Man kann eine Energie um so genauer messen, je länger die Zeitdauer ist, welche zu dieser Messung zur Verfügung steht; eine vollkommen scharfe Bestimmung der Energie würde sogar als Grenzfall eine unendlich lange Zeitdauer der Messung erfordern. Von einem Wert der Energie in einem bestimmten Zeit*punkt* zu sprechen, hat keinen Sinn mehr.

Pauli betont diesen Punkt ausdrücklich, um abschließend die Frage zu stellen, die Planck von Anfang an in seinem tiefsten Inneren beunruhigt haben muss, nämlich: »Wie verträgt sich das mit der Erhaltung, das heißt Unzerstörbarkeit der Energie?«

Die Physik, die sich im Anschluss an Plancks Entdeckung entwickelt und mit der Aufstellung der Quantenmechanik durch Werner Heisenberg (1901–1976), Erwin Schrödinger (1887–1961), Niels Bohr (1885–1962) und andere bis 1927 einen wundersamen Abschluss findet, beantwortet dies in Paulis Worten durch folgende Einsicht:

> Wir haben es in der Physik nie mit dem ganzen Universum zu tun, sondern nur mit Teilsystemen, die von außen beobachtet werden. Wenn diese Systeme durch Beobachtungen kontrolliert werden, müssen sie der Einwirkung dieses Beobachters oder Beobachtungsmittels unterworfen werden. Da zeigt sich nun: Je genau die Beobachtungsmethode den zeitlichen Ablauf der Vorgänge im beobachteten System zu kontrollieren gestattet, desto unkontrollierbarer und undefinierbarer wird bei der Messung der Austausch von Energie zwischen Beobachtungsmittel und beobachtetem System. Es sind die Naturgesetze

selbst, welche diese ›*Komplementarität zwischen Energie und Zeit*‹, wie die Physiker es nennen, unentrinnbar machen. Die Energie bleibt zwar unzerstörbar, aber bei einer Messanordnung, welche den zeitlichen Ablauf eines Vorgangs zu bestimmen gestattet, weiß man nicht mehr, wie viel von ihr von aussen in das beobachtete System hereingekommen oder nach außen aus dem System herausgegangen ist. Das Gesetz der Erhaltung der Energie bezieht sich auf abgeschlossene Systeme, während Systeme mit definiertem zeitlichem Ablauf niemals ›abgeschlossen‹ sind.

Plancks Prinzip der Wissenschaftsgeschichte

Pauli fasst seine sowohl physikalischen als auch psychologischen Überlegungen in dem bedenkenswerten Satz zusammen, dessen Einsicht vielen Historikern und Philosophen der Wissenschaft bislang entgangen ist: »Die Erkenntnisse der neueren Physik haben demnach die Einstellung des modernen Menschen zu den archetypischen Vorstellungen, die den Begriffen Materie und Energie zugrunde liegen, wesentlich verändert.«

Es ist vermutlich diese – in früheren Zeiten als seelisch bezeichnete – Dimension, die es den oben genannten älteren Physikern, zu denen sich Planck zählte, so schwer machte, den von ihnen selbst aufgestellten Wegweisern zum Verständnis der physikalischen Wirklichkeit zu folgen. Zudem kommt in der Analyse, die Pauli von Plancks Relation $E = h \cdot \nu$ gibt, deutlich zum Ausdruck, dass von dem ersehnten Absoluten eher wenig zu spüren ist. Es geht vielmehr um Relationen. Durch die Verknüpfung von Energie und Schwingungszahl wird der Prozess der Beobachtung notwendig und unausweichlich zum Teil des Phänomens, das erkundet wird, und damit kommt eine neue Objektivität in die Wissenschaft, zu der auch das Subjekt gehört, das die Frage stellt bzw. die Messung ausführt.

In gewisser Weise war Plancks Triumph nichts als Tragik. Er

fand nämlich das genaue Gegenteil von dem, was er gesucht hat – nicht etwas, das absolut ist und ohne Beziehung zu einem Anderen definiert werden kann. Er entdeckte vielmehr, dass alles voller Spuren ist, die ein Beobachter hinterlassen hat, und dass ein Mensch, selbst wenn er noch so tief in die Natur eingedrungen ist, doch nur sich selber findet.

Es ist daher kein Wunder, dass Planck versuchte, »das Wirkungsquantum irgendwie der klassischen Theorie einzugliedern«, womit er das Bemühen meinte, seinem h die Möglichkeit zu nehmen, den Beobachter und das Beobachtete so fest zusammenzuketten, dass beide das unteilbare neue Atom werden. Schließlich hatte das alte Atom nach der Entdeckung des Elektrons abgedankt.

Es ist denkbar, dass Planck in diesen Tagen des inneren Abwehrens seiner eigenen Hervorbringung der zugleich bescheidene und pessimistische Gedanke kam, dem er erst viel später eine allgemeine Form gab. In einem Vortrag aus dem Jahre 1935, in dem Planck seinen Zuhörern »Persönliche Erinnerungen aus alten Zeiten« anbot, sprach er höchst lässig und fast beiläufig eine Vermutung aus, die Plancks Prinzip der Wissenschaftsgeschichte genannt werden kann. Planck meinte, folgende »bemerkenswerte Tatsache« anhand persönlicher Erfahrungen feststellen zu können: »Eine neue wissenschaftliche Wahrheit pflegt sich nicht in der Weise durchzusetzen, dass ihre Gegner überzeugt werden und sich als belehrt erklären, sondern vielmehr dadurch, dass die Gegner allmählich aussterben und dass die nachwachsende Generation von vorneherein mit der Wahrheit vertraut ist.«

Man fragt sich, ob das, was Planck schreibt, stimmt – was im Übrigen keineswegs schmeichelhaft für seine Zunft klingt und seinen Kollegen eher eine gewisse Borniertheit unterstellt. Die Antwort fällt eher negativ aus, wenn man das gesamte Spektrum der Naturwissenschaften betrachtet. Natürlich hat es oft ungläubiges Staunen und manchmal auch heftige Widerstände gegeben, als Theorien zum ersten Mal vorgestellt wurden, die heute als grundlegend gelten – die Idee der Kontinentalverschiebung, die Vorstellung von Eiszeiten, die Verwandtschaft aller Lebensformen auf der Erde –, aber die Zahl der Menschen, die ohne jeden Wechsel des Verstehens ins Grab gesunken sind, scheint trotzdem klein zu sein. Nur die Physik stellt eine Ausnahme dar, was vermutlich daran liegt, dass sie sich ständig »im Kampf um die Weltanschauung« befindet, wie Planck einen Vortrag genannt hat. Und bei Weltanschauungen setzt sich häufig etwas anderes vor die Rationalität, die den tatsächlichen Kontext erkundet, den das wissenschaftliche Treiben erfasst. Außerdem tragen in der Physik die Nonkonformisten bzw. Abweichler die berühmten Namen, nämlich Planck und Einstein, was uns die Möglichkeit gibt, den Sprung in das Jahr 1905 zu machen. Es ist Einsteins *Annus mirabilis*, sein Wunderjahr, in dem er fünf Arbeiten publiziert, die jede für sich ausgereicht hätte, ihn berühmt zu machen.

Der »Quantensprung« zu diesem Datum sei aus zwei Gründen erlaubt. Zum einen passierte in der Physik nicht viel Aufregendes nach Plancks Paukenschlag. (Das gilt nicht für die Wissenschaft im Allgemeinen; die Genetik entdeckte zum Beispiel kurz nach der Jahrhundertwende Mendels Erbgesetze für sich und leitete die große Entwicklung ein, die uns bis heute beschäftigt.) Und zum anderen behaupten Wissenschaftshistoriker gern, dass Planck zwei Entdeckungen gemacht habe: das Quantum der Wirkung und Einstein.

Plancks zweite Entdeckung

Plancks zweite Entdeckung heißt Albert Einstein. Er machte sie ab 1905, als der damals noch unbekannte Angestellte des Berner Patentamtes fünf Arbeiten in der Fachzeitschrift *Annalen der Physik* publizierte, die im Verlauf der kommenden Jahre und Jahrzehnte das Gebäude der Physik erschütterten und seine Neukonstruktion nötig machten. Planck war der Erste, der sich zu Einsteins Ideen bekannte – allerdings nur zu einigen von ihnen – und ihm dadurch Zugang zu dem hermetisch verschlossenen Reich der akademischen Physik verschaffte. Es war zudem Planck, der den damals bestenfalls von einigen Kollegen wahrgenommenen und akzeptierten Einstein am Vorabend des Ersten Weltkriegs nach Berlin holte, und auf diese Weise dafür sorgte, dass die Hauptstadt das Zentrum der Wissenschaft bleiben konnte, das sie seit von Helmholtz' Tagen geworden war.

Gestattet sei noch ein kleiner Hinweis auf Einsteins fünfte Arbeit des Jahres 1905, in der zum ersten Mal der Gedanke vorgestellt wurde, der in Gestalt der legendären Formel $E = mc^2$ die ganze Welt betroffen und erobert hatte. Planck ging auf die hierin ausgedrückte Äquivalenz von Energie und Masse nirgendwo ein, aber wir können durch eine einfache Gleichsetzung ahnen, wie sehr ihn diese Beziehung beunruhigt haben muss. Denn wenn man ohne Beachtung physikalischer Feinheiten die beiden Energien gleichsetzt, dann erhält man die merkwürdige Beziehung

$$h \cdot \nu = mc^2.$$

Sie stellt fest, dass einer Masse m eine Frequenz zugeordnet werden kann. Wenn die Energie proportional zu einer Frequenz ist, dann muss es auch die Masse sein. Diese Gleichsetzung lässt sich auch so ausdrücken, dass ein Masseteilchen als Welle in Erscheinung treten kann. Ein aberwitziger Gedanke, wie man 1905 denken musste, was aber zwanzig Jahre später – zur allgemeinen Überraschung – als richtig erkannt wurde und die Atomphysik und die ihr zugrunde liegende Theorie zu einem philosophisch relevanten Ereignis werden ließ.

Von den verbleibenden vier Arbeiten, die Einstein in seinem »Wunderjahr« publizierte, sollen »Zur Elektrodynamik bewegter Körper« und »Über einen die Erzeugung und Verwandlung des Lichts betreffenden heuristischen Gesichtspunkt« näher in Betracht gezogen werden. Der Inhalt der erstgenannten Schrift wird heute in den Lehrbüchern der Physik als »Spezielle Relativitätstheorie« vorgestellt, und die zweite brachte dem Autor den Nobelpreis für Physik ein – nur wenige Jahre, nachdem Planck selbst auf diese Weise in Stockholm geehrt worden war.

Was bislang alles sehr vernünftig klingt, enthält jedoch zwei sich ergänzende Merkwürdigkeiten: Die erste besteht darin, dass die Untersuchung über das Licht, die von der Schwedischen Akademie ausgezeichnet wurde, bei Planck auf Ablehnung stieß, während die Arbeit zur Relativitätstheorie, die Einstein heute berühmt gemacht hat, zwar höchstes Lob von Planck erntete, aber in Stockholm keine Gnade fand. Beginnen wir mit Einsteins neuem Verständnis des Lichts, das Planck von sich weist, obwohl Einstein genau dort weiter am Teppich der Physik webte, an dem Planck den Faden zuvor liegen gelassen hatte.

Das Quantum des Lichts

Wissenschaftshistoriker sind sich heute einig, dass Einsteins Betrachtung des Lichts nach Plancks erstem der zweite Schritt der Physik auf dem Weg zu einer umfassenden Theorie der Materie war, die erst als Quantentheorie entwickelt wurde und heute als Quantenmechanik bekannt ist. Einstein schlägt in seiner von ihm selbst als »revolutionär« eingestuften Arbeit vor, mit einer Gewissheit zu brechen, die seit mehr als einhundert Jahren zum gesicherten Bestand der Physik zu gehören schien. Gemeint ist die Überzeugung, dass die Ausbreitung von sichtbarem Licht und anderen Strahlungen – zum Beispiel der von schwarzen Körpern – als Bewegung von Wellen verstanden werden kann. Er regt an, sich mit dem Gedanken vertraut zu machen, dass Licht auch als Teilchen verstanden werden muss.

Jahrzehnte später wird übrigens ein Franzose, Louis de Broglie, sogar den symmetrisch dazu angelegten Umkehrschluss empfehlen und vorschlagen, dass wenn Wellen sich als Teilchen zeigen, auch umgekehrt Teilchen als Wellen in Erscheinung treten können. Was Planck um 1905 noch vehement ablehnte, ehrte er später mit der höchsten Auszeichnung, die seine Zunft vergeben kann, der Max-Planck-Medaille.

Woher hatte Einstein seinen zwar einfach formulierbaren, trotzdem aber revolutionären Gedanken? Einstein hat sich sehr gründlich um die Physik seiner Tage gekümmert und versucht, die Entropie von Strahlung zu berechnen. Als er damit erfolgreich zu Ende gekommen war, stellte er fest, dass die Formel für Strahlung mit der Entropie von Gasen übereinstimmte. Da nun aber die Eigenschaften von Gasen unter der Annahme verstanden werden konnten, dass sie aus Atomen (oder Molekülen) bestehen – unter Bezugnahme auf Maxwells Verteilungsfunktion –, und da Einstein in einer weiteren Arbeit des Jahres 1905 sichergestellt hatte, dass Atome zur physikalischen Wirklichkeit gehörten, ging er den jetzt naheliegenden Schritt weiter und behauptete, dass sich auch diese Eigenschaften des Lichts verstehen ließen, wenn man annimmt, dass es aus Lichtatomen besteht. Statt »Lichtatom« könnte man auch »Lichtquantum« sagen, denn diese Partikel des Lichts, die in heutigen Lehrbüchern eher unter dem Namen Photonen auftreten, erfüllen genau die Bedingung, die Plancks Quantenformel angibt. Mit anderen Worten: Einstein gab Plancks Quantum eine elegante physikalische Deutung, er erkannte, dass diese Unstetigkeit in der Wirklichkeit vorhanden ist.

Doch leider wollte Planck zunächst nichts davon wissen, er lehnte Einsteins Lichtarbeit sogar vehement ab: »Es scheint mir«, so schreibt Planck in seinen *Physikalischen Abhandlungen*, »dass gegenüber der *neuen Einsteinschen* Korpuskulartheorie des Lichtes die größte Vorsicht geboten ist.« Und er fährt fort:

> Die Theorie des Lichts würde nicht nur um Jahrzehnte, sondern um Jahrhunderte zurückgeworfen, bis in die Zeit [des 17. Jahrhunderts], als Christian Huygens seinen Kampf gegen die übermächtige Newtonsche Emissionstheorie wagte. (…) Und all diese Errungenschaften, die zu den stolzesten Erfolgen

der Physik, ja der Naturforschung überhaupt gehören, sollen preisgegeben werden um einiger doch recht anfechtbarer Betrachtungen willen? Da bedarf es denn doch noch schwerer Geschütze, um das nachgerade sehr stark fundierte Gebäude der elektromagnetischen Lichttheorie ins Wanken zu bringen.[3]

Planck dachte hier völlig anders als Einstein, der in den Tagen seines »Wunderjahres« – völlig zutreffend – erkannte, dass es nach der Entdeckung des Quantums gar kein Fundament mehr gab, auf dem ein Gebäude der Physik stehen könnte. Plancks gültige Idee brachte das herrliche Gebäude der Klassischen Physik nicht nur ins Wanken, sondern zum Einsturz.

Da es die Quanten nicht nur in der Theorie, sondern in Wirklichkeit gibt, bekam Einstein den Eindruck, »wie wenn einem der Boden unter den Füßen weggezogen worden wäre, ohne dass sich irgendwo fester Grund zeigte, auf dem man hätte bauen können«, wie er selbst einmal unter der Überschrift »Autobiographisches« geschrieben hat. Einstein war klar, dass seine Lichtquantenhypothese unwiederbringlich das Ende der Klassischen Physik bedeutete, wobei er nicht wissen konnte, dass noch Jahrzehnte ins Land gehen sollten, bis der Ersatz in Form einer Quantenphysik kam, mit der er sich allerdings dann ebenso wenig anfreunden konnte wie Planck.

In seiner oben zitierten Klage über Einsteins Lichtquanten erstaunt vor allem, dass Planck übersah oder übersehen wollte, dass mit Einsteins Gedanke dasselbe gelang, was sein eigener Vorschlag von 1900 geschafft hat, nämlich einer Gruppe von bis dahin unverständlichen Daten bzw. unerklärlichen Messresultaten eine theoretische Deutung zu geben, und zwar nicht nur qualitativ, sonder gerade auch quantitativ, also höchst genau und daher besonders zufriedenstellend.

Mit Einsteins Photonen bekam nämlich plötzlich eine Beobachtung ihren Sinn, die für Verwirrung gesorgt hatte: der so genannte photoelektrische Effekt, bei dem Licht (Strahlung) auf einen elektrischen Leiter gelenkt wird, was sich auf die Energie von dessen Elektronen auswirkt und sich durch eine Zunahme des Stromflusses zeigt. Im Rahmen der Klassischen Physik musste die Intensität des Lichts ein Maß für die auf den Leiter übertragene Energie sein. Aber die experimentelle Überprüfung zeigte etwas anderes. Es war nicht die Helligkeit des Lichts, die zählte, sondern seine Frequenz, und wenn dies auch auf den ersten Blick höchst überraschend zu sein schien, so erkannte man bei genauerem Überlegen, dass die Beobachtung Plancks Bedingung erfüllte. Die Energie war tatsächlich, wie er es postuliert hatte, proportional zur Schwingungszahl.

Welle und / oder Teilchen

Eigentlich hätte Planck triumphieren können, aber es gab mindestens zwei Gründe, warum er nicht glücklich mit dieser Bestätigung seiner Hypothese werden konnte: einen eher philosophischen und einen physikalischen Grund. Das physikalische Argument – die dazugehörige Fragestellung – hat Planck in seinem Stockholmer Vortrag über »Die Entstehung und bisherige Entwicklung der Quantentheorie« erläutert, den er am 9. Juni 1920 vor der Königlich Schwedischen Akademie der Wissenschaften hielt, nachdem ihm der Nobelpreis für Physik überreicht worden war. In dieser Ansprache stellte er den Zuhörern vor, was alles unverstanden bleibe, wenn man sich auf Einsteins Photonen einließ: »Was wird aus der Energie eines Lichtquantums nach vollendeter Emission? Breitet sie sich bei ihrer weiteren Fortpflanzung im Sinne der Huygensschen Wellentheorie nach verschiedenen Richtungen aus, indem sie einen stets größeren Raum einnimmt, in endlos fortschreitender Verdünnung? Oder fliegt sie im Sinne der Newtonschen Emanationstheorie wie ein Projektil in einer einzigen Richtung weiter? Im ersteren Fall würde das Quantum niemals mehr imstande sein, seine Energie auf eine einzige Raumstelle so stark zu konzentrieren, dass sie dort ein Elektron aus seinem Atomverband lösen kann, im zweiten Fall würde der Haupttriumph der Maxwellschen Theorie: die Kontinuität zwischen dem statischen und dem dynamischen Felde und mit ihr das bisherige volle Verständnis für die bis in die feinsten Einzelheiten durchforschten Interferenzphänomene, geopfert werden müssen – beides für den heutigen Theoretiker sehr unerfreuliche Konsequenzen.«[4]

Sowohl in seiner frühen als auch in dieser zweiten Ablehnung der Lichtquantenhypothese stellte Planck die beiden alten Vorstellungen gegeneinander, die in den Anfangsjahren der Physik entwickelt wurden – die Wellentheorie des Holländers Huygens und die Korpuskeltheorie des Engländers Newton. Tatsächlich hatten die Wissenschaftler des 17. und 18. Jahrhunderts zwischen diesen beiden theoretischen Angeboten zur Erklärung des Lichts und seiner Eigenschaften – wie die Farbe oder die Brechung im Wasser – wählen können und müssen, ohne dass ein Experiment möglich schien, das eine Entscheidung herbeiführte. Dass es eine solche Entscheidung geben musste, dass Licht nur entweder Welle oder Teilchen sein konnte, das gehörte zu den paradigmatischen Grundüberzeugungen der Wissenschaft, die auch Planck unerschütterlich geteilt hätte. Und zu Beginn des 19. Jahrhunderts hatten die Physiker in Person von Thomas Young Erfolg, der in einem raffinierten Experiment zeigen konnte, dass Licht das kann, was man von Wellenbewegungen, etwa von Wasserwellen, her kennt.

Wenn zwei Wellen geeignet zusammenlaufen, wenn ein Wellental genau auf einen Wellenberg trifft, dann kann es lokal zu einer Auslöschung der Welle kommen. Man spricht dann von Interferenz, und in seiner Stockholmer Rede verwies Planck auf die Tatsache, dass die Interferenzphänomene seit der Zeit von Thomas Young beim Licht bis in feinste Einzelheiten durchforscht waren und die Sache daher klar war. Licht plus Licht könne Dunkelheit ergeben, und somit stelle es eine Wellenbewegung dar, für die es sogar eine grandiose theoretische Grundlegung gebe, die Elektrodynamik von Maxwell. Wenn nun Einstein sage, dass Licht doch –

oder auch, und zwar wenigstens in bestimmten Situationen bei genau definierten Wechselwirkungen – aus Partikeln bestehe, dann scheine er all diese Fortschritte zu vergessen und hinter Newton und Huygens zurückzufallen – eine furchtbare Dummheit, in den Augen von Planck. Natürlich sah er, dass sein schwieriges und ungeliebtes Quantum jetzt eine wundervolle und Einheit stiftende Aufgabe bekam, aber – und hier kommt sein philosophisches Problem ins Spiel – dann müsste man annehmen bzw. zulassen, dass das Licht nicht entweder ein Teilchen oder eine Welle ist, sondern dass das Licht sowohl Welle als auch Teilchen sein kann. Genau das sagte Einstein, und genau deshalb riet Planck an dieser Stelle zur größten Vorsicht. Wissenschaft sollte doch in der Lage sein, Fragen zu klären, statt sie unentscheidbar offenzulassen.

Relativ oder absolut

Einsteins zweite Arbeit, die so genannte Relativitätstheorie, brauchte zwar lange, um die Zustimmung seiner Zunft zu finden, sie überzeugte und begeisterte Planck aber unmittelbar. Dies ist keineswegs leicht zu verstehen, vor allem in Hinblick auf die Tatsache, dass sich zum einen sehr früh eine unberechtigte antisemitische Stimmung – auch unter Physikern – gegen Einstein ausbreitete und dass es bis zum heutigen Tag fanatische Gegner der durch Einstein vorgelegten Sicht auf die kosmischen Dinge gibt.

In der Theorie der Relativität gibt Einstein einigen Grundgrößen nicht nur der Physik, sondern jedes menschlichen Erkenntnisbemühens eine neue Bedeutung. Es geht allgemein um Raum und Zeit und speziell um die Geometrie des Raumes, um Bewegungen in ihm und die Frage, wie die dabei benötigte Zeit an verschiedenen Orten verglichen werden kann. Wie sich bei Einsteins Nachdenken herausstellte, können zwei lange Zeit als selbstverständlich hingenommene Konzepte aus Newtons Zeit nicht aufrechterhalten werden, und zwar die Vorstellungen eines absoluten

Raumes und einer absoluten Zeit. Zu Newtons Erbschaft gehörte die Idee, dass es sich bei Raum und Zeit jeweils um etwas eigenständig Absolutes handle. Es gibt den Raum, in dem wir und die Welt uns aufhalten. Er stammt – laut Newton – von Gott und hat ansonsten keine andere Bedingung. Er ist uns also unbedingt gegeben, wofür man auch absolut sagen kann (und wobei sich göttliche Nähe verspüren lässt, wenn man das tut). Dasselbe gilt für die Zeit, die unabhängig von allen Bedingungen und unerbittlich ihren Weg nimmt, wie ein Blick auf eine Uhr immer dann besonders deutlich macht, wenn sich ein Fußballspiel dem Ende zuneigt und das eigene Team im Rückstand liegt.

Raum und Zeit wurden also vor Einstein als absolute Größen betrachtet, und der Ausdruck »Relativitätstheorie«, mit dem seine Einsichten bezeichnet werden, lässt erkennen, dass seine Leistung vor allem darin bestand, diese Grundgrößen unseres Denkens zu relativieren. Er hat gezeigt, dass sie aufeinander zu beziehen sind, dass Raum und Zeit zusammengehören und wir in einer Raumzeit leben. Mit diesem zentralen Ausdruck der Theorie ist vor allem gemeint, dass Raum und Zeit nur dann zu sinnvollen physikalischen Angaben (Messergebnissen) führen, wenn sie in Hinblick auf einen Bezugskörper gemacht (gemessen) werden. Zeit ist das, was eine Uhr anzeigt. Und Raum – eine Position im Raum – ist das, was eine Messlatte anzeigt. Um sich über einen Ort zu verständigen, muss man immer angeben, relativ zu welchem Objekt eine Bestimmung gemeint ist. Wenn man sich zum Beispiel über die Position eines Fußballspiels verständigt, nennt man das Stadion, in dem es stattfindet, und es braucht nicht betont zu werden, dass – von Erdbeben und Kontinentalverschiebungen abgesehen – zwei Fußballspiele im Berliner Olympiastadion nur dann am gleichen Ort stattfinden, wenn diese Angabe relativ zur Erde (als Bezugskörper) gemacht wird. Denn nur eine solche Angabe leuchtet einem Beobachter außerhalb des Sonnensystems ein, für den unser Planet ja durch seine vielfältigen Bewegungen dauernd die Position im All wechselt.

Viele Kollegen waren jedoch recht zurückhaltend, als Einstein Newtons absolute Ansprüche relativierte, nur Planck zeigte sich begeistert: In einem Vortrag, den Planck zu Beginn des Wintersemesters 1905/06 in Berlin hielt (und den er später vor der Deutschen Physikalischen Gesellschaft wiederholte), äußerte er die Ansicht, dass das »von A. Einstein eingeführte ›Prinzip der Relativität‹« – falls es sich bewähren sollte – »eine so großartige Vereinfachung aller Probleme der Elektrodynamik bewegter Körper [bedingt], dass die Frage seiner Zulässigkeit in den Vordergrund jeglicher theoretischer Forschung auf diesem Gebiete gestellt zu werden verdient«.[5]

Planck will, dass Einsteins relativistische Idee zutrifft, und das verwundert auf den ersten Blick, weil sein ursprüngliches Sehnen doch dem Absoluten gilt, das jetzt scheinbar aufgegeben wird. Tatsächlich unternimmt Einstein aber eher das Gegenteil in seiner Theorie (die daher eigentlich den falschen Namen trägt). Er führt nämlich absolute – unbedingt geltende – Größen in die Physik ein, und zwar die Geschwindigkeit des Lichts und die Gültigkeit einer auf Galileo Galilei zurückgehenden Idee, der zufolge die Gesetze der Physik unabhängig von der Wahl des Bezugssystem gelten müssen und formuliert werden können. Galilei hatte darauf hingewiesen, dass jemand, der auf einem gleichmäßig dahinfahrenden Schiff unterwegs ist, dasselbe physikalische Geschehen beobachtet wie jemand, der an Land zurückgeblieben ist (wobei natürlich beide mit dem Raumschiff Erde ihre Bahn durch das All ziehen). Und was der mit italienischen Hafenstädten vertraute Galilei beim Schiff exerziert, denkt der Binnenschweizer Einstein bei der Eisenbahn durch, bei deren Benutzung wir alle erfahren haben, dass bei ruhiger Fahrt der Kaffee genauso in die Tasse fließt wie zu Hause und sich nur dann Abweichungen ergeben, wenn es Kurven gibt oder beim Einfahren in einen Bahnhof plötzlich abgebremst wird.

Also – Einsteins Relativität könnte man auch Einsteins Absolutheit nennen, und hier steckt sicher einer der Gründe, die Planck für die neue Theorie und ihren Schöpfer begeistern konnten, und als er innerhalb der Hierarchie der akademischen Welt aufzusteigen begann und einflussreiche Positionen bekleidete, konnte er seinen lang gehegten Plan verwirklichen, Einstein aus der Schweiz nach Berlin zu holen. 1913 traf der heute berühmteste Physiker des 20. Jahrhunderts in der Stadt ein, in der er nach 1919 zum Weltstar aufstieg.

»Um Einstein für Berlin zu gewinnen, musste ein außergewöhnliches Angebot gemacht werden«, wie der Wissenschaftshistoriker Armin Hermann zu berichten weiß.[6] Planck gelang es nämlich, die Bemühungen von drei Institutionen zu bündeln – der Berliner Universität, der Preußischen Akademie der Wissenschaft, zu deren »beständigem Sekretär« er 1912 gewählt worden war, und der Kaiser-Wilhelm-Gesellschaft zur Förderung der Wissenschaften, die man 1911 als weitere Forschungsinstitution mit primär praktischen Zielsetzungen den klassischen Einrichtungen dieser Art an die Seite gestellt hatte. Im Frühsommer 1913 war es so weit, und Planck fuhr – gemeinsam mit dem späteren Nobelpreisträger Walther Nernst – nach Zürich, »um den definitiven Vorschlag zu unterbreiten: Einstein solle ordentliches, hauptamtliches Mitglied der Akademie, Direktor des *de iure* zu schaffenden Kaiser-Wilhelm-Instituts für Physik und Professor an der Universität werden, mit dem Recht, aber nicht der Pflicht, Vorlesungen zu halten.« Das war ein Angebot, das Einstein annehmen musste, und am Vorabend des Ersten Weltkriegs, der eine lange Friedensperiode in Europa brutal beendete, traf der aus Ulm stammende Mann aus der gelobten Schweiz kommend in dem lange Zeit ungeliebten Berlin ein.

Eine Frau unter vielen Männern

Im Gegensatz zu Einstein gefiel es Planck in Berlin. Er sorgte dafür – und zwar bereits 1899 –, dass sich die ursprünglich lokal begrenzte Berliner Physikalische Gesellschaft zu der Deutschen

Physikalische Gesellschaft (DPG) erweiterte, die sie bis heute geblieben ist. Zu diesem Zweck entwarf Planck die nötigen Statuten, und er diente dem Fachverband auf allen Ebenen – erst als Schatzmeister, dann als Beisitzer und schließlich als Vorsitzender.

Planck und Berlin gehörten so sehr zusammen, dass es eher verwirrt, wenn man erfährt, dass sich der »Vater« des Wirkungsquantums 1907 nach Wien begab, um sich am dortigen Physikalischen Institut vorzustellen. Man hatte ihm die Nachfolge des legendären Ludwig Boltzmann angeboten, der 1906 aus dem Leben geschieden war. Als Gründe für Boltzmanns Selbstmord werden zwar gern seine depressiven Neigungen angegeben, aber der Philosoph Karl Popper hat einmal die Ansicht publiziert, dass bei dieser Selbsttötung ein Scheitern mitspielte. Boltzmann war es nämlich nicht überzeugend gelungen, den Zweiten Hauptsatz der Thermodynamik aus elementaren statistischen Überlegungen abzuleiten, und in seinen erwähnten Auseinandersetzungen mit Plancks Assistenten Zermelo hat er zuletzt einräumen müssen, dass die Richtung der Zeit nicht allgemein für die ganze Welt ableitbar ist, sondern nur für den Teil, in dem wir uns befinden. Dieses Eingeständnis von Subjektivität – so Popper – ließ Boltzmann verzweifeln, und da er zudem depressiv veranlagt war, wird sein Lebensende erklärbar.

Im Jahr danach bot man Planck die Nachfolge Boltzmanns an, die zu dem genannten Besuch mit Vortrag im Jahre 1907 führte, was zwar folgenreich wurde, aber nicht im Sinne der Wiener Universität. Planck ging natürlich nicht nach Wien, aber seine Ausführungen zur neuen Theorie der Strahlung sorgten dafür, dass eine Hörerin seiner Vorlesungen, Lise Meitner, anschließend wusste, wo sich »ein wirkliches Verständnis für die Physik« gewinnen ließ, nämlich bei Planck in Berlin.[7]

Noch im gleichen Jahr ging Lise Meitner nach Berlin, und obwohl Planck sich eher wenig enthusiastisch über studierende Frauen geäußert hatte, erkannte er bald ihre große Begabung. Er gestattete ihr, seine Vorlesungen in Theoretischer Physik zu hören, und er sorgte 1912 sogar dafür, dass Lise Meitner die erste weibliche Universitätsassistentin in Preußen wurde.

Dabei hatte sie nach dem großartigen Wiener Eindruck in Plancks Vorlesungen in den Berliner Hörsälen zunächst »mit einem Gefühl der Enttäuschung zu kämpfen«. Zwar war alles, was Planck vortrug, außerordentlich klar, aber sein Stil blieb unpersönlich und nüchtern, was sie traurig stimmte – aber nur, bis sie merkte, wie wenig dieser Eindruck »mit Plancks wahrer Persönlichkeit zu tun hatte«.

Bald lernt sie ihn als warmherzigen Menschen kennen, der Anteil am Leben seiner Stundenten, Mitarbeiter und Kollegen nahm: »Wie viel menschliches Verständnis und Förderung habe ich von ihm bekommen«, schrieb Lise Meitner an Max von Laue. »Außer meinen Eltern hat kein anderer Mensch einen so starken Einfluss auf meinen Lebensweg gehabt wie er.«

Vor diesem Hintergrund wird verständlich, dass Lise Meitner in späteren Jahren von »Vater Planck« sprach[8], und es war für sie persönlich ein Glück, dass sie mit Planck die Leidenschaft für die Musik teilte. Sie gehörte zu den regelmäßigen Gästen der Musikabende in Plancks Haus, an denen auch Einstein teilnahm, nachdem er nach Berlin übergesiedelt war.

Lise Meitner hat einmal von einem solchen Abend erzählt:

> Es wurde das Beethoventrio in B-Dur gespielt, Planck am Klavier, Einstein spielte Geige und der Cellist war ein holländischer Berufsmusiker. Das Zuhören war ein wunderbarer Genuß, für den ein paar zufällige Entgleisungen Einsteins nichts bedeuteten. (…) Einstein, sichtlich erfüllt von der Freude an der Musik, sagte laut lachend, in seiner unbeschwerten Art, dass er sich wegen seiner mangelhaften Technik schäme. Planck stand dabei, mit ruhigem, aber buchstäblich glückstrahlenden Gesicht und rieb sich mit der Hand in der Herzgegend: »Dieser wunderbare zweite Satz.« Als nachher Einstein

und ich weggingen, sagte Einstein ganz unvermittelt: »Wissen Sie, um was ich Sie beneide?« Und als ich ihn überrascht ansah, fügte er hinzu: »Um Ihren Chef.«

(Wobei es dem Autor nach mehrfachem Hören des oben erwähnten B-Dur Trios, Opus 97, scheint, als ob es der dritte Satz – ein Andante cantabile mit Variationen – gewesen sein muss, der Plancks Herz ergriffen und ihn glücklich gemacht hat. Der zweite von insgesamt vier Sätzen scheint als etwas ruckartig beginnendes Scherzo dafür eher ungeeignet zu sein.)

Auf dem Weg zur Philosophie

Mit Planck und Einstein betraten zum ersten Mal in großem Stil zwei Repräsentanten der Theoretischen Physik die Bühne, die bald ihre Blütezeit erleben sollte, als Männer wie Erwin Schrödinger, Niels Bohr, Wolfgang Pauli, Werner Heisenberg und andere tätig wurden und in das Innerste der Welt vordrangen, also dorthin gelangten, wo sie auf die Atome und ihre Energien trafen. Diese Theoretiker unterhielten sich dabei zwar vor allem in der Sprache der Mathematik – und bewiesen auf diese Weise gewissermaßen, dass Galileis Vision aus dem 17. Jahrhundert in zugleich ungeahnter Weise zutraf, der zufolge das Buch der Natur in eben dieser Sprache der Mathematik und Geometrie geschrieben worden ist –, aber sie mussten dabei notwendigerweise auch über die Frage nachdenken, wie die Zahlen und Figuren, mit denen sie umgingen, zum Schlüssel aller Kreaturen werden und uns in der Wirklichkeit umgeben.

Als es den Physikern in der Mitte der 1920er-Jahre gelang, die Quantenmechanik als eine widerspruchsfreie Theorie der atomaren Realität zu formulieren, die nicht nur zutreffend die experimentellen Daten erläuterte, sondern zudem ein neues Weltbild offenlegte, scheuten sich die beteiligten theoretischen Physiker nicht, vom wichtigsten philosophischen Ereignis ihrer Zeit zu sprechen – wobei sie natürlich keine Moral- oder Sozialphilosophie, sondern die Erkenntnistheorie im Sinn hatten, die erkundet, was Menschen wissen können. Vielen kam jetzt die Theoretische Physik wie die Fortsetzung der Philosophie mit den Mitteln der Mathematik vor, und sie bekamen sogar Zustimmung aus anderen Fakultäten. Der Theologe Adolf von Harnack, der mit seiner großen Familie in der Nachbarschaft Plancks wohnte und in den Jahren vor 1911 Kaiser Wilhelm II. davon überzeugen konnte, dass zur Aufrechterhaltung oder Erweiterung von Deutschlands Stärke die Gründung einer besonderen Forschungsorganisation, der oben erwähnten Kaiser-Wilhelm-Gesellschaft, geboten sei, hat diesen Sachverhalt folgendermaßen zum Ausdruck gebracht: »Man klagt darüber, dass unsere Generation keine Philosophen habe. Mit Unrecht: Die Philosophen sitzen jetzt nur in der anderen Fakultät, sie heißen Planck und Einstein.«

So schön dieses Lob klingen mag – es bleibt bei aller Bewunderung schon seltsam, in welchen Bahnen Plancks wissenschaftliche Karriere verlief und welche Kurven dabei zu verzeichnen waren. Erst wurde der verhinderte Musiker zum Revolutionär wider Willen, und dann erforderte seine Einsicht das Eindringen in das Terrain der Philosophen. Das Problem mit der zweiten Wendung besteht darin, dass dabei tatsächlich ein fremdes Gebiet betreten wurde, in dem besondere Regeln herrschten, die es zu lernen galt. Philosophie wirkt zwar auf manche Forscher, die mit ihren exakten Messungen prunken und ständig empirische Evidenz anmahnen, wie wortreiches Zeittotschlagen, aber die oft blutleeren Fanatiker der Tatsachen sollten bisweilen an die Einsicht des Philosophiehistorikers Étienne Gilson erinnert werden, der einmal geschrieben hat: »Nichts kommt der Ignoranz moderner Philosophen in Sachen der Naturwissenschaft gleich außer der Ignoranz moderner Wissenschaftler in Sachen Philosophie.«[9]

Planck und Einstein spürten schon früh, dass sie sich diese Blöße nicht geben durften. Sie mussten auch als Philosophen sprechen und sich also auch darüber äußern, wie weit im Einzelfall gelingen kann, was Goethe im *Faust* in dem Vers formuliert: »Dass ich erkenne, was die Welt/Im Innersten zusammenhält.« Einstein glaubte, dass »jeder wahre Theoretiker ein gezähmter Metaphysiker ist«, wobei er mit dieser Einsicht die Ansicht seines großen Vorbilds Maxwell abmilderte, dem zufolge »ein Metaphysiker nichts anderes ist als ein Physiker, dem man sämtliche Waffen abgenommen hat«.

Planck drückt sich an dieser Stelle – wie so oft – etwas freundlicher und eher versöhnlich aus:

> Es hat Zeiten gegeben, in denen sich Philosophie und Naturwissenschaft fremd und unfreundlich gegenüberstanden. Diese Zeiten sind längst vorüber. Die Philosophen haben eingesehen, dass es nicht angängig ist, den Naturforschern Vorschriften zu machen, nach welchen Methoden und zu welchen Zielen hin sie arbeiten sollen, und die Naturforscher sind sich klar darüber geworden, dass der Ausgangspunkt ihrer Forschungen nicht in den Sinneswahrnehmungen allein gelegen ist und dass auch die Naturwissenschaft ohne eine gewisse Dosis Metaphysik nicht auskommen kann. Gerade die neue Physik prägt uns die alte Wahrheit wiederum mit aller Schärfe ein: es gibt Realitäten, die unabhängig sind von unseren Sinnesempfindungen, und es gibt Probleme und Konflikte, in denen diese Realitäten für uns einen höheren Wert besitzen als die reichsten Schätze unserer gesamten Sinneswelt.

Mit den letzten Worten spricht Planck das an, was in der Philosophie gern als erkenntnistheoretisches Grundproblem bezeichnet wird und worunter man die Frage nach der Existenz einer realen Außenwelt versteht, die von unserem Bewusstsein und Denken unabhängig ist. Er selbst bekennt sich als Realist, wobei der Begriff Realismus – im Kulturzusammenhang gesehen – mehr Schwierigkeiten als Klarheit schafft. In Plancks Fall meint das Wort Realist eher bescheiden, dass er an eine tatsächlich existierende Wirklichkeit glaubt, die es vor uns gegeben hat und ohne uns weiter gibt. Ohne eine solche Vorgabe – so meint Planck – könne man gar keine Wissenschaft im Allgemeinen und erst recht keine Theoretische Physik im Besonderen treiben.

Eine mögliche Gegenposition zu dieser Einstellung würde behaupten, dass unsere Sinneswahrnehmungen und Empfindungen nur und genau das sind, nämlich Sinneswahrnehmungen und Empfindungen, die nicht dazu taugen, etwas über ein von ihnen verschiedenes, tatsächlich ablaufendes Geschehen Auskunft zu geben. Diese Denkrichtung hält sich an dem, was positiv (prüfbar) feststeht, und die philosophische Schule, die sich »an dem Feststehenden genügen lässt und nicht weiter darüber hinausstrebt«, nannte der Brockhaus des Jahres 1906 mit diesen Worten Positivismus.

Wer diese Debatte zwischen Realisten und Positivisten verfolgen und bewerten will, muss natürlich unterscheiden zwischen den sinnlichen Eindrücken, die Menschen ohne wissenschaftliche Hilfe von der Welt bekommen können, und den Erfahrungen, die mit ihr (und manchmal nur mit ihr) gelingen. Von Farben wissen wir ohne Instrumente, von elektromagnetischen Wellen aber nicht. Riechen können wir ohne Anleitung der Forschung, aber Duftmoleküle und Geruchsrezeptoren bleiben uns ohne sie verborgen.

Betrachtet man den Werdegang Plancks und die erzielten Erfolge, fällt sofort auf, welche philosophischen Probleme dabei am Wegesrand lagen. Da befand sich zum einen die Frage nach der Realität der Atome, mit denen Boltzmann seine Statistik aufbaute und die Entropie definierte; und da traf man zum anderen auf die Frage nach der Realität des Quantums der Wirkung, mit dem endlich ein Verständnis der Wärmestrahlung gelungen war.

Das umfassendere Thema betrifft natürlich die Wirklichkeit der Atome, und das biographisch Spannende dieser Frage steckt in der Tatsache, dass es hier einen großen und geachteten Mann gab, der nicht an sie glaubte, der vielmehr kaum genug degradierende Worte für diejenigen finden konnte, die sich der Realität der Atome verschrieben hatten. Zu diesen verachteten Menschen gehörte Planck, und er vertrat die Realität der Atome sogar, nachdem Einstein in einer weiteren Arbeit seines »Wunderjahres« – mit dem kaum Aufsehen erregenden Titel »Über die von der molekularkinetischen Theorie der Wärme geforderte Bewegung von in ruhenden Flüssigkeiten suspendierten Teilchen« – einen Weg gewiesen hatte, wie man diese elementaren Bausteine der Materie – der materiellen Realität – zählen und damit existent machen konnte.

Der Physiker, der leider gar nichts von Atomen hielt, war der Wiener Ernst Mach (1839–1916), der sich einen Spaß daraus machte, die Atomisten zu fragen, ob sie schon eines der Objekte ihrer Begierde gesehen hätten. Für Mach zählte nur das »Gegebene«, und das ist das, was die Sinnesorgane liefern. Wissenschaft bestand in seinem Verständnis aus dem Versuch, die gemachten Empfindungen durch eine Denkökonomie möglichst sparsam auf den Begriff zu bringen. Metaphysisches Spekulieren über außersinnliche Realitäten wies er als halt- und bedeutungslos von sich.

Als der sonst so gefasste Planck diese ihm abstrus und ängstlich vorkommenden Ideen hörte, wollte er sich ihnen entgegenstellen. Die positivistisch orientierten Ideen Machs erschienen ihm nämlich nicht nur falsch, sondern auch gefährlich. Sie könnten dazu führen, »den Fortschritt der Wissenschaft in verhängnisvoller Weise zu hemmen«, wie Planck bei seinem ersten öffentlichen Auftritt als Philosoph zum Ausdruck brachte. Er war damals fünfzig Jahre alt und sprach am 9. Dezember 1908 auf Einladung der Universität Leiden vor der dortigen naturwissenschaftlichen Fakultät über »Die Einheit des physikalischen Weltbildes«.[10] In seiner Rede stellte der philosophierende Planck zunächst einmal vor, wie es der Physik gelungen war, die spezifisch sinnlichen Elemente zurückzudrängen und durch physikalische Begriffsbildungen abzulösen – aus gehörten Tönen werden messbare Frequenzen, aus empfundener Wärme wird eine präzise Temperatur und aus der aufgewendeten Kraft (von Muskeln) wird die Fähigkeit, Masse zu beschleunigen. Natürlich könne man sagen, dass bei diesem Fortschreiten der Forschung etwas verlorengehe, aber der Gewinn sei unvergleichlich größer, nämlich die Einheit des Weltbilds, die dabei dank Mechanik, Elektrodynamik und Thermodynamik entstehe, und diese Einheit gelte »in Bezug auf alle Einzelzüge des Bildes«, »in Bezug auf alle Orte und Zeiten« und »in Bezug auf alle Forscher, alle Nationen, alle Kulturen«.

Nach diesen Präliminarien kam Planck in Schwung, um die Fragen zu formulieren, die bloß rhetorisch gemeint waren, da deren Antwort außer allem Zweifel stand:

> Ist das physikalische Weltbild lediglich eine mehr oder weniger willkürliche Schöpfung unseres Geistes, oder finden wir uns zu der gegenteiligen Ansicht getrieben, dass es reale, von uns ganz unabhängige Naturvorgänge widerspiegelt? Konkreter gesprochen: Dürfen wir vernünftigerweise behaupten, dass das Prinzip der Erhaltung der Energie in der Natur schon gegolten hat, als noch kein Mensch darüber nachdenken konnte, oder dass die Himmelskörper sich auch dann noch nach dem Gravitationsgesetz bewegen werden, wenn unsere Erde mit all ihren Bewohnern in Trümmer gegangen ist?

Und damit wandte sich Planck seinem Gegner Mach zu, den er bald konkret ansprach bzw. angriff:

> Wenn ich im Hinblick auf alles Bisherige diese Frage mit Ja beantworte, so bin ich mir dabei wohl bewusst, dass diese Antwort sich in gewissem Gegensatz befindet zu einer Richtung

> der Naturphilosophie, die gerade gegenwärtig unter der Führung von Ernst Mach sich großer Beliebtheit in naturwissenschaftlichen Kreisen erfreut. Danach gibt es keine andere Realität als die eigenen Empfindungen, und alle Naturwissenschaft ist in letzter Linie nur eine ökonomische Anpassung unserer Gedanken an unsere Empfindungen, zu der wir durch unseren Kampf ums Dasein getrieben werden.

Planck erläuterte, warum ihm dieser Ansatz schädlich für die Wissenschaft erschien, und er schloss seinen Vortrag, indem er sein Vertrauen auf die Kraft des Bibelwortes betonte, das untrüglich helfe, die falschen von den wahren Propheten zu unterscheiden, nämlich auf den Satz aus dem Evangelium des Matthäus: »An ihren Früchten sollt ihr sie erkennen.«

Der Konflikt mit Mach

Damit hatte Planck natürlich einen Konflikt mit Mach heraufbeschworen, und der Angegriffene antwortete etwa ein Jahr später mit einem Beitrag, in dem er »Die Leitgedanken meiner naturwissenschaftlichen Erkenntnislehre und ihre Aufnahme durch die Zeitgenossen« darstellte.[11] Mach beklagte sich besonders über die biblische Schlussattacke und wurde dabei zynisch:

> Man sieht, die Physiker sind auf dem besten Weg, eine Kirche zu werden, und eignen sich auch schon deren Mittel an. Hierauf antworte ich nun einfach: Wenn der Glaube an die Realität der Atome für euch so wesentlich ist, so sage ich mich von der physikalischen Denkweise los, (…) so will ich kein richtiger Physiker sein … so verzichte ich auf jede wissenschaftliche Wertschätzung (…) kurz, so danke ich schönstens für die Gemeinschaft der Gläubigen. Denn die Denkfreiheit ist mir lieber.

Darauf musste Planck reagieren, und nach der Lektüre des in der Jahresmitte von 1910 erschienenen Artikels teilte er Max von Laue in einem Brief mit, dass er so hart und unnachgiebig antworten werde, dass Mach bald wünschen werde, seinen Artikel nicht geschrieben zu haben. Und tatsächlich – in der gleichen Zeitschrift äußerte sich Planck noch im gleichen Jahr vehement »Zur Machschen Theorie der physikalischen Erkenntnis« und ließ damit etwas folgen, »das man nur noch unschön nennen kann«, wie der Naturphilosoph Erhard Scheibe – zugegebenermaßen überzeugend – schreibt.[12] Denn »nachdem Planck in seiner Replik zunächst, wenn auch in scharfem Ton, zur Sache spricht, bricht er mitten im Aufsatz die Diskussion ab und wendet sich in von nun an fortgesetzt hämischen und herablassenden Worten der Aufgabe zu, Machs Ausführungen in seinen Büchern zur Wärmelehre und Mechanik als *physikalische Leistungen* mit seinen eigenen oder jedenfalls denen der orthodoxen theoretischen Physik zu vergleichen. Leitstern ist ihm dabei das erwähnte Bibelwort«. Dabei kommt Planck zuletzt zu dem keinesfalls überraschenden Schluss, dass sich mit den Früchten Machs »einstweilen noch kein Staat machen« lasse.

Plancks Polemik macht zum einen deutlich, wie wichtig ihm die verhandelte Sache war, nämlich Gewissheit zu haben und zu verbreiten, dass sich die Physik mit einer (unbedingten) Wirklichkeit befasst, die nicht an der Oberfläche der Sinnesempfindungen liegt. Sie erweckt aber auch den Eindruck, dass Planck sich Mach philosophisch unterlegen fühlte (weswegen sollte er sonst so sehr seine herausragende Qualität in der Physik betonen?). Fraglich bleibt bei allem, ob Plancks erregtes Engagement nötig war, das sich vor dem Hintergrund seiner Ansicht entfaltete, Machs Ansichten seien damals vor allem unter Lehrern sehr verbreitet gewesen, die dadurch den wissenschaftlichen Nachwuchs gefährdeten, und dem wollte Planck entgegenwirken.

Selbstverständlich fragt man nun, hundert Jahre nach der Debatte, wer denn recht behalten hat in diesem Konflikt, und natürlich fällt die Antwort »Planck!« insofern leicht, da heute niemand mehr an der realen Existenz von Atomen zweifelt und der Name von Mach in der Wissenschaft nur dort gewürdigt wird, wo es um konkret Messbares geht – bei Überschallgeschwindigkeiten zum Beispiel, die in nach ihm benannten Einheiten aufgeführt werden. Trotzdem bleibt der Eindruck, dass Plancks Kritik an seinem Gegenspieler bei aller Schärfe eher dürftig ist und dass einige von Machs Ansichten Sinn machen. Man kann ihm doch nur zustimmen, wenn er betont, dass es kein Brechungsgesetz in der Natur gibt, sondern wir nur verschiedene Fälle von Brechung beobachten, die sich aus ökonomischen Gründen zusammenfassend darstellen lassen. Aber dass immer noch niemand ein Atom gesehen hat, ändert auch nicht viel an der Gültigkeit von Plancks Hinweis, dass der Erfolg der Physik ein Wunder wäre, wenn sich die Wirklichkeit in Empfindungen erschöpfte, und Wunder will niemand in der Wissenschaft.

Immer mehr Newton, immer weniger Goethe

Wer – wie Erhard Scheibe in *Die Philosophie der Physiker* – die Positionen Machs und Plancks in aller Sorgfalt abwägt, wird bemerken, dass die beiden Vertreter der Philosophie und Physik in ihrem Rahmen bei den Atomen nachspielen, was viel früher als Debatte um Farben zwischen Newton und Goethe begonnen hat – wobei die Rolle des Angreifers Planck nicht ohne Absicht neben Goethe stellt.

Tatsächlich erlaubt die Art, in der Planck die Fortschritte der Physik zusammenfasst, die Kurzformel: »Immer mehr Newton, immer weniger Goethe.« Während Goethe nur an dem direkt empfangenen und von Menschenhand unbeeinflussten Licht interessiert ist, bereitet Newton die Natur physikalisch im Experiment auf und formuliert so seine Wissenschaft, während Goethe sich der primären und unberührten Natur zuwendet. Goethe kann und will nicht auf die Lebendigkeit und Unmittelbarkeit der Anschauung verzichten, wie Newton es tut, um der Wissenschaft die Fortschritte zu ermöglichen, die wir heute vielfach feiern. So gesehen steckt in der Auseinandersetzung zwischen Goethe und Newton ein tiefer Konflikt zwischen zwei sich zwar widersprechenden, aber dennoch zusammengehörenden Ansichten bzw. Zugängen zur Natur und ihrer Wissenschaft.

Diese Auseinandersetzung zwischen den komplementären Formen des Verstehens wiederholt sich bei Planck und Mach: »Im genauen Gegensatz zu der Denkweise Plancks, für den die Einheit der Physik am *Ende* der Entwicklung steht, während sich am Anfang nur eine verwirrende Vielfalt an Empfindungen darbietet, liegt für Mach die (dann freilich auch ganz anders zu verstehende) Einheit im noch unzerstörten, durch keine besonderen Aspekte schon verfälschten Gegenstand.«[13]

Für Goethe ist das Licht in dem Augenblick einfach, in dem es von der Sonne kommt und sein Auge erreicht. Für Newton ist dieses Licht im Gegenteil aus vielen Wellenlängen zusammengesetzt. Für Newton ist Licht einfach, wenn es aus einer Wellenlänge besteht, und das ist der Fall, wenn es ein Prisma durchlaufen hat und seine Farbe zeigt. Für Goethe ist das gebrochene Licht eine künstliche Konstruktion und insofern ein verfälschter Gegenstand.

Die Positionen von Mach und Goethe bzw. Planck und Newton gehören wohl unter dem Blickwinkel zusammen, den man Komplementarität nennt. Die Komplementarität wird noch eine Rolle spielen, wenn die Physiker in den 1920er-Jahren tatsächlich bis zu den Atomen vordringen werden, und es immer offensichtlicher wird, dass sie ihre eigene Philosophie entwickeln müssen.

Plancks Gemütszustand vom Beginn der Einstein-Jahre ab 1905 und im Verlauf der Auseinandersetzung mit Machs Denkökonomie könnte man als »unruhig« oder »beunruhigt« bezeichnen. Natürlich war Planck hoch angesehen, und die Gerüchte wollten nicht verstummen, dass ihn die Schwedische Akademie der Wissenschaften mit dem Nobelpreis für Physik auszeichnen wollte. Aber noch war seiner Entdeckung kein wirklicher Nutzen anzusehen und auch kein philosophischer Gewinn zu entnehmen. Das Quantum brachte – im Gegenteil – Unruhe in den Betrieb der Physik, ebenso wie Machs Idee, dass sein Ökonomieprinzip biologische Wurzeln habe, da Wissenschaft nur durch einen »Wettstreit der Gedanken als Lebenskampf« voranschreite.

Planck musste das Wort vom Lebenskampf im Herbst 1908 bitter erscheinen, da seine geliebte Frau Marie schwer erkrankte und bettlägerig wurde. In Briefen aus den ersten Monaten des Jahres 1909 an Wilhelm Wien formulierte er zwar noch vorsichtig, »bei mir zu Hause geht es nicht glänzend, da meine Frau sich von ihrem Lungenkatarrh immer noch nicht genügend erholt hat«, und er und fügte sogar mit etwas Hoffnung hinzu, »ich bringe sie (...) nach Baden-Baden in das Sanatorium Eberstein des Dr. Rumpf«. Maries Tage waren aber gezählt. Im Oktober 1909 starb sie noch vor ihrem fünfzigsten Geburtstag, wobei sich möglicherweise hinter dem »Lungenkatarrh« entweder ein Karzinom oder die Tuberkulose verbarg.

»Es war für mich ein fürchterlicher Schlag, der mich so unerwartet schnell betroffen hat«, schrieb Planck an Wien, um dann hinzuzufügen, dass »ich meine geliebte Frau an die Seite ihrer kurz voraufgegangenen Eltern gebettet« habe. Nun müsse für ihn ein neues Leben beginnen, was ihm nach dreiundzwanzigjähriger glücklicher Ehe keinesfalls leicht fallen konnte, aber »ich hoffe, mit den Aufgaben, die mir durch die Sorge um die Kinder und durch die Wissenschaft gestellt sind, kommen auch die Kräfte wieder«. Sie kamen langsam wieder. Dazu trug bestimmt auch das im Jahre 1910 gefeierte Jubiläum bei, der fünfundzwanzigste Jahrestag von Plancks Ernennung zum Professor für Theoretische Physik, mit der Verleihung des Preußischen Kronenordens.

Leider wurde die Lage der Wissenschaft dadurch nicht erfreulicher, denn in diesem Jahr zeigte sich immer deutlicher, »dass die Lücke, die jetzt in der Theorie zu klaffen beginnt, weiter und weiter aufreißt«,[14] was vor allem damit zu tun hatte, dass Einstein bei seiner Analyse der spezifischen Wärme bei tiefen Temperaturen das Problem des bereits erwähnten Freiheitsgrades löste. Damit hatte die Physik ein weiteres Naturphänomen ergründet – einen eingefrorenen Freiheitsgrad –, das ohne Verwendung des Wirkungsquantums überhaupt nicht, nach seiner Einführung aber sofort erklärt werden konnte.

Die führenden Physiker verspürten in dieser Situation immer stärker das Bedürfnis nach einer internationalen »Gipfelkonferenz«, die in Abstimmung mit Planck im Jahre 1911 einberufen wurde, in der auf ihn zurückgehenden Überzeugung, »dass der durch die Strahlengesetze, durch die spezifische Wärme usw. geschaffene Zustand der Theorie ein lückenhafter, für jeden wahren Theoretiker unverträglicher ist, und das daher die Not gebietet, sich zusammenzutun und gemeinsam auf Abhilfe zu sinnen«.[15]

Man traf sich Ende Oktober 1911 in Brüssel, und zu diesem Zeitpunkt war Planck bereits wieder verheiratet. Im Februar dieses Jahres hatte er sich dazu entschlossen, wie aus Briefen an Wilhelm Wien hervorgeht. Planck heiratete im März 1911 – »in aller Stille, ohne jede äußerliche Festlichkeit, im Kreise der engsten Familie« – Marga von Hoeßlin, eine Nichte seiner verstorbenen Frau, und zu ihrer Freude – so berichten die Wissenschaftshistoriker, lag »am Weihnachtstag (...) ein Söhnchen in der Wiege«.

Bevor Planck am 11. März 1911 zu seiner zweiten Hochzeitsreise aufbrach, schrieb er noch einen wunderbaren, erst seit kurzem zugänglichen Brief an Erwin, seinen zweiten Sohn aus erster Ehe:

Lieber Erwin!
Es ist 9 Uhr morgens, alles ist gepackt, und in einer halben Stunde rufen wir das Automobil, um uns an den Anhalter [Bahnhof] zu fahren. Da habe ich noch schön Zeit, um Dir zu Deinem Geburtstag ein fröhliches Glückauf zuzurufen. Wie mag der morgige Tag für Dich verlaufen? Es ist wieder ein Sonntag, wie damals vor 18 Jahren, und ebenso wie damals, nur in einem vorgerückten Stadium, liegt jetzt eine neue Welt vor Dir. Möge sie Dir ebenso hell leuchten wie jetzt die schöne Frühlingssonne am Himmel, und mögest Du, mein lieber Junge, Dich ebenso tapfer, ehrlich und brav halten wie bisher. Ich bin sicher, dass das Andenken an Mutter, der Du als letzter besonders am Herzen lagst, Dich in Deinem Streben, ein guter und braver Mensch zu werden, sei es im bunten oder im bürgerlichen Rock, ganz besonders stärken wird. An sie musst Du immer denken, wenn Schweres, Gefährliches auf Dich kommt; denn ihre Liebe wirkt über das Grab hinaus und bleibt sehr lebendig. Und was sie Dir im Leben nicht mehr sein kann, das habe ich, so gut ich vermag, als Erbe von ihr übernommen, und will Dir nach Kräften ersetzen, was Du an ihr verloren hast; denn Marga kann es natürlich nicht, aber sie kann auch indirekt dazu beitragen, dass Dir hier wieder ein Familienleben entsteht, an dem Du teilhast, wo Du hingehörst und jederzeit willkommen bist. (...)
Es grüßt Dich von Herzen
Dein treuer Vater.[16]

Einige Professorenkollegen nahmen zwar Anstoß an der raschen Wiederverheiratung, wie Armin Hermann schreibt, aber »rückblickend sind wir mit Wilhelm H. Westphal froh, dass [Planck] so bald in seiner fast fünfundzwanzig Jahre jüngeren Frau einen neuen Lebenspartner gefunden hat: ›Zu einem ganz entscheidenden Teil ist es ihr zu danken, dass Planck, der noch durch so manches Tal tiefsten Leides gehen sollte, uns bis ins hohe Alter in bewundernswerter körperlicher und geistiger Frische und immer noch das Leben bejahend, erhalten geblieben ist‹«, wie es der Physiker Westphal in seinen Erinnerungen an Planck ausgedrückt hat.

»Im Hause Planck wurde es wieder fröhlich. An vielen Winterabenden fanden sich musikbegeisterte junge Menschen zusammen, um Chorwerke von Haydn und Brahms, vor allem die ›Liebeslieder-Walzer‹ für vier Stimmen und vierhändiges Klavier und die ›Zigeunerlieder‹ von Brahms zu studieren. Planck dirigierte und übernahm zugleich den einen Klavierpart. Die Sänger waren Verwandte und Freunde der Familie Planck, Harnack und Delbrück«, und viele andere, von denen die Prominentesten Lise Meitner und Otto Hahn waren, der sich als Tenor hervortat.[17]

Planck riss dabei seine Freunde und Gäste mit, und er konnte wohl auch beim Dirigieren nicht das Mitsingen unterlassen, weil ihm das alles einfach zu viel Freude bereitete. »Fielen die Einladungen in das Sommersemester, so wurden anschließend im Garten Laufspiele gespielt«, berichtete Lise Meitner, um hierbei sowohl seinen kindlichen Eifer zu erwähnen, als auch seine Behändigkeit zu loben: »Es gelang fast nie, nicht von ihm eingefangen zu werden. Und wie sichtlich vergnügt er war, wenn er Einen erwischt hatte.«

Quanten im Hotel

Im Herbst 1911 kamen also die führenden Physiker der Zeit zusammen, um über »Die Theorie der Strahlung und der Quanten« zu diskutieren. Das war das offiziell festgelegte Thema einer Konferenz, die im Hotel Metropol in Brüssel stattfand und als 1. Solvay-Konferenz bekannt wurde. Der Name leitet sich von dem belgischen Chemiker, Unternehmer und Sozialreformer Ernst Solvay (1838–1922) ab, der im 19. Jahrhundert ein neues Verfahren zur Herstellung von Soda entwickelte und ab 1863 in zahlreichen Ländern Fabriken zur Herstellung des begehrten Stoffes gründete. Mit

Die Teilnehmer der 1. Solvay-Konferenz 1911. Planck ist der zweite von links in der zweiten (stehenden) Reihe; Einstein ist der zweite von rechts in der zweiten (stehenden) Reihe; von Planck aus zwei weiter nach rechts erkennt man Arnold Sommerfeld, und von Einstein aus zwei weiter nach links steht Ernest Rutherford. In der ersten Reihe sieht man als zweite von rechts Marie Curie und ganz rechts Henri Poincaré.

Soda ist die chemische Substanz Natriumkarbonat (Na_2CO_3) gemeint, die seit alters her bekannt ist und für alle möglichen Verrichtungen – bei der Glasherstellung und bei Reinigungsarbeiten im Haushalt – benötigt wird.

Im Jahre 1910 hatte Walter Nernst nach Absprache mit Planck Kontakt zu Solvay aufgenommen, um ihm vorzuschlagen, eine Zusammenkunft von Physikern auf höchstem Niveau anzuberaumen und in diesem Rahmen endlich zum Verständnis dessen zu gelangen, was die Einführung des Quantums in die Physik für die Wissenschaft bedeutete. Solvay stimmte zu, und so wurde eine Konferenz vom 30. Oktober bis 3. November 1911 im Brüsseler Hotel Metropol einberufen, Es gibt ein Foto mit den Teilnehmern dieser Konferenz, und selbst wer nur einen flüchtigen Blick darauf wirft, wird erstaunt sein, welche berühmten Namen ihm dabei auffallen.

Mit dieser ersten Zusammenkunft begann eine großartige kleine Geschichte innerhalb der großen Geschichte der Wissenschaft. Tatsächlich kann man die Entstehung der modernen Physik – vor allem der Quantenmechanik – nicht ohne die Debatten verstehen, die auf den Solvay-Konferenzen geführt wurden, die zwar nicht in jedem Jahr stattgefunden haben, die aber alle Stürme des Jahrhunderts überstehen konnten und zu denen auch noch bis heute eingeladen wird. 2005 erörterten die Teilnehmer der 23. Solvay-Konferenz zum Beispiel »Die Quantenstruktur von Raum und Zeit«, und es ist schön, dass Plancks Quantum gewissermaßen immer noch die Richtung angibt, abgesehen davon, dass kein Name auf der Konferenz häufiger ausgesprochen worden sein dürfte als der von Planck, haben die Physiker doch eine Planck-Länge und eine Planck-Zeit eingeführt, um ihr Thema in den wissenschaftlichen Griff zu bekommen.

Das wohl berühmteste Treffen fand 1927 statt, als es auf der 5. Solvay-Konferenz offiziell um »Elektronen und Photonen« ging. Tatsächlich richtete sich aber die ganze Aufmerksamkeit auf die bilaterale Debatte, die die beiden Giganten der Physik miteinander führten: Albert Einstein und Niels Bohr (1885–1962). 1927 ist das

Die Teilnehmer der 5. Solvay-Konferenz 1927. Max Planck sitzt in der ersten Reihe (zweiter von links) neben Marie Curie, Hendrick Anton Lorentz und Albert Einstein; in der zweiten Reihe erkennt man von rechts Niels Bohr, Max Born, Louis de Broglie, Arthur Compton und Paul Dirac; links außen in der zweiten Reihe sitzt Peter Debye; in der dritten Reihe zeigen sich unter anderem Werner Heisenberg (3. von rechts), Wolfgang Pauli (4. von rechts) und Erwin Schrödinger (genau in der Mitte).

Jahr, das Wolfgang Pauli in dem zitierten Brief an den C. G. Jung nennt, bis zu dem es den Physikern gelungen ist, mit Plancks Quantum ins Reine zu kommen und ein neues Begriffssystem ohne Widersprüche zu entwickeln.

Das Gespräch der beiden überragenden Wissenschaftler ihrer Zeit drehte sich um die Frage, ob eine Entdeckung des damals noch jungen Werner Heisenberg (1901–1976) zum endgültigen Bestand der Physik gehörte oder nur den vorübergehenden Stand einer noch nicht entwickelten Quantentheorie verkörperte. Gemeint ist das, was oft als Heisenbergsche Unschärfe bezeichnet wird, obwohl es mehr meint und tiefer geht. Was Heisenberg entdeckt hat, heißt ursprünglich Unbestimmtheit. Ihr zufolge hat zum Beispiel ein Elektron oder ein Atom weder einen festliegenden (bestimmten) Ort noch eine entsprechenden Geschwindigkeit, solange diese Größen nicht gemessen (bestimmt) werden. Die physikalische Wirklichkeit bleibt unbestimmt, solange sie niemand (im Experiment) befragt und dabei durch einen Quantenschub einen bestimmten Wert gibt.

Einstein wollte nicht glauben, dass die Natur subjektiv festgelegt werden kann. Er konnte sich – wie Planck – nur eine kausal objektiv bestimmte Wirklichkeit vorstellen, und so dachte er sich verschiedene Anordnungen aus, die Heisenbergs Idee der Unbestimmtheit *ad absurdum* führen und widerlegen sollten. Leider entdeckte Bohr in allen Ansätzen von Einstein einen Fehler, und so verließen die Physiker die 5. Solvay-Konferenz in der Gewissheit, eine zwar merkwürdige, aber immerhin korrekte Theorie der atomaren Welt zu haben, und sie nannten sie Quantenmechanik. Seitdem funktioniert sie perfekt, wobei sie in einer anderen mathematischen Sprache als die Quantentheorie formuliert ist, die Planck begründet hat. Er hat die völlig neue Formelsprache nie gern benutzt und auch nicht in ihr publiziert.

Planck wäre übrigens beinahe nicht zu dieser historischen Zusammenkunft gefahren, da er meinte, nicht mehr zur vordersten Reihe der Quantenphysiker zu gehören, und zudem für die aktuelle Entwicklung Englisch als Sprache erforderlich war und er selbst nur Deutsch konnte. Doch dann wurde er Ende Mai nach Holland eingeladen, um die Lorentz-Medaille der Königlich-Niederländischen Akademie der Wissenschaften in Empfang zu nehmen. Und als er merkte, wie sehr man sich um die Normalisierung der internationalen wissenschaftlichen Zusammenarbeit bemühte, entschloss sich Planck, nach Brüssel zu reisen.

»Das Weltbild der neuen Physik«

Was dort verhandelt wurde, musste ihm Schwierigkeiten machen. Der Gedanke einer Unbestimmtheit, der seit 1927 zu der neuen Mechanik der Quanten gehörte, verursachte ihm Unbehagen, und wenn Planck auch nicht nachwirkend in die Debatte in Brüssel eingriff, so konnte es nicht lange dauern, bis er in einem Vortrag seine Sicht der Quantendinge vorstellte. Er äußerte sich im Februar 1929, als er im Physikalischen Institut der Universität Leiden über »Das Weltbild der neuen Physik« sprach.[18] Planck stellte zunächst das »harmonische Weltbild« der klassischen Zeit seiner Wissenschaft vor, in das auf einmal die Quantenhypothese mit ihrem »grellen Licht« hineinfährt. Sein Wirkungsquantum bezeichnet er – nahezu poetisch – als »geheimnisvollen Bote aus der realen Welt«, der den alten Rahmen sprengt und ganz neue Möglichkeiten öffnet, wie zum Beispiel die Möglichkeit der Heisenbergschen Unbestimmtheit, die Plank als »Unsicherheit« und als etwas »ganz Unerhörtes« bezeichnet.

Er anerkennt, was Bohr und Heisenberg dazu erkannt und bewiesen haben, sieht aber noch »manch dunkle Fragen der Aufklärung« vor sich, und sein »Unbehagen«, das auch viele Kollegen teilen, hat vor allem damit zu tun, dass die alte Determiniertheit der physikalischen Abläufe verschwindet, die er eigentlich als Bedingung dafür angesehen hat, dass sich überhaupt physikalische Gesetze aufstellen lassen.

Doch mit der neuen Sicht »scheint die Forderung der strengen Kausalität aufgegeben zu werden zugunsten eines gewissen Indeterminismus«, und das gefällt Planck ebenso wenig wie Einstein.

> Wenn ein solcher Schritt sich wirklich als notwendig erweisen sollte, so wäre damit das Ziel der physikalischen Forschung um ein Erhebliches zurückgesteckt und damit ein Nachteil in Kauf genommen, dessen Bedeutung nicht schwer genug eingeschätzt werden kann. Denn der Determinismus ist, falls man überhaupt die Wahl hat, nach meiner Meinung unter allen Umständen dem Indeterminismus vorzuziehen, einfach aus dem Grunde, weil eine bestimmte Antwort auf eine Frage immer wertvoller ist als eine unbestimmte.

Noch einmal 1911

Auf den zuletzt gefolgten gedanklichen Höhen wanderten die Quantenphysiker noch lange nicht, als sie sich 1911 zum ersten Mal zu einem Gipfeltreffen versammelten und von Nernst erst begrüßt und dann zur Arbeit aufgerufen wurden: »Die fundamentalen und fruchtbaren Ideen von Planck und Einstein sollten uns als Grundlage unserer Diskussion dienen, wir können sie modifizieren oder verbessern, aber wir können sie nicht ignorieren.«

Worüber und wie damals gestritten wurde, ist in dem Beitrag »Verhandlungen auf einer von E. Solvay einberufenen Zusammenkunft«, in dem 1914 in Halle erschienenen Buch *Die Theorie der Strahlung und Quanten* nachzulesen. Diese Publikationspraxis wurde bei den kommenden Konferenzen beibehalten – vor allem Dank der Arbeit von Maurice de Broglie und Paul Langevin –, und diese Schriften haben sicher dazu beigetragen, aus den Solvay-Konferenzen historische Ereignisse zu machen.

Ein zweites Ereignis, mit dem das Jahr 1911 begonnen hatte, war von ungeheurer Tragweite für die Wissenschaft – und die gesamte Geschichte schlechthin. Am 11. Januar 1911 wurde die bereits erwähnte »Kaiser-Wilhelm-Gesellschaft zur Förderung von Wissenschaft und Forschung e.V.« als eingetragener Verein unter dem Vorsitz des damaligen preußischen Kultusministers, August von Trott zu Solz, gegründet. Zwar hatte Planck zunächst nahezu nichts mit diesem wissenschaftspolitischen Schritt und dieser neuartigen Institution zu tun. Ihre 1948 gegründete und bis heute höchst erfolgreich operierende Nachfolgeorganisation trägt aber seinen Namen und heißt »Max-Planck-Gesellschaft zur Förderung der Wissenschaften e. V.«.

Der Anreger der Gründung der oft nur durch die Buchstaben KGW abgekürzten Gesellschaft war der Theologe Adolf von Harnack, dem es gelang, Kaiser Wilhelm II. davon zu überzeugen, dass ein internationaler Trend zur Einrichtung staatsunabhängiger Forschungsinstitute zu erkennen sei, die langfristig die Wirtschaftskraft des Landes stärken würden. Der industrielle Fortschritt – so Harnack in einer Denkschrift an den Kaiser – stehe in untrennbarem Zusammenhang mit der Grundlagenforschung, und »die Wehrkraft und die Wissenschaft« seien »die beiden starken Pfeiler der Größe Deutschlands«.

Daran zeigte sich Wilhelm II. höchst interessiert, und so erlaubte der Kaiser, dass die überwiegend durch privates Mäzenatentum finanzierte, aber letztlich doch staatlich kontrollierte Einrichtung seinen Namen führte. Erster Präsident der KWG wurde Adolf von Harnack; die Vizepräsidentschaft übernahmen der Industrielle Gustav Krupp von Bohlen und Halbach und der Bankier Ludwig Delbrück. Der zuletzt Genannte gehörte zu einem weit verzweigten Clan, dessen eine Familie – die des Historikers Hans Delbrück – in Plancks (und Harnacks) Nachbarschaft wohnte. Einer von Hans Delbrücks Söhnen, der 1906 in Berlin geborene Max Delbrück, wurde später der Wegbereiter der Molekularbiologie, wofür er 1969 mit dem Nobelpreis für Medizin oder Physiologie ausgezeichnet wurde. In Berlin-Buch wurde nach der Wende von 1989 ein Forschungszentrum nach ihm benannt.

Als erste Forschungseinrichtungen eröffnete die KWG im Oktober 1912 zwei Kaiser-Wilhelm-Institute (KWI) – für Physikalische Chemie und Elektrochemie und für Experimentelle Therapie. Dem erstgenannten Institut stand der aus Breslau gebürtige und später mit dem Nobelpreis ausgezeichnete Fritz Haber (1868 bis 1934) vor, auf den später noch eingegangen wird – sowohl in Zusammenhang mit dem Ersten Weltkrieg als auch in Hinblick auf die Judenpolitik der Nationalsozialisten, und in beiden Fällen hatte Planck schwierige und mutige Entscheidungen zu treffen.

Akademische und familiäre Pflichten vor dem Ersten Weltkrieg

Plancks erster aktiver Beitrag zur KWG bestand in dem bereits erwähnten erfolgreichen Bemühen, Einstein nach Berlin zu holen. Die Verhandlungen, die es dabei für die Gründung des auf Einstein zugeschnittenen Forschungsinstituts für Physik zu führen gab, brachten Planck zum ersten Mal dazu, sich ausführlich mit der Kaiser-Wilhelm-Gesellschaft zu befassen.

Von nun an war er auch in den Organisationen aktiv, die den Rahmen für seine wissenschaftliche Tätigkeit lieferten. Er gehörte sehr gern der Preußischen Akademie der Wissenschaften an, weil in ihr alle Disziplinen der Forschung vertreten waren und somit die Einheit auch organisatorisch erkennbar wurde, die Planck philosophisch anstrebte und in seinen Reden ansprach – etwa in seinem Vortrag über »Die Stellung der neueren Physik zur mechanischen Weltanschauung«, den er im September 1910 auf der 82. Versammlung Deutscher Naturforscher und Ärzte in Königsberg hielt. Planck zeigte sich hier begeistert von Einsteins »Prinzip der Relativität«, dem zufolge »die unseren Beobachtungen zugängliche physikalische Welt vier vollkommen gleichberechtigte und vertauschbare Dimensionen« besitzt. »Drei von ihnen nennen wir

Raum, die vierte die Zeit, und aus jedem physikalischen Gesetz lassen sich durch Vertauschung der darin vorkommenden Weltkoordinaten drei andere Gesetze ableiten.›

Planck kam in diesem Zusammenhang erneut auf die physikalische Entdeckung zu sprechen, an der sein Herzblut hing: »Das oberste physikalische Gesetz, die Krone dieses ganzen Systems bildet, wenigstens nach meiner Auffassung, das Prinzip der kleinsten Wirkung, welches die vier Weltkoordinaten in vollkommener symmetrischer Anordnung enthält.«

Planck sah in der Preußischen Akademie eine Institution, mit deren Hilfe die Verwirklichung seines Ideals angestrebt werden konnte. 1912 bekam er die konkrete Möglichkeit dazu, als er zu einem der ständigen Sekretäre in der physikalisch-mathematischen Klasse der Akademie gewählt wurde, und zwar zusammen mit dem Anatomen Heinrich Wilhelm Waldeyer (1836–1921), der 1888 den Begriff »Chromosom« zur Beschreibung der Strukturen im Zellkern geprägt hatte.

Neben den beiden naturwissenschaftlichen gab es noch zwei geisteswissenschaftliche Sekretäre, und sie »führten jeweils in dreimonatigem Turnus das Präsidium der Akademie und traten gemeinsam als deren Vertreter auf. Sie nahmen eine Reihe von Aufgaben gegen geringe Bezahlung wahr. Für 1800 Mark im Monat, etwa das doppelte Gehalt eines gewöhnlichen Mitglieds, beraumten sie Sitzungen unter ihrem Vorsitz ein, beaufsichtigten die laufenden Projekte der Akademie, regelten den Haushaltsplan und kümmerten sich um die Veröffentlichungen der Sitzungsberichte.«[19]

Am Ende der Sitzungen und in ihrer Freizeit »führten die Akademiemitglieder Diskussionen über politische oder auch wissenschaftliche Themen in eleganten Aufenthaltsräumen, die ähnlich einem Klub mit vornehmen Sesseln und verschiedenen Zeitungen ausgestattet waren. Sobald sich der Erste Weltkrieg abzuzeichnen begann, erhitzten sich diese Gespräche zunehmend, von Planck aber wird erzählt, dass er nie die Beherrschung verlor und immer mit Vernunft debattierte.«

Im Verlauf seiner Tätigkeit in der Akademie erwies sich Planck als äußerst fähiger Administrator, was zuerst von der Deutschen Physikalischen Gesellschaft (DPG) genutzt wurde, die ihn mehrfach als Beisitzer in ihren Vorstand berief und ihn dreimal den Vorsitz übernehmen ließ. Am 15. Oktober 1913, etwa ein Jahr vor Kriegsausbruch, übernahm Planck das Rektorat der Berliner Universität, und er empfand es als belastend und befriedigend zugleich. Befriedigend war vor allem, dass das preußische Kultusministerium zu seiner Entlastung bei den anfallenden Lehrtätigkeiten ein Extraordinariat für Theoretische Physik bewilligte, das zunächst mit Max Born besetzt und später von Max von Laue übernommen wurde – beides spätere Nobelpreisträger. Als belastend erwiesen sich natürlich die vielen Verpflichtungen, die mit der Rektorwürde einhergingen, und Planck fand immer weniger Zeit, sich seiner Familie zu widmen. Dabei musste er sich damals große Sorgen um den ältesten Sohn Karl machen, der im Alter von fünfundzwanzig Jahren in eine Depression verfallen war, sich erst ziellos von einer Anstellung zur nächsten hangelte und dann sogar einige Zeit in einer Heilanstalt in Kassel verbringen musste. Vater Planck sah darin kein familiäres, sondern ein allgemeines Problem der Zeit, das er als »Missverhältnis zwischen Wollen und Können« charakterisierte, was jedoch wenig überzeugend und eher entschuldigend klingt. Es scheint, als wolle Planck von dem Mangel an persönlicher Zuwendung ablenken, denn er verhielt sich sicher im patriarchalischen Stil seiner Zeit und überließ häusliche Pflichten – wozu die Kindererziehung gehörte –seiner Frau. Planck trat mehr als ein öffentlicher Diener der Wissenschaft und weniger als ein privater Helfer der Familie in Erscheinung.

Die traditionelle Antrittsrede zu Beginn des einjährigen Rektorats fand für Planck in einer Atmosphäre des patriotischen Rausches statt, in dem Universitätsprofessoren an die Freiheitskriege erinnerten, die einhundert Jahre zuvor gegen Napoleon geführt worden waren. Man solle sich auf einen erneuten Kampf um die Existenz Deutschlands einstellen, hieß es, und wenn es soweit sei –

was natürlich in Gottes Hand liege und durch seinen Willen geschehe –, dann müssten alle zu den Waffen greifen.

Bei aller patriotischen (und im Rückblick irrsinnigen) Hektik um ihn herum blieb Planck besonnen und ruhig, als er in seiner Rektoratsrede sagte: »Wir wissen nicht, was der nächste Morgen bringen wird; wie ahnen nur, dass unserem Volke in kurzer Frist etwas Großes, etwas Ungeheures bevorsteht, dass es um Gut und Blut, um die Ehre und vielleicht um die Existenz des Vaterlandes gehen wird.«

Niemand konnte wissen, wie kurz die Frist tatsächlich sein würde. Noch vor Ablauf von Plancks Rektoratsjahres hagelte es Kriegserklärungen in Europa, und Kaiser Wilhelm II. ordnete die Mobilmachung an.

Das Ende des Rationalstaates

Das durch den Krieg bedingte abrupte und schmerzhafte Ende des Wilhelminischen Zeitalters war zugleich ein Abschied von Preußen. Dieser Staat war aus dem Geist des 18. Jahrhunderts heraus geboren worden und verkörperte als politische Ordnung den Zeitgeist dieser Epoche, die durch eine Hochblüte der Aufklärung und der Staatsraison charakterisiert ist.[20] Sebastian Haffner hat dies einmal auf die Formel gebracht, dass Preußen »kein Nationalstaat, sondern ein Rationalstaat«[21] gewesen sei, in dem es kühle Liberalität, Gerechtigkeit und Toleranz gab und jeder denken und schreiben konnte, was er wollte. Der König empfand sich als Diener des Staates, und für alle Bürger galt das gleiche Recht. »Der Staat war vorurteilslos, vernünftig, praktisch und gerecht«, wie der Publizist und Historiker es ausdrückt, und unter diesen Bedingungen konnte nicht zuletzt die Wissenschaft aufblühen, zu deren physikalischem Zweig Planck und seine Kollegen bis 1914 große Erfolge beitragen konnten.

Berlin erlebte aber nicht nur in der Physik, sondern auch in der

Medizin einen ungeheuren Aufschwung. Kurz vor und nach der Jahrhundertwende sorgten drei in Berlin tätige Forscher für den Weltruf der deutschen Medizin: Emil von Behring (1854–1917), der ein Diphtherieserum entwickelte und den ersten Nobelpreis für sein Fach bekam, Robert Koch (1843–1910), der vier Jahre nach Behring ausgezeichnet wurde und das neue Fach der Bakteriologie begründete, indem er die Tuberkulose- und Choleraerreger aufspürte, und Rudolf Virchow (1821–1902), der das Konzept der Infektionskrankheit entwickelte und die Zellularpathologie begründete, die Krankheitsursachen auf Störungen der Körperzellen zurückführt.

Virchow agierte auch in der Politik und schlug hier im steten Bemühen um den Fortschritt, der aus der Wissenschaft heraus möglich ist, sehr liberale Töne an, die ihn zu einem scharfen Gegner des Preußen Bismarck werden ließen. Unter Bismarcks Führung fand ein sozialer Umbruch im Sinne eines »Kulturkampfes« statt. Der Reichskanzler führte ihn sowohl gegen die katholische Kirche als auch gegen die Sozialdemokratie – was die Zivilehe und die Abschaffung der geistlichen Schulaufsicht zur Folge hatte. Er rief auch die gesetzlichen Sozialversicherungen ins Leben, zu denen auch eine allgemeine Krankenversicherung gehörte, die sicher nicht ohne den Fortschritt eingeleitet worden wären, den die medizinischen Wissenschaften noch vor 1900 erreichten.

Nach Bismarcks Sturz im Jahre 1890 wurde vieles anders. Der Umschwung von der preußisch-rationalen Festigkeit zur deutschnationalen Nervosität mit internationalen Folgen vollzog sich unter Kaiser Wilhelm II., dessen Regierungszeit von 1888 bis 1918 als »Wilhelminisches Zeitalter« bezeichnet wird. In der Umgebung des Kaisers gab man sich in dieser Zeit machtbewusst und pathetisch, lehnte die moderne Kultur ab und zeigte eine Vorliebe für den Stil des Neobarock.

Eingefangen wird diese Zeit wohl am besten in Heinrich Manns Roman *Der Untertan*, der in den Jahren 1910/11 entstand. Darin geht es um einen Kleinstadtpotentaten namens Dieterich

Heßling, der in Berlin das Fach Chemie studiert, sich einer studentischen Verbindung anschließt und glühender Monarchist wird. Das heißt, er lässt sich selbst zwar hinter »dem großen Ganzen aus Wissenschaft, Korporation, Militär, Bürokratie, deutschnationaler Partei und Staatskirche« verschwinden, passt sich dem nationalen Zeitgeist aber auch dadurch an, dass er lernt, wie es durch Intrigen und Denunziation gelingen kann, lokale Macht an sich zu reißen.

In dem Roman tritt deutlich vor Augen, dass die so genannte innere Reichsgründung nicht vorankommt. Die sozialen Gräben, die sich infolge der vom Wilhelminismus geförderten und erfolgreichen Industrialisierung aufgetan hatten, ließen sich nicht überbrücken. Die Menschen standen zum ersten Mal in der Geschichte vor der Aufgabe, »auf die gewaltsamen gesellschaftlichen und technischen Umwälzungen des Industriezeitalters einzugehen«, wie Hagen Schulze schreibt, um die nachfolgenden wenig hilfreichen Reaktionen durch Begriffe wie Panik, Entfremdung und Verlust der Mitte zu charakterisieren.[22]

»Die Mitte verlassen, heißt die Menschlichkeit verlassen«, hat der französische Philosoph Blaise Pascal einmal geschrieben, und der erwähnte Verlust zwang die Menschen, sich neu zu orientieren und einzurichten. So kam es unter anderem zu der Jugend- und Wandervogelbewegung, die 1895 ihren Ausgangspunkt vom Steglitzer Gymnasium in Berlin nahm. Sie stellte ein erstes Experiment gegen die im Industriezeitalter entstandene Kultur dar, denen noch viele Versuche in der Absicht folgten, »die alte Einheit von Mensch und Natur« zu erneuern.

Zu den charakteristischen Fakten der Zeit gehört noch, dass an den Universitäten die Zahl der Studenten gewaltig anstieg. Gab es um 1860 rund 10000 Studenten, waren im Jahre vor dem Kriegsausbruch 60000 Studenten eingeschrieben – davon 4000 Frauen, die sich seit 1908 regelmäßig immatrikulieren konnten.

»Wissen ist Macht« – das galt im Wilhelminischen Deutschland für alle, und so entfaltete sich eine Dynamik, die sich bald nicht mit einer inneren Konsolidierung zufriedengab, sondern die

Wendung nach außen vollzog und – die Erinnerung an Bismarck und seine Einsprüche ignorierend – begann, Weltpolitik zu treiben. Als Folge der deutschen Ansprüche – auch in Hinblick auf Kolonien – kam es zu einer Neuformierung der europäischen Bündnisse gegen das Reich, »wie Bismarck sie in seinen Albträumen vorausgesehen hatte« und die sich kurz mit dem Ausdruck der »Einkreisung Deutschlands« beschreiben ließ.[23] Das dazugehörige Gefühl bewirkte gerade bei den Untertanen eine trotzige Stimmung, die ein Klima von Spannungen schaffte, das sich gegen äußere Feinde richtete. Am Ende schlitterten alle Nationen eher hilf- und hoffnungslos in den fürchterlichen Krieg hinein, der nach vielen Jahrzehnten des Friedens vier Jahre des furchtbaren Schreckens bringen sollte.

Das Quantum im Atom

Als Planck seinen Rektoratsverpflichtungen nachkommen musste und der preußische Staat schwächer wurde, zeigte der dänische Physiker Niels Bohr (1885–1962) in einer englischen Industriestadt der gesamten Welt, warum ausgerechnet Plancks Quantum der Wirkung dafür sorgen konnte, dass es die Welt überhaupt gab. Bohr arbeitete bei dem aus Neuseeland stammenden Ernest Rutherford in Manchester, um die Experimente zu verstehen, die in dessen Laboratorium ausgeführt worden waren und die den Physikern Rätseln aufgaben – bis man Plancks Quantum zu Hilfe nahm.

In den Jahren nach 1900 war es den Physikern – nicht zuletzt dank Marie und Pierre Curie – gelungen, die Radioaktivität von Atomen genauer zu charakterisieren und drei Arten von Strahlen zu unterscheiden, die man mit den ersten Buchstaben des griechischen Alphabets bezeichnete – die Alpha-, Beta- und Gammastrahlen. Rutherford hatte sich die energiereichsten von ihnen vorgenommen – die Gammastrahlen –, und er lenkte sie auf eine hauchdünne Folie aus Gold, um die Streuung dieser Strahlen zu beobachten und aus deren Verteilung Rückschlüsse auf die dafür verantwortlichen Atome ziehen zu können. Rutherford erwartete selbstverständlich, dass sämtliche Gammastrahlen hinter der Goldfolie auftauchen würden, bis er und seine Mitarbeiter zu ihrer großen Überraschung registrierten, dass ein Teil direkt zurückprallte. Rutherford drückte seine Verwunderung durch die Bemerkung aus, dass sei so, als ob man mit einem Maschinengewehr auf eine Zeitung schießen und von einigen der Geschosse selbst getroffen werden würde.

Nach genauer Analyse der Daten zeigte sich, dass man den experimentellen Befund leicht unter der Annahme erklären konnte, dass die Atome, aus denen die Goldfolie besteht, einen winzigen Kern haben, in dem nahezu ihre gesamte Masse zu finden ist. Trifft ein Gammastrahl genau auf diesen harten Kern, prallt er einfach zurück wie ein Ball, der gegen einen Torpfosten knallt. Die Elektronen, die auch noch zu einem Atom gehören, sollten in Rutherfords Vorstellung diesen Kern umrunden, wie es Planeten bei der Sonne tun.

Bevor dieses »Saturnmodell« des Atoms vorgestellt wurde, wie Rutherford es augenzwinkernd nannte, bemühten sich die Physiker, die Grundbausteine des Materiellen als eine Art Rosinenteig zu verstehen. Man wusste schon länger, dass es im Atom negativ geladene Elektronen gab – sie stellt man sich als Rosinen vor –, und sie sollten in einen positiven Ladungsteig eingebettet sein.

Diese Konzeption konnte zwar auf keinen Fall die Streuexperimente erklären, aber die Schwierigkeiten des Saturnmodells waren sehr viel größer. In seinem Rahmen bewegte sich ein geladenes Teilchen (das Elektron), beschleunigt in dem elektrischen Feld von anderen geladenen Teilchen – den Bausteinen des Atomkerns. Unter diesen Umständen verlangten es die Gesetze der Physik – und zwar ausgerechnet die verherrlichten Maxwellschen Gesetze –, dass das Elektron Energie verliert (abstrahlt). Wenn es das aber tut, kann es nicht auf seiner Bahn bleiben. Es muss in den Kern stürzen, was bekanntlich nicht passiert. Atome sind und bleiben stabil.

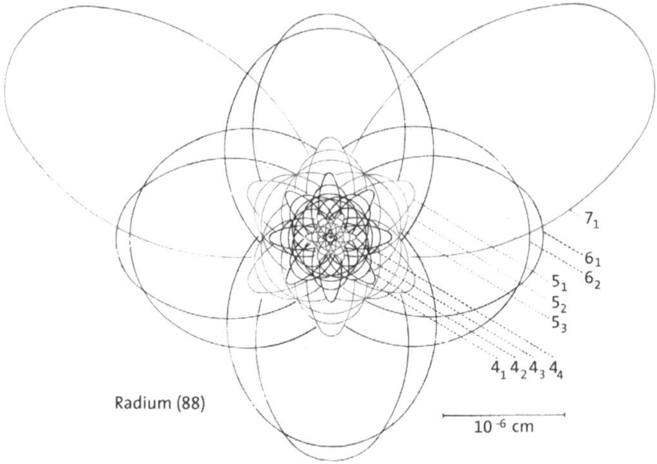

Das Radiumatom als Modell nach Niels Bohr mit festen Elektronenbahnen.

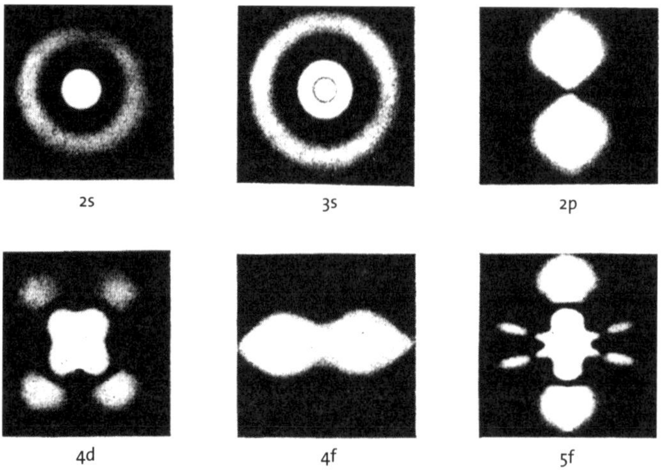

Atome, wie sie die neue Physik sieht – Wahrscheinlichkeitswolken statt Bahnen.

Atommodelle der frühen (oben) und der späten Art (unten). Anfänglich dachten die Physiker, sie könnten Atome als Planetensysteme entwerfen, in denen Elektronen einen Kern umrunden. Man spricht dabei vom Bohrschen Atommodell, das hier am Beispiel von Radium gezeigt wird. (Die Ziffern benennen die möglichen Zustände des Atoms auf systematische Weise.) Später wurde dann klar, dass es die Bahnen der Elektronen nur gab, weil wir die uns ausgedacht haben. Tatsächlich lassen sich nur Aufenthaltsbereiche der Elektronen angeben, die je nach der verfügbaren Energie unterschiedliche (symmetrische) Formen annehmen können. Wir verstehen die Atome durch die Form, die wir ihnen geben.

Mit anderen Worten, das Saturnmodell des Atoms konnte zwar die Experimente von Rutherford erklären, aber nicht die Stabilität der Dinge. Was war da zu tun? In einer solchen Lage konnte man entweder das Modell ändern oder die Annahme riskieren, dass vielleicht die Klassische Physik nicht alles erfasst, was im Atom passiert. Also musste man entweder das Modell oder die Physik erneuern.

Niels Bohr entschied sich damals genau für das Gegenteil. Er besuchte Rutherford 1912 und erläuterte, dass man sein Modell dadurch retten könne, dass man die Klassische Physik mit dem Planckschen Wirkungsquantum bereicherte. Und indem Bohr diesen Schritt vollzog, machte er zum ersten Mal deutlich, wie fundamental das Quantum tatsächlich ist.

Das klassische Argument, dass ein in einem elektrischen Feld umhergejagtes Elektron Energie abstrahlt, funktioniert nur, wenn diese Energie stufenlos (kontinuierlich) abgegeben werden kann. Genau dies verhindert Plancks Quantum. Mit ihm ist ein Quantensprung nötig, wenn sich das Elektron auf den Kern zu bewegen will, aber dieser Sprung kann nur erfolgen, wenn die dazugehörige Energieportion geliefert wird. Bleibt das Elektron ungestört, hält es seine Position, und das Atom ist stabil – und mit ihm die Welt.

Als die politische Welt instabil wurde und in den Kriegstaumel geriet, verstanden die Physiker zum ersten Mal – dank Plancks Quantum der Wirkung –, wie Atome aufgebaut sein und ihre Form behalten können. Die Theorie, die dies beschreibt, nennt man Quanten*theorie*, um sie von der Quanten*mechanik* absetzen zu können, die es erst mehr als ein Dutzend Jahre später geben und die imstande sein wird, die Schwierigkeiten aufzulösen, die mit Bohrs Modell bei allem Erfolg verbunden blieben. Sie bestanden darin, dass die Elektronen auf Bahnen kreisten, die nach der Klassischen Physik berechnet wurden. Dann wurde diese Wissenschaft von Quantenregeln abgelöst, mit denen einige der Bahnen ausgewählt und als geschützt erklärt werden konnten. Ein offensichtlich schizophrenes Vorgehen, das nach einer Erklärung verlangte, die allerdings noch mehr als Jahrzehnt auf sich warten ließ – mit einer Art Kopernikanischer Wende. Die neue Deutung wird nämlich auf keinen Fall mehr dadurch gesucht, dass man versucht, »das Wirkungsquantum irgendwie der klassischen Theorie einzugliedern«, wie es sein Schöpfer vergeblich unternahm und womit er meinte, das Quantum an den Rand der Wissenschaft zu drängen und dort irgendwie mitzuschleppen. Die treffende Erklärung wird im Gegenteil dadurch gesucht, dass man Plancks Entdeckung ins Zentrum des Geschehens rückt und auf den »geheimnisvollen Boten aus der realen Welt« hört.

Die alte Zeit ist endgültig vorbei – sowohl in der Wissenschaft als auch in der Gesellschaft und erst recht in ihrer Kultur. Wir verlassen damit »die Welt vor dem großen Kriege, mit dessen Beginn so vieles begann, was zu beginnen wohl kaum schon aufgehört hat«, wie Thomas Mann im »Vorsatz« seines Romans *Der Zauberberg* schreibt, in dem über diese »alten Tage« noch einmal in aller Ausführlichkeit berichtet wird. Als der *Zauberberg* 1924 erschien, hatte sich die alte Quantentheorie zur neuen Quantenmechanik gehäutet. Oder wie Mann gesagt hätte: Was Planck begonnen hatte, hatte zu beginnen gerade erst begonnen – auch wenn die theoretischen Beiträge des Gründungsvaters abgeschlossen waren.

Hohe Ehrung, tiefes Leid
(1914–1929)

Es ist wahr: Früher war die Physik einfacher, harmonischer und daher auch befriedigender. Man hatte schöne Theorien und durfte auf sie vertrauen. Heute ist das anders geworden. Neue Ideen sind aufgetaucht, nicht als überflüssiger Luxus, sondern als unerbittliche Folgerungen aus neuen Tatsachen, und die alten Ansichten lassen sich nun einmal nicht ganz unverändert aufrechterhalten.

Max Planck an Wilhelm Wien, 13. Juni 1922.

Am 2. August 1914 trug Franz Kafka in sein Tagebuch ein: »Deutschland hat Russland den Krieg erklärt. – Nachmittags Schwimmschule.« Wenn Plancks Tagebücher erhalten geblieben wären, hätten sie uns vermutlich einen Satz der Art zu lesen gegeben: «Deutschland tritt in den Krieg ein. Nachmittags an der Rektoratsrede für den kommenden Tag gearbeitet. Konzentration auf die Gesetzmäßigkeiten der Physik.«

Deutschland hatte natürlich nicht nur Russland, sondern vor allem Frankreich und England den Krieg erklärt, und das ganze Land befand sich in patriotischer Hochstimmung. Viele Menschen rechneten mit einem raschen Triumphzug in Richtung Paris, und zahlreiche junge Männer – unter anderem die Studenten der Universität – fieberten ihrem Einsatz an der Front entgegen.

In dieser Situation musste der Rektor der Berliner Universität, Max Planck, am 3. August an das Rednerpult treten. Anlass war die traditionelle Feier zum Gedächtnis des Stifters der Universität, des Preußenkönigs Friedrich Wilhelm III., der 1806 die Mobilmachung seines Landes gegen Napoleon angeordnet und sich 1813 – eher zögerlich – dem Kampf gegen den Korsen in den Befreiungskriegen angeschlossen hatte, die von Spanien und Italien ausgegangen waren. Diese Nationen wollten zusammen mit den Deutschen die französische Herrschaft abschütteln und dem Kaiserreich Napoleons ein unrühmliches Ende bereiten, was ihnen bekanntlich gelungen ist.

Der alte Triumph lag nun zwar fast ein Jahrhundert zurück, in der Erinnerung der Völker war er aber wachgeblieben, und so warteten die Menschen mit großem Interesse und voller Neugierde auf die Ausführungen des Rektors: Was würde Planck in diesen Tagen des beginnenden Krieges gegen den zwar benachbarten, aber verhassten Erzfeind sagen? Wie würde er sich zu der – und heute im Rückblick unbegreiflich erscheinenden chauvinistischen – Kriegsbegeisterung verhalten? Würde er nationale Töne anschlagen und zum Kampf auffordern? Wie würde er überhaupt mit der Situation fertig werden? Was konnte ein theoretischer Physiker überhaupt zur politischen und militärischen Lage seines Landes sagen?

Die Rede des Rektors

In der überfüllten Aula der Berliner Universität herrschte »höchste Erregung und Spannung«, wie Axel, einer der Söhne des im Juni 1914 geadelten Theologen Adolf von Harnack in seinen *Erinnerungen an Max Planck* berichtet hat. Der junge Axel von Harnack erlebte das dramatische Geschehen im August 1914 als Augenzeuge.[1] Er lässt uns die angespannte Situation unter den Zuhörern nachempfinden, wenn er schreibt: »Viele Professoren und Studenten stehen unmittelbar vor dem Auszug in den Krieg. Sie wie ihre Familienangehörigen warten auf ein Wort des Rektors, das der Stunde gemäß sein und ihnen die Hoffnungen und Wünsche der Körperschaft würdig zum Ausdruck bringen soll, der sie angehören.«

Endlich ist es so weit: Planck erscheint, »der Rektor besteigt das Katheder« – und dann die Überraschung für die Versammlung: Seine Festrede geht nicht auf den aktuellen Kriegseintritt und die zu erwartenden Folgen ein, sondern sie behandelt »ein schwieriges Problem seiner Wissenschaft, der Theoretischen Physik, das er in Beziehung zur Philosophie setzt. Kein Gedanke der tief erregten Zeit dringt in den Kern dieser streng wissenschaftlichen Rede. Jede Anspielung auf das, was jeden beschäftigt, wird im Vortrag vermieden.«

Aber trotz dieser unmittelbaren Enttäuschung hält von Harnack fest: »Der scharfsinnige und fesselnde, aber kühl sprechende Redner zwingt die Hörer – manche gewiss widerwillig – in seinen Bann.«

Diese Schilderung lässt erkennen, welchen Respekt man Planck an der Universität entgegenbrachte und welche Autorität er für die Zuhörer darstellte. Dennoch muss man darauf hinweisen, dass das, was der Augenzeuge berichtet, möglicherweise nicht ganz stimmt. Wenn man nämlich den gedruckten Text der Rede zurate zieht, erkennt man, dass Planck sich nicht völlig über die aktuelle Lage ausgeschwiegen hat. Zwar blieb seine Rektorratsrede nach Kriegsausbruch im Ganzen streng wissenschaftlich ausgerichtet, indem sie »Dynamische und statistische Gesetzmäßigkeiten« als ihr eigentliches Thema behandelte und beide Konzeptionen sorgfältig miteinander verglich. Aber Planck nahm sich in einigen einleitenden Bemerkungen doch die Zeit, wenigstens einen knappen Blick auf die aktuelle politische Dramatik zu werfen. In der publizierten Form drückt der Redner nämlich ganz am Anfang seine Überzeugung aus, dass »Gewissenhaftigkeit und Treue (...) die Wahrzeichen« sind, »unter denen unsere Universität groß geworden ist«. Und er betont: »Niemals, zu keiner Zeit seit der Gründung unserer Universität, waren sie nötiger als in diesen Tagen, wo uns alle, die wir hier versammelt sind, ein einziges Gefühl im tiefsten Inneren bewegt«,[2] nämlich die Ungewissheit über den Ausgang des gerade begonnenen Krieges, die sich trotz aller Euphorie nicht völlig leugnen ließ.

Die damit angesprochenen Sorgen stellten für viele Anwesende eine ganz konkrete persönliche Belastung dar, da die Söhne vieler Professoren – Planck eingeschlossen – auf dem Weg an die Front oder in Artillerieschulen waren und die Töchter in Schnellkursen ausgebildet wurden, Schwesterndienste in Kriegslazaretten zu leisten. Weiter drückte Planck pflichtgemäß die Hoffung aus, »dass das sich nun wendende Blatt der Weltgeschichte kommenden Geschlechtern einst Gutes von uns künden wird«. Um selbst unmittelbar dazu beizutragen, verzichtete er auf jeden patriotischen Tonfall in seinen Ausführungen und wandte sich entschlossen seiner eigentlichen Aufgabe, der Wissenschaft, zu. Denn – so erklärte er – »in der gegenwärtigen Stunde [ziemt es uns] zunächst, der überkommenen Pflicht zu gedenken und uns zu sammeln in schlicht-wissenschaftlicher Betrachtung«.

Planck glaubte an sein Land und seinen Staat, aber sein Wirken und Dienen galt der Wissenschaft, und seine wirkliche Größe zeigte sich in dem Beiwort »schlicht«. Natürlich wusste Planck besser als jeder der vielen Zuhörer in der Aula, dass seine Physik und die thermodynamische Theorie keineswegs schlicht sind, wenn es darum geht, das Verhalten von Gasen und Flüssigkeiten zu erfassen. Das Attribut bekommt aber sofort seine Berechtigung, wenn versucht wird, diese Gesetze auf das Verhalten von Menschen oder Nationen zu übertragen, um dieses Große möglichst ebenso gut zu verstehen wie das Kleine. Bei solchen Übertragungen zeigen sich rasch die Grenzen der wissenschaftlichen Betrachtung, wie Planck sie verstand. Trotzdem kann Planck – gerade als Rektor – seine Herkunft als Physiker nicht leugnen, wenn er sich etwa aufgefordert fühlt, »Gesetzmäßigkeiten in den Vorgängen des geistigen Lebens« zu erkennen und darzulegen.[3] Er kann sich auch nicht der Fragestellung verweigern, ob aus den Einsichten seiner Forschung etwas über Menschen und Völker zu lernen ist. Plancks Rede ist der mutige Schritt eines Wissenschaftlers, der die bequeme Einsamkeit seines Elfenbeinturms aufgibt, um öffentlich Stellung zu beziehen – und zwar in einem schwierigen Moment, in dem jedes Wort abzuwägen ist.

Auf das Thema »Gesetzmäßigkeiten in den Vorgängen des geistigen Lebens« hatte sich Planck sozusagen als Vorbereitung für den Ernstfall, der jetzt eingetreten war, in seiner letzten Rede vor Kriegsausbruch ausführlich eingelassen. Schon immer war es für Physiker verlockend, von den Gesetzen der Bewegung und der Wärme aus, die sie erkunden und feststellen konnten, nach Gesetzen der Menschen und ihrer Geschichte zu suchen. Dieses zumeist vergebliche Bemühen fand vor dem Hintergrund eines Credos statt, das Planck zu Beginn seiner Vorkriegsrede von 1913 ausmalte. Für ihn und seine Kollegen stellte nämlich »auf allen Gebieten die Annahme eines absoluten Determinismus für jede wissenschaftliche Untersuchung die unentbehrliche Grundlage« dar. Man übersieht dabei leicht die Einschränkung, die der Hinweis auf die »wissenschaftliche Untersuchung« gibt, und nimmt vor allem wahr, dass es um alle Gebiete – also auch um das des menschlichen Agierens – geht, und dies »alles« absolut festliegt.

Zum Glück betonte Planck im Anschluss an seine kühne Festlegung, dass es die Wissenschaft sei, die beschränkt bleibt und doch nicht alles in ihren deterministischen Griff bekommt. Denn bei aller Qualität ihrer Kenntnisse, weiß die Physik – auch in ihrem theoretischen Gewand – nicht notwendig zu sagen, wie der Mensch handeln soll. Planck begründet diese Ansicht durch den Hinweis, dass der Mensch »eine volle Antwort auf diese Frage [...] nicht beim Determinismus, nicht bei der Kausalität, nicht bei der reinen Wissenschaft [findet], sondern (...) nur bei seiner sittlichen Gesinnung, bei seinem Charakter, bei seiner Weltanschauung.«

Der Unpolitische

Der Bericht des Augenzeugen Axel von Harnack bestätigt unmittelbar, was der 1926 in Breslau geborene und während des Nationalsozialismus in die USA emigrierte Historiker Fritz Stern 1997 zusammenfassend über Planck und seine Einstellung zur Politik geschrieben hat: »Planck konnte die ersten Jahrzehnte seines Lebens in der Annahme historisch-politischer Kontinuität gestalten. Die meisten unausgesprochenen Selbstverständlichkeiten wurden nicht von der Wirklichkeit bedroht. Widerwilliger Revolutionär in der Wissenschaft, war er staats- und königstreu als Bürger, konservativ in seiner Gesinnung. Ich glaube kaum, dass Planck sich um Politik gekümmert hat; er mag sich als unpolitisch und überparteilich empfunden haben wie so viele Professoren der damaligen Zeit. Dass unpolitische Haltung politisches Gewicht hat – das hat man damals übersehen. Das Wort von Gustav Radbruch, dem großen Juristen der Weimarer Zeit, dass ›Überparteilichkeit‹ die ›Lebenslüge‹ des Obrigkeitsstaates war – das hätte Planck vielleicht nicht verstanden. Sein Anliegen war die Wissenschaft, mit dem Staat in gegenseitiger Bereicherung und in steter Spannung verbunden.«[4]

Es ist zu vermuten, dass der Stilist Stern das *Wörterbuch des Unmenschen* kennt, in dem der Sprachmissbrauch aus dem Dritten Reich verhandelt wird und das in den 1960er-Jahren als Taschenbuch erschienen ist.[5] In ihm ist zu lesen, dass ein Anliegen »eine drückende Last, einen innigen Wunsch, eine im Herzen behütete, persönlich hochwichtige Bitte« ausmacht bzw. ausdrücken sollte, und dass man sich mit einem Anliegen weniger nach außen und mehr nach innen und vornehmlich ganz privat an Gott richtet. Zwar wird das Wort heute nicht mehr in dieser zurückhaltenden Weise, sondern eher sehr laut gebraucht – so ist es vielen Menschen des öffentlichen Lebens ein aufrichtiges Anliegen, dem Volk etwas mitzuteilen, es zum Sparen oder Konsumieren zu bewegen, und irgendwo gibt es immer einen Bürgermeister, dem es ein besonderes Anliegen ist, einem Fußballverein oder einem Kegelklub zu einem Jubiläum zu gratulieren –, aber Stern ordnet das Wort treffend zu. Für Planck stellte die Wissenschaft tatsächlich »einen innigen Wunsch, eine persönlich hochwichtige Bitte« dar. Sie war und blieb ihm ein Anliegen, und man muss das wissen, will man verstehen, wie er auf Entwicklungen seiner Zeit reagierte, auch wenn dabei ein Krieg allmählich in Gang kam, in den die eigenen Söhne ziehen mussten und den sein Land verlieren würde.

Zunächst wurde die von Planck seit mehr als fünf Jahrzehnten als ruhig erlebte, sich mehr oder weniger friedlich entwickelnde und folglich für ihn verständliche Welt durch den plötzlichen Ausbruch des Weltkriegs erschüttert. Er reagierte mit dem Gefühl der Vaterlandsliebe und einem Bekenntnis zu Deutschland, was zwar zunächst für politische Gewissheit sorgte, ihm aber nicht half, alle Sorgen und Zweifel zu bekämpfen und die Auseinandersetzungen in den Gremien und in der Öffentlichkeit zu bestehen, die jetzt auf ihn zukamen.

Die ersten Tage des Krieges brachten große Erfolge für die unter dem Jubel der Bevölkerung ausgerückten deutschen Truppen, deren Heeresleitung – ohne Rücksicht auf die Neutralität Belgiens – das Land der Solvay-Konferenz als Auf- und Durchmarschgebiet missbrauchte und durch diesen gewaltsamen Rechtsbruch bald mit den Truppen in Nordfrankreich eindringen und sogar Paris bedrohen konnte. Planck musste sich sehr früh Sorgen um seinen Sohn Erwin machen, der Anfang September bei einer Schlacht östlich von Paris am Bein verwundet wurde und in französische Kriegsgefangenschaft geriet. Hinzu kam der akademische Stillstand, denn an der Universität gab es kaum noch Studenten, und man musste froh sein, wenn der Betrieb mit Vorlesungen, Übungen und Seminaren überhaupt aufrechterhalten werden konnte.

Immerhin konnte Planck im Oktober 1914 das Amt des Rektors abgeben und sich wieder mehr wissenschaftsphilosophischen Fragen zuwenden – was eine merkwürdige Situation ergab. Denn während der Krieg wütete und unendliche Menschenopfer forderte, dachte der Gelehrte in seiner Stube über thermodynamische Gleichgewichte, Siedepunktserhöhungen bei verdünnten Lösungen, Phasenübergänge und ein weiteres grundlegendes Prinzip seiner Wissenschaft nach, das mit den Namen der beiden Physiker Ferdinand Braun und Henry Le Chatelier verbunden ist.

In den 1880er-Jahren versuchten sie, das Konzept des Zwangs

in die Thermodynamik einzuführen, indem sie zum Beispiel postulierten, dass die Erhöhung des Drucks auf ein physikalisches System einen Zwang ausübt. Dabei entdeckten sie, dass die Natur diesen Zwang möglichst klein hält. Es ist verlockend, dieses Prinzip des kleinsten Zwanges auf alltägliche oder politische Situationen zu übertragen und daraus Schlüsse über das zu ziehen, was richtig und was falsch ist. Planck beschäftigte sich intensiv mit diesem Thema; seine letzte wissenschaftliche Veröffentlichung aus dem Jahre 1934 handelt denn auch vom Prinzip der kleinsten Zwanges.

Der »Aufruf der 93 Intellektuellen«

Den vollständigen Rückzug ins Private konnte es aber nach Kriegsbeginn für niemanden mehr geben, denn »schon haben sich die Schlachtfelder von dem Blute unserer Braven gerötet«, wie Planck bei der Verabschiedung vom Rektorenamt feststellte, um daran die Frage zu knüpfen, was denn »die Zurückgebliebenen« zum Nutzen der Allgemeinheit machen würden. Auch sie müssten ihren Beitrag für das Vaterland leisten. Nichts sei in dieser Situation unerträglicher als Müßiggang.

Bekenntnisse für die deutsche Sache und gegen die ausländischen Feinde wurden auch an scheinbar belanglosen Stellen nötig – etwa bei der Verleihung eines Preises, den die Preußische Akademie der Wissenschaften im Frühjahr 1915 vergeben wollte. Da hatten es doch tatsächlich Italiener gewagt, sich um diese Auszeichnung zu bewerben, obwohl ihr Land in Kriegsvorbereitungen steckte, die darauf abzielten, gegen Deutschland an die Seite dder alliierten Mächten zu treten. Kaum war der italienische Beitrag eingereicht worden, gaben zwei Mitglieder der Akademie ihre Ansicht bekannt, dass Angehörige eines Feindstaates auf keinen Fall mit dem Preis ausgezeichnet werden dürften. Planck konnte darüber nur den Kopf schütteln, und er sah sich zu der Replik veranlasst, dass eine Arbeit, der man den Preis verleihen würde, obwohl sie nicht die beste der eingereichten Beiträge sei, noch viel weniger in Betracht käme.

In der Zwischenzeit wuchs die Empörung der deutschen Gegner über die Verletzung der belgischen Neutralität, und Berichte über das gewaltsame Vorrücken der deutschen Truppen enthielten nach und nach immer stärker überzogene und kaum noch glaubhafte Beschreibungen von Gräueltaten, und sie erwähnten zahlreiche Zerstörungen von unersetzlichen Kunstwerken.

Einige deutsche Professoren, Gelehrte und Künstler fanden es in dieser Situation geboten, öffentlich Stellung zu beziehen und sich solidarisch mit dem deutschen (militärischen) Vorgehen und seinen (politischen) Zielen zu erklären. Ein »Aufruf an die Kulturwelt« wurde verfasst und herumgereicht, der als »Aufruf der 93 Intellektuellen« in die Geschichte eingegangen ist, weil er von genau so vielen Menschen unterzeichnet worden war. Unter ihnen finden sich prominente und achtenswerte Personen – zum Beispiel der Theologe Adolf von Harnack, der Mediziner und Nobelpreisträger Paul Ehrlich, der Biochemiker Emil Fischer, der Chemiker und spätere Nobelpreisträger Fritz Haber, der Mathematiker Felix Klein, der Physiker und erste Nobelpreisträger von 1901, Wilhelm Conrad Röntgen, und leider auch Max Planck, obwohl er seine Mitwirkung bald bedauerte.

Formuliert hatte den Aufruf der Dramatiker Ludwig Fulda, der 1889 in Berlin mitgeholfen hatte, den Verein Freie Bühne zu gründen. Fulda zählte viele Jahre zu den Vorsitzenden der Sektion Dichtkunst in der Preußischen Akademie der Künste, wurde aber später ein Opfer der nationalsozialistischen Judenverfolgung und durch sie zum Selbstmord getrieben.

In dem Manifest von 1914 ließ sich Fulda leider dazu hinreißen, ein leichtsinniges Spiel mit den nationalen Gefühlen der Deutschen zu spielen. Er ließ jeden Abschnitt rhetorisch geschickt mit der Zeile »Es ist nicht wahr« beginnen, um danach Behauptungen über das rücksichtslose kriegerische Vorgehen deutscher Soldaten als falsch zu deklarieren, deren Brutalitäten man in Romanen wie *Im Westen nichts Neues* von Erich Maria Remarque nachlesen kann. Fulda nutzte die Wut einiger Zeitgenossen aus, die unter anderem in Verbindung mit dem in England lautstark verkündeten Vorhaben entstanden war, »das deutsche Volk vom preußischen Militarismus zu befreien«.

Solche aggressiven Töne erregten viele Professoren, die ein Unterzeichnen des am 4. Oktober 1914 gleich in mehr als zehn Sprachen veröffentlichen Manifests für ihre Pflicht hielten und dies vermutlich oft taten, ohne sich der Mühe einer genauen Lektüre zu unterziehen oder die Behauptungen anzuzweifeln. Sie wollten nicht wahrhaben, dass die jungen Leute, die sie ausgebildet und denen sie Verständnis für Kultur beigebracht hatten, plötzlich Menschen niedermetzelten, Bibliotheken abbrannten und Museen ausraubten. Deswegen fiel es ihnen leicht, immer wieder »Es ist nicht wahr« zu rufen und den dazugehörigen Text zu unterschreiben. Die Hochschullehrer beeilten sich darüber hinaus, dem »Aufruf der 93 Intellektuellen« hinzuzufügen, dass gerade sie ihren Studenten »Achtung und Bewunderung für die Schöpfungen menschlichen Geistes in Kunst, Wissenschaft und Technik« nahegebracht hätten, »wes Landes und Volkes sie immer sein mögen«.[6]

Der »Aufruf an die Kulturwelt« hinterließ einen verheerenden Eindruck sowohl bei den Alliierten als auch bei einigen guten Freunden Plancks. Der holländische Physiker Hendrick Anton Lorentz drückte sein Bedauern über die Entgleisung aus, indem er einräumte, dass er verstanden hätte, wenn das Manifest seine Anklagetrommel mit dem Satz »Wir können es nicht glauben« angeschlagen hätte. Kühn zu formulieren: »Es ist nicht wahr«, musste als blanker Hohn erscheinen, und die zivilen Opfer konnten es nur als schlimme Verspottung betrachten, wenn auf den rhetorischen Kernsatz als scheinbar sachliches Detail die gemeine Lüge folgte, dass das Leben und das Eigentum keines einzigen Bürger Belgiens angetastet worden seien. Das Gegenteil war der Fall, der deutsche Einmarsch hatte unsägliches Leid, Zerstörung und Tod gebracht –

und die Professoren hätten das wissen können und verurteilen müssen.

Lorentz übersandte Planck Berichte, aus denen unzweifelhaft hervorging, dass bei der deutschen Besatzung Belgiens ungeheure Gräuel verübt worden waren. Zwar sprach Planck nach dieser Zurechtweisung öffentlich immer noch vom »Hochgefühl, sich heute ein Deutscher nennen zu können«, aber im Stillen und privat hatte er längst eingesehen, mit seiner Unterschrift einen schlimmen und folgenreichen Fehler begangen zu haben. In den Wochen danach machte er sich daran, in zwei Schritten Konsequenzen aus dieser Einsicht zu ziehen. Zum einen weigerte er sich, ein Manifest seines Physikerkollegen und Freundes Wilhelm Wien zu unterzeichnen, in dem die deutschen Wissenschaftler aufgefordert wurden, alle Brücken zu britischen Institutionen und Zeitungen abzubrechen, um so etwas wie eine ewige Feindschaft zu etablieren. Zwar konnte auch Planck nicht umhin, eine gewisse Wut den Engländern gegenüber zu empfinden, aber er hielt es als Wissenschaftler für wichtiger, an die Zeit nach den kriegerischen Auseinandersetzungen zu denken und auf internationale Verständigung bedacht zu sein.

In einem zweiten Schritt bat Planck Lorentz bereits im März 1915 herzlich um Entschuldigung für die Befürwortung des allmählich als unsäglich empfundenen Aufrufs. Er habe das Manifest, wie er Lorentz in einem Brief vom 15. März des Jahres mitteilte, aus der inneren Überzeugung heraus unterschrieben, dass Deutschland nicht von sich aus gezielt in den Krieg getreten, sondern von den Umständen her dazu gezwungen worden sei und man in der dadurch bedingten Notsituation des Staates von innen her nur mit Geschlossenheit nach außen reagieren könne und müsse. Nachdem sich jetzt aber die Intellektuellen mit diesem Manifest solidarisch mit der Kriegssache erklärt hätten, fiele ihnen eine neue und dringendere Aufgabe zu, nämlich »an rechter Stelle ihr Bestes einzusetzen, um der fortschreitenden Vergiftung der Kämpfer und der Vertiefung des Völkerhasses entgegenzuwirken«.

Planck versuchte, in die angedeutete Gegenrichtung aktiv zu werden, indem er sich einem Kulturbund deutscher Gelehrter und Künstler anschloss, der sich darum bemühte, »der Wahrheit Anerkennung zu verschaffen«, wie es politisch korrekt und unverbindlich zugleich hieß. Planck nahm aber in der schwierigen Situation solche Bekenntnisse ernst und räumte eine Mitschuld des deutschen Reiches am Ausbruch des Krieges ein. Bis Anfang 1916 entwarf er eine für die Öffentlichkeit bestimmte Stellungnahme zum Krieg im Allgemeinen und ging dabei, »was bei Planck üblich war, von hoher Warte aus: Da die Wissenschaft alle irdischen Dinge und Ereignisse überdauere, argumentierte er, ließe sich der Krieg schließlich doch noch einer objektiven wissenschaftlichen Untersuchung unterziehen, und es werde sich als genauso unwahrscheinlich erweisen, dass die Kriegsschuld allein auf der einen und so gut wie gar nicht auf der anderen Seite lastet, wie die Vorstellung von der Wissenschaft, dass sie die letztendliche Wahrheit erreicht.«[7]

Der Wortlaut dieser Stellungnahme wurde vielfach korrigiert und zuletzt von dem holländischen Physiker dem in Rotterdam erscheinenden *Handelblad* zur Verfügung gestellt und dort am 12. April 1916 in folgender Form abgedruckt:

> Der bekannte Aufruf, »An die Kulturwelt«, welcher, versehen mit den Unterschriften von 93 deutschen Gelehrten und Künstlern im Oktober 1914 veröffentlicht wurde, hat durch seine Formulierung, wie ich wiederholt mit Bedauern erfahren habe, zu unzutreffenden Vorstellungen von der Gesinnung seiner Unterzeichner Anlass gegeben. Nach meiner persönlichen Auffassung, die, wie ich weiß, auch von manchen meiner Kollegen, wie den Herren Adolf von Harnack, Walther Nernst, Wilhelm Waldeyer, Ulrich von Wilamowitz-Moellendorf, im wesentlichen geteilt wird, sollte und konnte jener Aufruf, in dessen Fassung sich die patriotische Erregung der ersten Kriegswochen spiegelt, nichts anderes bedeuten, als einen Akt der Abwehr:

vor allem der Verteidigung des deutschen Heeres gegen die wider dasselbe erhobenen bitteren Anklagen, und ein erdrückliches Bekenntnis, dass die deutschen Gelehrten und Künstler ihre Sache nicht trennen wollen von der Sache des deutschen Heeres. Denn das deutsche Heer ist nichts anderes als das deutsche Volk in Waffen, und wie alle Berufsstände, so sind auch die Gelehrten und Künstler unzertrennlich mit ihnen verbunden.

Dass wir freilich nicht für jede einzelne Handlung eines jeden Deutschen, sei es im Kriege, sei es im Frieden, einstehen können, will ich gerne noch besonders hervorheben, obwohl ich dies für ebenso selbstverständlich halte, wie, dass wir über die großen Fragen der geschichtlichen Gegenwart nicht schon jetzt im wissenschaftlichen Sinne ein abschließendes Urteil besitzen. An welchen Stellen die erste Verantwortung für das Scheitern der Friedensbemühungen und für das angerichtete Leid einmal haften bleiben wird, das kann nur eine spätere allseitige objektive Prüfung entscheiden, deren Ergebnis wir mit ruhigem Gewissen entgegensehen.

Für jetzt ist uns Deutschen, solange dieser Krieg noch währt, nur die eine Aufgabe gestellt, dem Vaterlande mit allen Kräften zu dienen. Was ich aber weiter mit besonderem Nachdruck gerade Ihnen gegenüber zu betonen wünsche, ist die feste, auch durch die Ereignisse des gegenwärtigen Krieges nie zu erschütternde Überzeugung, dass es Gebiete der geistigen und sittlichen Welt gibt, welche jenseits der Völkerkämpfe liegen, und dass eine ehrliche Mitwirkung bei der Pflege dieser internationalen Kulturgüter, wie auch nicht minder die persönliche Achtung von Angehörigen eines feindlichen Staates, wohl vereinbar ist mit glühender Liebe und tatkräftiger Arbeit für das eigene Vaterland.[8]

Planck war erleichtert, als dieser Text erschien. In zahlreichen Briefen aus diesen Tagen spricht er von der Entlastung seines Gewissens bzw. von der Befreiung von einem »Geistesskrupel«, der ihn seit dem Unterzeichnen – also anderthalb Jahre lang – plagte. Obwohl die ersten Reaktionen in den Entente-Ländern nicht so günstig ausfielen, wie er es erhofft hatte, beschränkte Planck in den folgenden Wochen seine Betonung der Notwendigkeit einer internationalen Orientierung nicht allein auf Reden. Vielmehr intervenierte er »beim deutschen Gouverneur in Belgien für Ernst Solvay und andere Leidtragende der Okkupation, auf deren Not Lorentz aufmerksam gemacht hatte. Auch in Berlin bemühte er sich um Mäßigung und versuchte angestrengter denn je, die erhitzen Gemüter der Akademiker zu beschwichtigen.«[9]

Der Krieg der Wissenschaft

Die erhitzten Gemüter der Akademiker hatten nicht zuletzt mit einer neuen Qualität des Krieges zu tun, die im Sommer 1915 erreicht worden war und unter den Stichworten Gaswaffen bzw. chemische Kampfstoffe zu einer traurigen Berühmtheit gelangte. Im Juni und Juli wurden an der Front bei Ypern zum ersten Mal Giftgase eingesetzt, was eine konkrete Beteiligung von Wissenschaftlern am Krieg bedeutete. Es war die Zeit, in der die Wissenschaft ihre Unschuld verlor, wie es der Titel eines Buches des Wissenschaftshistorikers Armin Hermann ausdrückt.[10]

Angefangen hatte die chemische Kriegsführung verhältnismäßig harmlos, als die Engländer im so genannten Burenkrieg im Süden Afrikas um die Wende zum 20. Jahrhundert dazu übergingen, großräumig Flächen auszuschwefeln, um sie unbewohnbar zu machen. Zwar beeilten sich die europäischen Nationen, in der Haager Landkriegsordnung vom Oktober 1907 den Einsatz von Giftgasen in Europa zu verbieten, aber das hinderte zum Beispiel Frankreich nicht daran, Chemiewaffen so weit zu entwickeln, dass sie reif für den Einsatz waren. 1912 verfügte man in der französischen Armee über viele tausend Granaten mit Augenreizstoffen (Bromessigester), die nach dem Ausbruch des Krieges zum Einsatz kamen.

Die Deutschen schlugen am 22. April 1915 zurück. An diesem Tag kam es zum ersten Masseneinsatz von Giftgasen, was vor allem sowohl dem wissenschaftlichen als auch dem so genannten patriotischen Engagement Fritz Habers zu verdanken war. Haber hatte nicht nur ein tödlich wirkendes Gift (Chlorgas) entwickelt, sondern auch – in Zusammenarbeit mit der chemischen Industrie – Wege zu seiner massenhaften Produktion und geeignete Transportmittel für den Einsatz an der Front gefunden, den er zuletzt sogar – in einer selbst entworfenen Uniform – persönlich überwachte.[11]

Der Nobelpreis nach dem Krieg

Der Lebensweg Habers, des ersten Direktors des Kaiser-Wilhelm-Instituts für Physikalische Chemie in Berlin, kreuzte sich mindestens zweimal entscheidend mit dem Plancks: 1918 und 1933/34. Für das Jahr 1918 wurde nämlich nicht nur Planck, sondern auch Haber ein Nobelpreis zugesprochen. Planck erhielt die Auszeichnung für die Physik und Haber für die Chemie, und über beide Entscheidungen der Stockholmer Akademie darf man sich getrost wundern.

Man staunt natürlich mehr über Haber, was jedoch keineswegs mit seiner wissenschaftlichen Leistungsfähigkeit zu tun hat. Haber gelang es in den frühen Jahren des 20. Jahrhunderts, ein Verfahren zur Herstellung von Ammoniak (NH_3) aus dem Stickstoff (N_2) der Atmosphäre zu entwickeln und auf diese Weise »Brot aus der Luft« zu holen, wie Zeitgenossen es ausdrückten, weil mit dem Ammoniak bessere Düngemittel produzierbar wurden. Was vielmehr erstaunt ist die Tatsache, dass jemandem, der mit seiner Forschung das fortgesetzte Töten von Menschen auf dem Schlachtfeld erleichtert und ihr zum Teil qualvolles Ersticken systematisch ermöglicht hatte, noch im letzten Kriegsjahr die höchste Auszeichnung der Wissenschaft zugesprochen wurde. Verliehen wurde sie allerdings erst im Jahre 1920, und zwar Anfang Juni, um nach den düsteren Zeiten des Krieges den hellen schwedischen Sommer zur Feier der Wissenschaft ausnutzen zu können. (Gewöhnlich findet die Nobelpreisverleihung am 10. Dezember statt, am Todestag des Stifters.) Genauso erstaunlich ist das Motto, das Haber für seine Arbeit als Wissenschaftler wählte: »Im Frieden für die Menschheit, im Krieg für das Vaterland.«

Für die Zeitgenossen von Planck und Haber drückten aber solche Kernsätze wichtige Überzeugungen aus, da die Bereitschaft zur Landesverteidigung zu den ethischen Grundsätzen gehörte, die vor und im Ersten Weltkrieg niemand ernsthaft infrage stellte. Und da die Wissenschaft ihre Verpflichtung zur Beförderung einer internationalen Solidarität erkannt hatte, nutzte man die Gelegenheit des Nobelpreises, die beiden – nach der Niederlage des Kaiserreichs eher diffamierten – deutschen Gelehrten in die Familie der Forscher zurückzuholen.

Insgesamt fünfmal war Deutschland vertreten, als im Juni 1920 die ersten Nobelpreise nach dem Krieg überreicht wurden – was den deutschen Botschafter schwärmen ließ: »Der ganze Vorgang trug den Charakter einer Huldigung für die Deutsche Wissenschaft.« Außer Planck und Haber wurde noch den Physikern Max von Laue und Johannes Stark und dem Chemiker Richard Willstätter der Nobelpreis verliehen.

Unabhängig von diesen politischen Erwägungen steckt in der Vergabe des Physik-Nobelpreises für das Jahr 1918 an Planck, die übrigens erst im November 1919 bekanntgegeben wurde, ein anderes Rätsel, das sich unterschiedlich formulieren lässt, je nach Blickwinkel. Aus heutiger Sicht kann man sich darüber wundern, wieso Planck so lange auf die Nachricht aus Stockholm warten musste. Seine preisgekrönte Arbeit lag jetzt fast zwei Jahrzehnte zurück, und seine einst kühne Quantenhypothese war längst durch Einstein und Bohr als wesentlicher Bestandteil einer physikalischen Welterklärung erkannt und vorgestellt worden.

Aus der Sicht des 19. Jahrhunderts, in dem der Stifter Alfred Nobel gelebt hatte und an dessen Ende er gestorben war, stellt sich die Frage, ob Planck den schwedischen Ritterschlag der Wissenschaft überhaupt verdient hatte. Der Stifter Nobel hielt nicht viel von theoretischer Forschung, weshalb es auch (bis heute) keinen Preis seiner Stiftung für Mathematik gibt. Nobel wollte Menschen auszeichnen, die in den Fächern Physik und Chemie oder auf dem Gebiet der Medizin etwas Praktisches zum Nutzen der Menschheit getan hatten, und die Auffindung des Wirkungsquantums zählt eher weniger dazu – jedenfalls auf den ersten Blick. Es bedurfte langer Debatten und großer Umstimmungen in den zuständigen Akademien, um die neue Wissenschaft der Theoretischen Physik, zu deren mutigen Begründern Planck gehört, nobelpreisfähig zu machen.

Das Schicksal der Familie

Heiter oder gar fröhlich darf man sich Planck nicht vorstellen, als er 1920 nach Stockholm fuhr, um die Urkunde für seinen Nobelpreis entgegenzunehmen. Zu sehr bedrückte ihn der Tod drei seiner vier Kinder aus der ersten Ehe mit Marie Merck. Nur der jüngere Sohn, Erwin, lebte noch, wobei Planck sich auch um ihn große Sorgen machen musste, da Erwin eine lange Zeit in französischer Kriegsgefangenschaft zu verbringen hatte.

Der ältere Sohn, Karl, war im Mai 1916 vor Verdun gefallen. Zwar tröstete sich Planck zum einen mit der Feststellung, dass viele Kollegen wie Nernst ebenfalls Söhne im wehrpflichtigen Alter verloren hatten, und er versuchte, dem Tod des Sohnes einen höheren Sinn abzugewinnen – »Jeder darf froh sein«, schrieb er an Lorentz, »etwas für das Ganze opfern zu können« –, aber in seinem Inneren quälte Planck, wie ungerecht er den Erstgeborenen behandelt hatte, dem er nicht allzu viel zutraute und für unfähig hielt. »Ohne den Krieg hätte ich niemals erkannt, was er wert war«, vermerkte er in einem Brief an Wien, »und jetzt, wo ich weiß, musste ich ihn verlieren.«

Doch bald darauf brachen weitere Schicksalsschläge über Planck hereinr, die seine Zwillingstöchter, Grete und Emma, betrafen. Grete hatte den Heidelberger Professor Ferdinand Fehling geheiratet, und die Familie erwartete Nachwuchs für den Mai 1917. Grete überlebte nicht die Geburt, denn »am 9. Tage nach ihrer glücklich erfolgten Entbindung wurde mein geliebtes Kind von einer plötzlich eintretenden Lungenembolie fortgerafft, gottlob ohne dass sie eine Ahnung erhielt von dem Ernst dieser Krankheit«, wie Planck Ende Mai verzweifelt an seinen Kollegen Wien schrieb. »So ist sie auf der Höhe ihres Lebens von uns gegangen. Wir aber werden lange zu kämpfen haben, bis wir diesen Schlag überwinden. Zeit und Arbeit müssen helfen.«

Viel Zeit blieb ihm aber nicht. Denn Ende 1919 starb auch Plancks zweite Tochter, Emma, und zwar unter denselben Umständen. Nach Gretes Tod hatte Emma die Sorge für das Kind der Schwester übernommen und im Januar 1919 auch den Witwer Fehling geheiratet. Ende des Jahres brachte sie selbst ein Kind zur Welt, verlor dabei aber das Leben.

»Plancks Unglück geht mir sehr zu Herzen«, schrieb Einstein damals, der den gramerfüllten Mann besuchte und dabei viele Tränen vergoss. »Er hält sich wunderbar tapfer und aufrecht, aber man sieht ihm den nagenden Kummer an.« Tatsächlich erlebte Planck jetzt Stunden, »in denen ich über den Wert des Lebens selbst zweifelhaft geworden bin«, wie er Lorentz gestand. Planck fühlte sich »beraubt und verarmt« und fand nur Trost bei dem Gedanken, »dass der Mensch kein Recht auf all die guten Dinge besitze«. Er zwang sich zu dem Schluss: »Des Menschen natürlicher, wenn auch nicht unausweichlicher Zustand sei das Unglück.«[12]

Planck setzte die Urne mit der Asche Emmas im Grunewalder Friedhof neben die ihrer Schwester Grete und sagte mehr zum Trost für sich selbst: »Die beiden Kinder, die im Leben nicht ohne einander sein konnten, haben sich nun für immer wieder.«

Es sei an dieser Stelle gestattet, den Blick von den verstorbenen Töchtern abzuwenden und auf die überlebenden Enkel zu richten, die heranwuchsen, heirateten und eigene Kinder bekamen, sodass der alte Planck am Ende seines langen Lebens stolz auf Urenkel im Rahmen einer großen Familie blicken konnte.

Frau Professor Meitner

Der Tod von Plancks Töchtern hinterließ zweifellos tiefe Spuren auch bei Lise Meitner. Zwischen ihr und den elf Jahre jüngeren Zwillingen Emma und Grete hatte sich nämlich eine herzliche Freundschaft entwickelt.

Lise Meitner konnte seit 1912 im neu erbauten Kaiser-Wilhelm-Institut für Chemie arbeiten – erst als unbezahlter Gast und dann als Plancks Assistentin mit bescheidenem Gehalt. 1913 wurde sie von der Kaiser-Wilhelm-Gesellschaft zum wissenschaftlichen Mitglied auf Lebenszeit ernannt, und damit konnte sie sich – im Alter von fünfunddreißig Jahren – zum ersten Mal eine eigene Wohnung leisten und sogar ein Klavier anschaffen.

Im Ersten Weltkrieg meldete sie sich als freiwillige Helferin an die österreichische Front, wo sie in den Lazaretten Röntgenaufnahmen machte. 1916 wurde sie von Otto Hahn, der im selben Berliner Institut wie sie forschte und dort die Abteilung für Radioaktivität leitete, gebeten, ihre wissenschaftliche Arbeit erneut aufzunehmen, da sonst das Militär das Kaiser-Wilhelm-Institut für Chemie übernehmen würde. Sie fragte Planck um Rat, ob es in Zeiten des Krieges wichtig sei, »die wissenschaftliche Arbeit aufrechtzuerhalten«, und als ihr Mentor diese Frage entschieden bejahte, kehrte sie zu ihren Experimenten zurück.

Mit ihrer Forschung hatte sie immer mehr Erfolg, wurde 1917 zur Leiterin der eigens für sie eingerichteten »Physikalisch-Radioaktiven-Abteilung« am Kaiser-Wilhelm-Institut für Chemie ernannt, und 1919 beantragten einflussreiche Professoren unter Beteiligung von Planck beim Preußischen Ministerium für Wissenschaft, Kunst und Volksbildung sogar, Lise Meitner den Titel

Die Physikerin Lise Meitner im Jahre 1927.

einer Professorin zu verleihen. Das Ministerium entsprach der Bitte bereits im Juli des Jahres – und setzte seinen ganzen Apparat in Gang, um im Jahre 1920 endlich ganz allgemein die Bedingungen dafür zu schaffen, dass Frauen zu Professorinnen ernannt werden konnten und wie ihre männlichen Kollegen Vorlesungen halten durften. Lise Meitner erhält ihre Lehrerlaubnis – die *venia legendi* – im Jahre 1922, und von nun an sollte sie niemand mehr als Assistentin von Otto Hahn vorstellen.

Eine endliche Welt ohne Grenzen

In der Kriegszeit und unmittelbar danach erzielte die Wissenschaft weitere Fortschritte und bemühte sich auch künftig um ein Verständnis der elementaren Bausteine der Natur, die seit der Antike Atome heißen. Der Name wurde beibehalten, obwohl seine ursprüngliche Bedeutung – das Unteilbare – eigentlich als unhaltbar erkannt worden war und längst hätte aufgegeben werden müssen. Atome – so wusste man inzwischen – bestehen aus verschiedenen Komponenten, die deutlich verschieden sind und getrennt werden können. Bohr hatte durch seine Deutung der experimentellen Ergebnisse aus dem Laboratorium von Rutherford ein Modell entwickelt, das auf den ersten Blick wie die Miniaturausgabe eines Planetensystems aussieht, wobei die Elektronen einen Kern umrunden.

In den Diskussionen der Kriegsjahre stand dieses Bohrsche Modell im Mittelpunkt der Erörterungen, und viele Physiker bemühten sich – vor allem im Umkreis des in München lehrenden Arnold Sommerfeld – die ursprünglich einfach kreisförmig oder ellipsenartig gehaltenen Elektronenbahnen durch noch raffiniertere mathematische Konstruktionen zu ersetzen. Sommerfeld trieb die alte Quantentheorie der Atome auf ihre höchstmögliche Spitze und korrespondierte während des Krieges ausführlich mit Bohr und Planck über seine immer komplizierter werdenden Verlaufskurven und -formen, die er den Elektronen in ihren Atomen zuwies. Der Münchener Theoretiker wollte auf diese Weise nicht nur das einfache Wasserstoffatom mit einem einzigen Elektron verstehen, mit dem Bohr begonnen hatte. Ihm ging es um Elemente wie Sauerstoff und Kohlenstoff, in denen mehr Elektronen unterwegs waren, deren verschlungene Wege komplizierte Geometrien erforderten.

Sommerfeld gelang es dabei, das von Planck »urbar gemachte« Gebiet fruchtbar werden zu lassen, damit hier viele »Blumensträußchen« wachsen konnten. Er drückte seine Bewunderung seinem Kollegen gegenüber zuletzt sogar in poetischer Form aus: Planck sei derjenige

> Der sorgsam urbar macht das neue Land,
> Dieweil ich hier und da ein Blumensträußchen fand.

Diese Bescheidenheit ging Planck dann doch zu weit, der dem Freund aus München antwortete:

> Was ich gepflückt, was Du gepflückt,
> Das wollen wir verbinden,
> Und das sich eins zum andern schickt,
> Den schönsten Kranz draus winden.

So verdient das Lob für Sommerfeld auch war, seine Beiträge verharrten in dem alten Denkschema der Physik, an dem sich auch Planck orientierte und in dem davon ausgegangen wird, dass es die Umlaufbahnen der Elektronen tatsächlich gibt. Und für diese real existierenden Bahnen galten die Gesetze der Klassischen Physik, die mit Größen ausgedrückt war, die man meinte, messen zu können. Was existiert, muss auch messbar sein.

Es sollte noch ein knappes Jahrzehnt dauern, bis erkennbar wurde, dass etwas ganz anderes an den Ausgangspunkt eines umfassend gelingenden Verstehens der Atome zu stellen ist, nämlich der Gedanke, dass es das Umlaufen der Elektronen nicht in der Form gibt, in der die Umläufe der Planeten am Himmel existieren: »*Die Bahn entsteht erst dadurch, dass wir sie beobachten.*« Dieser Satz, den der 25-jährige Werner Heisenberg im Februar 1927 in einem langen Brief an seinen fast gleichaltrigen Kollegen Wolfgang Pauli zu Papier brachte, drückt aus, welches Umdenken erforderlich war, um von der Quanten*theorie*, an der Sommerfeld arbeitete, zu der Quanten*mechanik* zu kommen, mit der sich Atome bis heute zufriedenstellend verstehen lassen.

Unter diesem Aspekt wird verständlich, warum in dem Jahr 1918 die Physik der Atome – trotz Sommerfelds Bemühungen – nicht leicht voran- und erst recht nicht an ihr Ziel kam. Ihr gelang jedenfalls kein entscheidender Durchbruch wie beispielsweise in der Kosmologie, die nicht bei der Suche nach dem Kleinsten, sondern bei der Betrachtung des Größten Erfolge erzielte. Diese Wissenschaft war auf gewisse Weise überhaupt erst durch Einstein in den Sattel gehoben worden. Plancks zweite Entdeckung stellte 1915 in Berlin der speziellen Theorie der Relativität, die Einstein zehn Jahre zuvor in seinem »Wunderjahr« formuliert hatte und von Planck begeistert begrüßt worden war, eine allgemeine Fassung an die Seite, die bis heute als Wunderwerk gilt.

Noch bevor es – ab 1919 – experimentelle Hinweise auf die Korrektheit von Einsteins neuen Vorstellungen des Universums gab und er von Berlin aus zum Weltstar der Physik aufstieg, beschrieb er seine Ergebnisse allgemeinverständlich unter dem Titel *Über die spezielle und die allgemeine Relativitätstheorie*. In dem 1917 erschienenen und heute in 23. Auflage vorliegenden Buch gibt es einen dritten Teil, der »Betrachtungen über die Welt als Ganzes« überschrieben ist und auf »die Möglichkeit einer endlichen und doch nicht begrenzten Welt« hinweist. Einstein hat nämlich herausgefunden, wie »man an der *Unendlichkeit* des Raumes zweifeln kann, ohne mit den Denkgesetzen in Kollision zu geraten«:

> Wir denken uns zunächst ein zweidimensionales Geschehen. Flache Geschöpfe mit flachen Werkzeugen, insbesondere flachen Messstäbchen seien in einer *Ebene* frei beweglich. Wenn diese Wesen nur das Geschehen in ihrer Ebene beobachten, werden sie finden, dass ihre ganze Welt eben ist, und damit können wir einen Schritt weitergehen:
> »Wir denken uns nun abermals ein zweidimensionales Geschehen, aber nicht auf einer Ebene, sondern auf einer Kugelfläche. Was passiert, wenn die flachen Geschöpfe mit ihren Maßstäben (...) genau in dieser Fläche«, die sie nicht verlassen können, den Versuch unternehmen, eine Gerade zu realisieren? Können sie das?
> Die Antwort lautet Nein, denn – so Einstein – bei dem Bemühen würden sie »eine Kurve erhalten, welche wir »Dreidimensionalen« als größten Kreis bezeichnen, also eine in sich geschlossene Linie von bestimmter endlicher Länge, die sich mit einem Stäbchen ausmessen lässt.

»Der große Reiz, den die Versenkung in diese Überlegung bereitet«, besteht für Einstein in der Erkenntnis, die er kursiv setzen lässt: »*Die Welt dieser Wesen ist endlich und hat doch keine Grenzen.*«

Nun gibt es zu der eben geschilderte zweidimensionalen Kugelwelt ein Analogon im Raum unserer Erfahrung. Der Mathematiker Bernhard Riemann hat im 19. Jahrhundert die Geometrie für den entsprechenden dreidimensionalen Kugelraum entworfen, in dem wir so stecken, wie die Zweidimensionalen auf ihrer Oberfläche. Damit kann Einstein die uralte Frage, ob wir in einer endlichen oder einer unendlichen Welt leben, auf höchst elegante und zugleich äußerst befriedigende Weise beantworten. Der Raum, in dem wir leben, ist endlich, ohne Grenzen zu haben.

Das sind zweifellos aufregende Einsichten der Physik, und Einstein gehört noch immer zu ihren großen Stars. Er war das Genie einer Zeit, in der Planck die große Autorität war, wie es Armin Hermann formuliert hat. Als diese Autorität im April 1918 sechzig Jahre alt wurde, galt es, diese Gelegenheit angemessen zu feiern, und Einstein selbst hielt – als Freund und als damaliger Vorsitzender der Deutschen Physikalischen Gesellschaft – eine wundervolle Rede auf den Jubilar:

> Ein vielgestalteter Bau ist er, der Tempel der Wissenschaft. Gar verschieden sind die darin wandelnden Menschen und die seelischen Kräfte, welche sie dem Tempel zugeführt haben. Gar mancher befasst sich mit Wissenschaft im freudigen Gefühl seiner überlegenen Geisteskraft; ihm ist die Wissenschaft der ihm gemäße Sport, der kraftvolles Erleben und Befriedigung des Ehrgeizes bringen soll; gar viele sind auch im Tempel zu finden, die nur um ein utilitaristisches Ziel willen hier ihr Opfer an Gehirnschmalz darbringen. Käme nun ein Engel Gottes und vertriebe alle die Menschen aus dem Tempel, welche zu diesen beiden Kategorien gehören, so würde er bedenklich geleert, aber es blieben doch noch Männer aus der Jetzt- und Vorzeit im Tempel drinnen. Zu diesen gehört unser Planck, und darum lieben wir ihn (...).
>
> Die Sehnsucht nach dem Schauen jener prästabilierten Harmonie, von der Leibniz gesprochen hat, ist die Quelle der unerschöpflichen Geduld, mit der wir Planck den allgemeinsten Problemen unserer Wissenschaft sich hingeben sehen, ohne sich durch dankbarere und leichter erreichbare Ziele ablenken zu lassen.

Wie wenig Planck bereit war, von den Zielen seiner Wissenschaft abzulenken, zeigte sich schon bald im Gefolge der Ereignisse, mit denen der Erste Weltkrieg nach langen und entbehrungsreichen Jahren des Kämpfens zu Ende ging. Als die Physiker Plancks sechzigsten Geburtstag feierten, gab zwar noch niemand an der Spitze des Kaiserreichs eine etwaige Niederlage zu, aber längst waren die Amerikaner in Frankreich eingetroffen, und die Alliierten gingen an vielen Frontabschnitten in die Offensive. Im September brach schließlich auch die so genannte Balkanlinie zusammen, die deutsche Truppen im Osten verteidigten. Die deutschen Soldaten befanden sich nun überall auf dem Rückzug, und am 29. September 1918 erlitt einer ihrer obersten Feldherren, General Erich Ludendorff, einen Nervenzusammenbruch. Er verlangte ein sofortiges Einstellen der Kampfhandlungen – allerdings unter der Bedingung, dass es vor Abgabe des deutschen Waffenstillstandgesuchs zu einer Neubildung der Reichsregierung unter maßgeblicher Beteiligung der Parteien käme, die im Reichstag über eine parlamentarische Mehrheit verfügten.

Das sollte sich aber derart verhängnisvoll für die kommende Entwicklung auswirken, dass Sebastian Haffner den 29. September 1918 als »eines der wichtigsten Daten der deutschen Geschichte« einschätzte, auch wenn er vielfach übergangen wird. Haffner begründete seine Ansicht mit dem Argument, dass dieser Tag »Kapitulation und Staatsumbau« in einem war, und das auch noch als das Werk eines Mannes, »dessen verfassungsmäßige Stellung ihm nicht die geringste Befugnis zu so ungeheuren Aktionen gab«.[13]

Dem Historiker Hagen Schulze zufolge musste Ludendorffs Ansinnen aus mehreren Gründen so fatal für das Kommende werden: »Zum einen, weil so die erste deutsche Demokratie nicht aus eigener Kraft der Parteien und des Parlaments geboren wurde, sondern als letzter Ausweg eines ratlosen Generalstabs. Und zum anderen, weil so die Weimarer Demokratie [wie sie bald genannt wurde] im schlechtestmöglichen Moment entstand, im Augenblick der Niederlage, mit der ihr Entstehen und ihre *raison d'être* für immer verbunden bleiben sollte. Und schließlich war die Entwicklung auch deshalb verhängnisvoll, weil jetzt zivile Politiker und nicht etwa die eigentlich Verantwortlichen für die Kriegslage, die Militärs der Obersten Heeresleitung, die Waffenstillstandsverhandlungen führen sollte.«[14]

Mit anderen Worten: Ludendorff hatte einen bequemen Sündenbock gesucht und gefunden, und es schien den General nicht zu interessieren, dass dabei aus dem alten Obrigkeitsstaat eine parlamentarische Demokratie wurde.

Ebenso wenig im allgemeinen Bewusstsein ist der 9. November desselben Jahres, der Tag, an dem Kaiser Wilhelm II. heimlich nach Holland ins Exil ging, ohne allzu großes öffentliches Interesse zu erregen. An diesem Tag geschah aber noch etwas, neben dem das wilhelminische Verschwinden stark verblasste: Der letzte Reichskanzler, Prinz Max von Baden, gab sein Amt formell und korrekt auf und übertrug die Macht Friedrich Ebert, dem Vorsitzenden der Sozialdemokratischen Partei Deutschlands. Die Republik konnte ausgerufen werden.

Planck steckte in Berlin mitten im revolutionären Geschehen, das nicht ganz ohne Schießereien und Tumulte abging, unter denen nicht zuletzt die Gebäude und Räume der (immer noch) Königlich Preußischen Akademie der Wissenschaften zu leiden hatten. Als Vorsitzender dieser Vereinigung, die bis auf ihren Gründer Gottfried Wilhelm Leibniz zurückgeht, rief Planck zu einer öffentlichen Sitzung für den 14. November 1918 auf, bei der er seine Einschätzung der Lage abgab. In einem Bericht heißt es:

> »Seit dem letzten Sonnabend, dem 9. November, ist alles anders geworden«, wie er schon bald in seiner sehr kurzen Ansprache feststellt, und wir nehmen ihn an dieser Stelle bei jedem Wort, indem wir uns der Ansicht anschließen, dass wirklich »alles anders« geworden ist und das lange 19. Jahrhundert nicht im

Jahre 1900, sondern erst jetzt, achtzehn Jahre später, sein Ende erreicht hat. Wenn wir unter dieser Vorgabe sagen, dass Max Planck in zwei Jahrhunderten gelebt hat, dann fängt der zweite Teil jetzt an. Konkret befindet sich unser Held auch in einer neuen Republik und in einer neuen Lage, die ihn aber schon bald die alte Höhe seiner Leistungsfähigkeit erreichen lässt. Es gibt nämlich nach wie vor ein Ziel, dem er dient und an dem er unbeirrt festhält. Es heißt, die Bedingungen dafür zu schaffen, dass gute Wissenschaft gemacht werden kann.

Um diese Bedingungen geht es ihm sofort im November 1918, als er nach dem Aufzählen der Schäden am Akademiegebäude direkt zu seiner Herzenssache kommt, der Bedeutung der Wissenschaft. Planck sorgt sich vor Erwägungen, »dass es in dieser stürmischen Zeit auf etwas mehr oder weniger Wissenschaft nicht viel ankommt«. Dabei ist das genaue Gegenteil der Fall, wie sich gerade auch unter politischen und nationalen Aspekten klar machen lässt. Denn von den drei Säulen, die Deutschland vor 1914 stark gemacht haben – der Industrie, dem Heer und der Wissenschaft – steht nur noch die eine, die Planck und seine Akademie vertreten und als kostbares Gut verteidigen:

»Wenn die Feinde unserem Vaterland Wehr und Macht genommen haben, wenn im Inneren schwere Krisen hereingebrochen sind und vielleicht noch schwerere bevorstehen, eins hat uns noch kein äußerer und innerer Feind genommen: das ist die Stellung, welche die deutsche Wissenschaft in der Welt einnimmt. Diese Stellung aber zu halten und gegebenenfalls mit allen Mitteln zu verteidigen, dazu ist unsere Akademie, als die vornehmste wissenschaftliche Behörde des Staates, mit in erster Linie berufen.«[15]

Planck appellierte am Schluss seiner Ansprache 1918 an das Pflichtgefühl der Mitglieder: »Durchhalten und weiterarbeiten.« An diesem Gedanken in dieser Formulierung hielt er auch ein Jahr später fest, nachdem Deutschland durch »die Schmach des uns von den Feinden aufgezwungenen Friedensschlusses« daniederlag, »blutend aus tausend Wunden« und »durchzuckt von inneren Fieberschauern.«[16]

Die »Schmach« bezog Planck auf die Friedensbedingungen, die seinem Vaterland von den alliierten Siegern vorgeschrieben und deutschen Bevollmächtigten im Juni 1919 in Versailles zur Unterschrift vorgelegt wurden. »Die Unterzeichnungszeremonie fand im Spiegelsaal des Schlosses von Ludwig XIV. statt, an demselben Ort, an dem nicht einmal ein halbes Jahrhundert zuvor das Deutsche Reich ausgerufen und Wilhelm I. zum Deutschen Kaiser proklamiert worden war – damals wie jetzt ein Symbol für den Triumph der eigenen Sache und für die Demütigung des besiegten Gegners, der nicht nur zahlen, sondern auch kriechen sollte.«[17]

In Deutschland herrschte im Anschluss daran das Gefühl vor, einem ungerechten Gewaltakt wehrlos ausgesetzt worden zu sein, und in der unmittelbaren Folge machten sich Hoffnungslosigkeit und Verzweiflung breit. Davon aber wollte jemand wie Planck nichts wissen. Für ihn stand fest, dass »gerade jetzt, in dieser für die Geschichte unseres Volkes vielleicht auf immer entscheidenden Zeit, nichts verwerflicher und schmachvoller [wäre] als die Neigung, die Hände in den Schoß zu legen und im dumpfen Hinbrüten die Erfüllung des Schicksals zu erwarten«. Entscheidend dabei war, »dass die Arbeit möglichst gleichmäßig auf alle verteilt wird«, denn »der wahrhaft soziale Geist äußert sich (…) dadurch, dass man jeden Einzelnen nach seiner Eigenart für die Allgemeinheit arbeiten lässt« – den Wissenschaftler also in der Wissenschaft, selbst wenn sie manchmal »als eine Art Luxus« angesehen werden kann.

In dieser schwierigen äußeren Lage betonte Planck zwar erneut, dass die Wissenschaft »mit zu dem letzten Rest von Aktivposten [gehört], den einzigen, denen auch die Begehrlichkeit unserer Feinde bisher nichts Wesentliches anhaben konnte«, er wusste aber auch, dass es einer besonderen Anstrengung bedarf, dies zu vermitteln, da »gerade die Wissenschaft niemals auf unmittelbares Interesse in der breiten Öffentlichkeit rechnen« könne. »Ja man darf sagen«, so erläuterte Planck diese Ansicht 1919, »dass die reine Wissenschaft ihrem Wesen nach unpopulär ist. Denn das geistige Schaffen, bei dem der arbeitende Forscher in heißem Ringen mit dem spröden Stoff zu gewissen Zeiten einen einzelnen winzigen Punkt für seine ganze Welt nimmt, ist, wie jeder Zeugungsakt, eigenstes persönliches Erlebnis, und erfordert eine Konzentration und eine Spezialisierung, die einem Außenstehenden ganz unverständlich bleiben muss.«

»Die reine Wissenschaft ihrem Wesen nach unpopulär« – ein klares und mutiges Bekenntnis in schwieriger Zeit. Könnte es sein, dass Planck sich da verrannt hat? Oder gibt es sie wirklich, die unüberwindbare Barriere für eine Vermittlung der Wissenschaft? Bleibt sie notwendig in ihrem Elfenbeinturm eingeschlossen? Hat er nicht selbst ihn verlassen und in seinen öffentlichen Vorträgen das genaue Gegenteil von dem bewiesen, was er da sagte?

Man soll diese Frage nicht zu beantworten versuchen, ohne einen Blick auf einen kleinen Aufsatz zu werfen, den Planck 1942 – also über zwei Jahrzehnte später – in der Zeitschrift *Das Reich* publiziert hat. In der Ausgabe Nummer 32, datiert 9. August 1942, stellte Planck sich und seinen Lesern – in unmittelbarer Nachbarschaft einer unerträglichen »Hymne auf das Brot« von Benito Mussolini – die alte Frage neu: »Warum kann Wissenschaft nicht populär sein?« Die Konstanz dieser Formulierung lässt erkennen, dass Planck die Behauptung von 1919 sehr ernst meinte, und er hielt in seinem Aufsatz unmissverständlich und für ihn offenbar endgültig etwas fest: »Wissenschaft kann niemals im eigentlichen Sinn des Wortes populär werden.«

Planck wusste natürlich, dass »sich ohne Weiteres Wissenschaften namhaft machen [lassen], denen ohne Zweifel eine ausgesprochene Volkstümlichkeit zukommt«, wobei er konkret an die Botanik, die Astronomie und die Meteorologie dachte. Aber er beharrte darauf, dass der Laie den Methoden, mit denen die Wissenschaft ihr Material heranschafft, »in der Regel verständnis- und hilflos gegenübersteht«. Planck möchte zwar seine Ansicht nicht so verstanden wissen, dass Gelehrte sich geringschätzig von der öffentlichen Meinung abwenden und sich dem Publikum entziehen sollen, aber er hält daran fest, dass zwischen dem praktischen Leben und der Wissenschaft – ebenso wie zwischen den dazugehörigen Weltbildern – »immer ein gewisser Abstand bestehen« bleiben wird. Und er mahnt seine Leser dringlich: »Je sorgfältiger diese Wahrheit [dass die Wissenschaft niemals populär werden kann] beachtet wird, umso sicherer bleiben wir bewahrt vor der Gefahr eines wissenschaftlichen Pfuschertums.«

Planck dachte und agierte durchweg aristokratisch in der ursprünglichen Bedeutung des Wortes, das eine Vorrangstellung von Eliten vorsah und ihnen eine besondere Rolle im Sinne einer Verantwortlichkeit zuwies. Aristokratie meint die Vorherrschaft der Besten, wobei Planck damit keinesfalls an Privilegien für diese Gruppe dachte, sondern vor allem ihre erhöhte Bereitschaft zur umfassenden Pflichterfüllung aus Einsicht meinte. Diese (aristokratische) Grundhaltung war ihm selbstverständlich und wurde von ihm bis zur Erschöpfung praktiziert.

Das bedeutet zugleich, dass Planck wenig erbaut von den Errungenschaften der Demokratie war. Das demokratische Grundrecht allgemeiner Wahlen war ihm ein Grauen, das er nur mit größtem Widerwillen ertrug. Er war entsetzt über die »Herrschaft der Masse«, was ihm die Weimarer Republik widerwärtig erscheinen lassen musste. Ihn irritierte, dass man innen- und außenpolitische Fragen durch Wahlen entscheiden ließ, bei denen Menschen abstimmen konnten, die nicht einmal über die geringsten Kenntnisse einer Sachlage verfügten und oft auch nicht einmal Interesse zeigten, etwas zu lernen und zu begreifen.

Erst recht aristokratisch dachte er in Hinblick auf die Wissenschaft, deren Betrieb nicht einmal im Ansatz ein Mehrheitsprinzip vertragen würde. Ob eine Theorie bzw. eine Hypothese zutrifft, könne nicht durch billige Popularität, sondern nur durch die mühevolle Arbeit der Besten aus den Reihen der Wissenschaft entschieden werden. Möglicherweise befürchtete Planck, dass wenn die Wissenschaft für das Volk aufbereitet würde, mit ihr dasselbe passierte wie mit dem Quark, über den Goethe bekanntlich gedichtet hat: »Getretner Quark wird breit, nicht stark.«

Planck nahm an, dass eine zu breite Popularisierung der Wissenschaft zu viele Leute ermunterte, bei Entscheidungen mitzumischen. Wissenschaft musste deshalb von den Massen ferngehalten werden und mehr oder weniger privat bleiben, wie es Newton in seiner Zeit um 1700 ausgedrückt hatte, ohne dass daraus der Schluss zu ziehen war, dass der einzelne Forscher keine Rechenschaft über sein Denken und Wirken abzulegen brauchte. Planck fürchtete sich vor dem Eindringen eines »unfruchtbaren Dilettantismus«, wie er es in seiner Ansprache vor der Akademie im Jahre 1922 ausdrückte, der den wirklichen Fortschritt, der in der Wissenschaft stecke und mit ihr möglich sei, »mehr und mehr zu erschweren droht«.[18]

Gerade die schweren Jahre nach dem Ersten Weltkrieg mit ihren »traurigen politischen und wirtschaftlichen Verhältnissen« machten »weite Volkskreise« nur zu leicht empfänglich für falsche Propheten, die »eine lichtere, reinere und höhere Welt« ohne die alte Wissenschaft versprachen, von der sie behaupteten, sie habe gegenüber den Problemen der Menschen versagt. Planck sprach dabei konkret die »theosophische oder auch anthroposophische Wissenschaft« an, die von Rudolf Steiner (1861–1925) begründet worden war. An dieser als »Weisheit des Menschen« deklarierten Anschauung störte Planck vor allem, dass »sie mit ihren verschwommenen Begriffsbildungen nicht einmal imstande ist, das Hauptproblem auf diesem Gebiet: das Verhältnis der kausalen Bedingtheit zur sittlichen Freiheit, klar zu formulieren«.

In der großen Anhängerschaft Steiners sah Planck vor allem ein »eindringliches Zeichen« für »die erstaunliche Unreife des wissenschaftlichen Urteilsvermögens, dass den Propheten solcher Lehren von Seiten ihrer gläubigen Gemeinde umso begeisterter gelauscht wird, je zuversichtlicher und schwungvoller sie zu schildern verstehen, wie unmittelbar und mühelos sich die goldenen Früchte der Erkenntnis und der Glückseligkeit vom reichen Baum des Lebens pflücken lassen, im Gegensatz zu der so genannten Schul- oder Zunftwissenschaft, welche nur in harter, langwieriger Einzelarbeit ein winziges Körnchen nach dem anderen in ihre Scheuer bergen kann«. Planck hat hier offensichtlich das Wort aus der Heiligen Schrift verinnerlicht, demzufolge die Menschen ihr Brot im Schweiße ihres Angesichtes verdienen müssen.

Planck hat leider bis heute recht: »Wissenschaft kann niemals im eigentlichen Sinn des Wortes populär werden.« Die Gegenwart legt dafür Zeugnis ab. Tapferes Leugnen dieser Einsicht, wie sie vielerorts lächelnd praktiziert wird, verschlimmert die Lage nur. Die Aufgabe eines »public understanding of science« bleibt unerledigt.

Die Notgemeinschaft

Planck hoffte sehr, dass die »buntschillernden Schaumblasen« der billigen Weisheitsverkünder bald zum Zerplatzen kommen würden, und er empfahl seinen Zeitgenossen, sich gerade »angesichts des Elends der gegenwärtigen Zeit, angesichts der bitteren Notlage« die Frage vorzulegen, ob der Gründer ihrer Akademie, Leibniz, in dieser Lage an seiner berühmten Überzeugung festgehalten hätte, »dass unsere Welt unter allen möglichen Welten die beste ist«. Für Planck bestand daran kein Zweifel, da ein solcher Gedanke Halt und Trost auch in den traurigsten Momenten zu geben vermag und man nie aufhören darf zu hoffen und weiterzuarbeiten, und zwar wissenschaftlich. Unter der Vorgabe, dass die Wissenschaft voranschreiten sollte, war klar, was die Akademie zu tun hatte, nämlich »ihre letzten Geldreserven heranzuziehen« und neue Geldquellen zu erschließen. Wenn dies nicht gelingen sollte, drohte der letzte Pfeiler, auf den sich Deutschlands Ruf und Stärke gründete, zu stürzen.

Planck war nicht der Einzige, der sich Gedanken über Geldmittel für die Wissenschaft machte, aber seine persönlichen Eigenschaften, mit denen er »das Höchste und Beste in der deutschen Kultur« verkörperte, zusammen mit seinen unermüdlichen Anstrengungen, »das geistige Leben Deutschlands wiederherzustellen, brachten ihn zunehmend in den Blickpunkt der Öffentlichkeit« und machten ihn nach und nach zum »richtungsweisenden Wortführer der deutschen Wissenschaft«,[19] der gemeinsam mit anderen – beispielsweise dem Chemiker und Nobelpreisträger Fritz Haber und dem einstigen preußischen Kultusminister Friedrich Schmidt-Ott – in den Jahren der Weimarer Republik etwas Erstaunenswertes bewerkstelligte, nämlich die beiden großen »Strukturumbrüche, die das deutsche Wissenschaftssystem bis heute maßgeblich prägen: die Verlagerung der Forschungsförderung von den Ländern auf das Reich sowie die Verschiebung der Verteilung staatlicher Mittel von den kulturministeriellen Bürokratien auf die Selbstverwaltungsorganisationen der Wissenschaft«. »Beide Prozesse sind mit der Gründung und Entwicklung der Kaiser-Wilhelm- bzw. heute Max-Planck-Gesellschaft sowie mit der Notgemeinschaft der Deutschen Wissenschaft (NG) verbunden, die schon Ende der 1920er-Jahre den Namenszusatz Deutsche Forschungsgemeinschaft (DFG) erhielt, der ihr schließlich blieb.«[20]

Hier taucht ein neuer Mitspieler auf, Friedrich Schmidt-Ott (1860–1956), der seit 1907 im Kultusministerium für die Angelegenheiten der Wissenschaft zuständig war und den Forschern dabei stets mit Geschick half, ihre Pläne politisch um- und durchzusetzen. Am 13. März 1920 hatte er zusammen mit Haber die

Gründung einer Notgemeinschaft der deutschen Wissenschaft angeregt, deren Ziel es sein sollte, »die gesamte Wissenschaft, auch die technische Wissenschaft, zu einem Bunde zu vereinigen«.[21] Schmidt-Ott schildert in seinen Erinnerungen, dass er an diesem Tag, einem Samstag, mit Haber zu einer Konferenz über die Notlage der Forschungsinstitute in Berlin angereist, deren Beginn sich aber verzögerte, weil am selben Tag ein Staatsstreich versucht worden war.

Es handelte sich um den so genannten Kapp-Putsch, der sich gegen Verfügungen richtete, die Armee aufzulösen. Die Zahl ihrer Mitglieder musste nach dem Inkrafttreten des Versailler Vertrags im Januar 1920 sehr stark reduziert werden, und gegen die drohende Umsetzung liefen große Teile des Offizierskorps der Reichswehr und die Angehörigen der paramilitärischen und rechtsorientierten Verbände Sturm. Ein wesentlicher Machtfaktor des Putsches war ein Freikorps, das nach seinem Führer »Brigade Erhardt« genannt wurde und in dem sich bereits unverkennbar der menschenverachtende Geist der künftigen Waffen-SS zeigte. Mit beteiligt an dem hektischen Geschehen war der Generallandschaftsdirektor Wolfgang Kapp, der sich zwar kurzfristig zum Reichskanzler proklamieren ließ und so dem Putsch seinen Namen gab, sonst aber nur am Rande mit dem Geschehen zu tun hatte. Der ganze Vorgang blieb ohne größere politische Folgen, da bereits am folgenden Sonntag, dem 14. März, in Berlin der Generalstreik ausgerufen und der Kapp-Putsch vergessen wurde.

Trotz des unmittelbaren Scheiterns auf der Regierungsebene hatte aber der Kapp-Putsch indirekte Folgen auf der Wissenschaftsebene nach sich gezogen, denn dadurch verzögerte sich der Beginn einer Sitzung, auf der beraten werden sollte, wie in den unruhigen Zeiten, die man gerade erlebte, die Wissenschaft und ihre Förderung zu sichern seien. Es galt, neue Wege zu finden, und dies hatten vor allem die Chemiker unternommen, die schon kurz nach Ende der Kriegshandlungen – unterstützt durch den Kultusminister Schmidt-Ott – eine Deutsche Gesellschaft zur Förderung des chemischen Unterrichts gegründet hatten und dafür viele Millionen Mark sammeln konnten. Der Biochemiker Emil Fischer vermachte einen Großteil seines Vermögens der Berliner Akademie zur Finanzierung junger Forscher, und er tat dies im Sinne von Planck, indem er sich dessen Credo anschloss und seine Kollegen aufforderte, alles zu tun, »dem armen, schwer geschlagenen und niedergetretenen Deutschland treu zu bleiben und durch Wissenschaft zu helfen«.

Die Preußische Akademie selbst wurde in der frühen Nachkriegszeit vielfach aktiv, um zum Beispiel die Versorgung der Institute mit Fachliteratur sicherzustellen. Auf dem Sektor kündigte sich schon früh die Inflation an, die dann 1923 alles außerordentlich teuer machte. »Die Buchdruckerpreise waren seit Kriegsbeginn zuerst langsam, seit der Niederlage aber sprunghaft ins Unermessliche gestiegen. Sie lagen am 1. 12. 1918 140 %, sieben Monate später bereits 230 % über dem Vorkriegsniveau. Das Börsenblatt des deutschen Buchhandels verzeichnete mit 900 % am 1. 6. 1920 den ersten Höhepunkt einer früher kaum vorstellbaren Kostenexplosion.«[22]

In dieser schwierigen Situation trafen Schmidt-Ott und Haber in Berlin zusammen, und da sie dank des Putsches auf den Beginn der anberaumten Sitzung warten mussten, fanden sie Zeit, sich in aller Ruhe über »Die Not der deutschen Wissenschaft« zu verständigen und auszusprechen. Unter dieser Überschrift hatte Haber die Lage am 7. März 1920 im *Berliner Tagblatt* analysiert, und so konnten die beiden Wissenschaftler schnell zur Sache kommen. Es galt, sowohl alle Wissenschaft – nicht nur die preußische in Berlin – zusammenzubringen und ein Mandat aller Beteiligten zu bekommen, als auch Material zur Notlage der Wissenschaft zu sammeln und aufzuarbeiten, um Selbsthilfe organisieren zu können, die Industrie um Überstützung zu bitten und das Ausland aufmerksam zu machen – die Wissenschaft war schließlich ihrem Wesen nach international, wie Planck in seinen Akademieansprachen immer wieder betont hatte.

Während im Land Bürgerkrieg herrschte und niemand mehr die Lage überblickte, organisierte sich die Wissenschaft fest und klar. Haber und Schmidt-Ott zogen schon bald Planck und andere – wie Adolf von Harnack – mit ins Vertrauen. Noch im selben Monat März befasste sich die Preußische Akademie unter Plancks Vorsitz mit dem Plan eines Zusammenschlusses der Wissenschaft, die auf Habers Vorschlag hin Notgemeinschaft genannt wurde, und im April 1920 richtete Planck als Vorsitzender Sekretär an Schmidt-Ott die Bitte, die Leitung der neuen Gemeinschaft zu übernehmen. Er formuliert dabei in aller Einfachheit, jedoch mit einer gewissen Zögerlichkeit, die künftigen Aufgaben:

> Die Sorge um die gegenwärtige bedrängte Lage der deutschen Wissenschaft, deren Ernst sich allseitig in steigendem Maße geltend macht, hat die Preußische Akademie der Wissenschaften veranlasst, den Plan der Gründung einer Notgemeinschaft, im Verein mit den übrigen deutschen Akademien ins Auge zu fassen, deren Aufgabe es ganz allgemein sein soll, vorliegende Notstände zu prüfen und gegebenenfalls mit Rat und Tat zu helfen.

Plancks Zögerlichkeit war vermutlich auf seine Skepsis gegenüber demokratischen Gemein- oder Staatswesen zurückzuführen, denn genau dies wollte die Notgemeinschaft ja sein. Sie baute auf der demokratischen Grundannahme der Selbstverwaltung auf und grenzte sich gegen eine Fremdsteuerung ab. Haber hielt von Anfang an die Selbstverwaltung für die einzige Möglichkeit, die deutsche Wissenschaft aus ihrer finanziellen wie fachlichen Notlage zu befreien, er sah aber auch die defensive Skepsis seiner Kollegen, die er als Selbstblockade beklagte und bekämpfte – mit Erfolg, denn am 30. Oktober 1920 fand die feierliche Gründungsversammlung der Notgemeinschaft im Sitzungssaal der Preußischen Staatsbibliothek statt. Schmidt-Ott wurde ihr erster Präsident, Haber agierte als sein Vize, und Planck gehörte einem so genannten Hauptausschuss an, um »mit überlegener Einsicht und Ruhe« – so Schmidt-Ott – ab und zu wohltuend in den Lauf der Dinge einzugreifen.

Das demokratische Prinzip reichte in der Notgemeinschaft natürlich nur bis zur Basis der Fachausschüsse, von denen es bald mehr als zwanzig gab. Haber hatte sie durchgesetzt aus dem Gedanken heraus, dass nicht die Notgemeinschaft Mittel für die Bedürfnisse der Fächer vorsehen konnte, sondern dass umgekehrt die Notgemeinschaft von den Fächern lernen musste, was in sie zu investieren war.

Die Förderung der neuen Physik

Forschungsförderung war also von nun an ungeheure Detailarbeit, und ihr schenkte Planck in den folgenden Jahren vermehrt seine Aufmerksamkeit. Er gehörte den wichtigsten Fachausschüssen an und verstand es auch, geschickt das Geld nach seinen Vorstellungen zu verteilen.

Die 1920er-Jahre waren nicht zuletzt eine spannende Zeit in seinem ureigenen Gebiet, der Theoretischen Physik, und Planck sorgte dafür, dass die Gelder, die der japanische Großindustrielle Hoshi Hajime (1873–1951) aufgrund alter Verbindungen nach Deutschland für die dortige Wissenschaft gespendet hatte, möglichst in Projekte flossen, die mit der Quantenphysik der Atome zu tun hatten. Dabei musste er sich gegen die Vorwürfe zur Wehr setzen, vor allem theoretische Arbeiten zu fördern, die von vielen Kollegen immer noch als Spekulation angesehen wurden, und »jüdisch mathematisch gerichtete Gruppen« zu bevorzugen.

Auf die antisemitische Klage seines Physikerkollegen Johannes Stark ging Planck nur insofern ein, als er den Vorwurf zurückwies, er verteile das Geld nach philosemitischen Gesichtspunkten. Planck kam es nur auf die Qualität der Wissenschaft an, weshalb er sich nicht scheute, von einer elitären Auswahl bei der Förderung zu sprechen.

Den ersten Kritikpunkt nahm er ungerührt zur Kenntnis. Er hatte sich davon überzeugt, dass es zu dieser Zeit glänzende theoretische Physiker gab, die es sich zu fördern lohnte, selbst wenn man rabulistisch argumentieren musste. In einem Schreiben an den theoretischen Physiker Arnold Sommerfeld, in dem er ihm zu der Bewilligung von Forschungsmitteln gratulierte, machte Planck klar: »Zwar sind die Mittel ›vorzugsweise für experimentelle Forschung‹ bestimmt, aber man wird die Sache so darstellen können, dass es sich hier um die Ausarbeitung von experimentellen Forschungen handelt. Die Hauptsache tut natürlich ihr Name.«[23]

Sommerfeld verdankte seinen Ruhm (unter Kollegen) und seine Verehrung (von Freunden) den zwei grundlegenden Eigenschaften, über die ein Universitätsprofessor im Humboldtschen Sinne verfügen sollte. Der aus München stammende und dort wirkende Physiker war ein glänzender Forscher, der in den Jahren des Ersten Weltkriegs im Wechselspiel mit dem Dänen Bohr wichtige Beiträge zum Verständnis der Atome lieferte. Er war aber vor allem ein höchst einflussreicher Lehrer der Physik, und zwar nicht nur dank seiner Lehrbücher, sondern auch durch die Schüler, die sein Institut im frühen 20. Jahrhundert hervorbrachte. Zwei von ihnen haben Mitte der 1920er-Jahre eine herausragende Rolle in der Entwicklung der modernen Quantenmechanik gespielt: der 1901 geborene Werner Heisenberg und der ein Jahr ältere Wolfgang Pauli, die sich in Sommerfelds Vorlesungen kennenlernten und in ihren Gesprächen merkten, dass Planck mit seinem Quantum der Wirkung ein Samenkorn in den Boden der Wissenschaft eingebracht hatte, »das so fruchtbar ist, dass es der Arbeit vieler Generationen bedarf, die Ernte einzubringen«. So hat es Heisenberg – auf eine Formulierung von Planck anspielend – in der Ansprache ausgedrückt, die er auf der ersten Planck-Feier der deutschen Wissenschaft hielt.[24] Sie fand – nach Plancks Tod –im Gedenken an seinen 90. Geburtstag am 23. April 1948 statt.

Als Planck – mithilfe des Wirkungsquantums – sein Strahlengesetz aufstellte, konnte niemand wissen, dass damit – in Heisenbergs Worten – »eine neue Epoche in der exakten Naturwissenschaft eingeleitet« worden war. Dies zeigte sich erst in der Entwicklung, die in den 1920er-Jahren einsetzte und die in der Physik so stürmisch vor sich ging wie die zeitgleichen Änderungen in der politischen Landschaft. Historiker haben daher spekuliert, ob es einen Zusammenhang zwischen der Weimarer Republik und der Quantenmechanik gebe, wobei sie damit auch den Mut der Beteiligten meinten, die auf ihre Fähigkeit vertrauten, die alte verschwundene Ordnung – die Klassische Physik auf der einen und die Monarchie auf der anderen Seite – durch eine gleichwertige neue Ordnung ersetzen zu können. In beiden Fällen gefiel Planck die Richtung nicht, in der die Dinge liefen. Dennoch förderte er mit aller Macht die Forscher, die in der Physik eine Richtung verfolgten, die ihm trotz aller Qualität ihrer Ergebnisse fremd blieb und folglich nicht das Herz wärmen konnte.

Die neue Physik, die von Plancks Entdeckung ausgehend von Bohr, Heisenberg, Pauli, Born, Schrödinger und einigen anderen entwickelt wurde – und die sich bald im Experiment als gültig erwiesen und diesen Status bis heute erhalten hat –, musste seit 1925 »an die Stelle der streng deterministischen klassischen Naturgesetze statistische Gesetzmäßigkeiten treten lassen, die das Geschehen oft nicht im Einzelfalle, sondern nur im Mittel über eine große Anzahl von Fällen bestimmen«, wie Heisenberg schreibt, um dann auf eine der merkwürdigsten Einsichten dieser Zeit hinzuweisen: »Die Theorie hat ferner gezeigt, dass jeder objektiven raum-zeitlichen Beschreibung eines Vorgangs Grenzen gesetzt sind, die zahlenmäßig durch das Wirkungsquantum festgelegt sind.«

Genau dies konnte Planck nicht gefallen. Er hatte noch 1923 – also vor dem Durchbruch, der in der zweiten Hälfte der 1920er-Jahre erfolgte – seine Befürchtung zum Ausdruck gebracht, dass die Physiker recht behalten würden, »welche den Prinzipien der klassischen Theorie im Grunde nur eine statistische Bedeutung zuerkennen wollen«. Eine solche Auffassung schien Planck »weit über das Ziel hinauszuschießen«. Ihm war zwar damals längst klar, dass »sich voraussichtlich ein tiefer Eingriff in das Gedankensystem der klassischen Theorie als notwendig erweisen« würde, aber er konnte nicht ahnen, dass es dabei – in den Worten von Bohr – zu einer völligen »Umformung der Grundlage der Beschreibung der Naturphänomene« kommen würde, wie es in der Aufstellung der »symbolischen Quantenmechanik« gelungen ist.

Deren erste wirklich neue und den Phänomenen entsprechende Formulierung geht nach einem einsamen Geniestreich von Werner Heisenberg auf eine Arbeit aus dem Jahre 1926 zurück, die von Heisenberg gemeinsam mit Max Born und Pascual Jordan verfasst worden ist und deshalb als Dreimännerarbeit bezeichnet wird.[25] Auch wenn Planck sich mit der dort aufscheinenden Konzeption und Darstellung einer neuen Wissenschaft nicht so recht anfreunden konnte, so verstand er doch, dass die publizierten Einsichten »für die Entwicklung der Physik von großer, zum Teil grundlegender Bedeutung sind«, und er setzte sich als Mitglied der Notgemeinschaft dafür ein, die Wissenschaft zu finanzieren, die diese fundamentalen Fortschritte erzielen kann. Planck war stolz darüber, dass die historischen Arbeiten »ohne diese Unterstützung höchstwahrscheinlich nicht in Deutschland, sondern anderwärts hätten ausgeführt werden müssen«, und diese Tatsache zeigte ihm, welchen Nutzen die Notgemeinschaft »für die Entwicklung der Physik in Deutschland bereits gehabt hat«.[26]

Der Kampf für Einstein

»In der Geschichte der Wissenschaft gibt es wohl wenig Ereignisse, die in der kurzen Zeitspanne eines Menschenlebens so außerordentliche Folgen gehabt haben wie Plancks Entdeckung des elementaren Wirkungsquantums«[27] – und neben dieser völligen Neuordnung der Physik dürfen die beiden Relativitätstheorien nicht vergessen werden, die Einstein vorgelegt hatte. Sie stellten ebenfalls große Ansprüche an das physikalische und philosophische Denken und wurden von manchen sogar als Zumutung aufgefasst. Obwohl – seitens der Wissenschaft – die Quantenphysik einen viel radikaleren Umbruch des Weltbildes darstellt und zudem viel stärker in der Praxis verwendet wird, war es vornehmlich die Relativitätstheorie, die öffentliches Interesse erregte und weltanschauliche – und dann auch politische – Dimensionen in die Wirkungsstätten der Wissenschaft brachte.

»Öffentliches Interesse« – das heißt leider meistens nicht, dass sich Massen für die Wissenschaft begeistern und ihre Ergebnisse verstehen wollen, sondern das heißt zunächst vor allem, dass man sich gegen sie sammelt bzw. sogar versammelt. Und Einsteins neue Ansichten von Raum und Zeit standen spätestens seit 1919, also kurz nach dem Ende des Ersten Weltkriegs, im Zentrum des Interesses, weil ihre experimentelle Bestätigung zum ersten Mal dafür gesorgt hatte, dass eine Wissenschaft einen Star hatte – Einstein erschien nämlich auf den Titelblättern der Magazine und sein Name in den Schlagzeilen der großen Tageszeitungen. So etwas blieb nicht ohne Folgen in einer Stadt und einer Zeit, in der damals bereits längst antisemitische Vorurteile geschürt und bedenkenlos jüdische Menschen und Einrichtungen bedroht wurden. Dieser Hass kam auch nicht vor Akademien und wissenschaftlichen Gesellschaften zum Halt, und so machten sich einige – anerkannte und ausgezeichnete – Physiker daran, den Graben zwischen der (echten) Experimentellen und der (spekulativen) Theoretischen Physik, den Planck mit ausgehoben hatte und den sie nie leiden konnten, als Kluft zwischen deutscher und jüdischer Wissenschaft darzustellen und die Relativitätstheorie als Verschwörung des Weltjudentums zu brandmarken.

In der deutschen Geistesgeschichte spielt das Wort »rein« eine besondere Rolle, so beispielsweise in Richard Wagners Opern mit dem reinen Helden Lohengrin und dem reinen Toren Parsifal. Reinheit – das war eine deutsche Tugend, auch wenn sie zu Plancks Zeit von Männern propagiert wurde, die bald sehr viel Dreck an ihren Händen hatten. Die Antisemiten hassten es deshalb, dass

Einsteins Gedanken von Planck und anderen Vernünftigen als reine Physik bezeichnet wurden, womit sie meinten, dass Einstein Grundlagenforschung ohne Blick auf eine Anwendung betrieb. Die (antisemitischen) Gegner der Relativitätstheorie kamen daher auf die Idee, eine deutsche Physik zu kreieren, die in ihrem banalen Sinne rein war, nämlich frei von den spekulativen Elementen, die Juden wie Einstein in sie eingeschleust hatten.

Die prominenten Vertreter dieser »sauberen« Wissenschaft waren Philipp Lenard und Johannes Stark, und beide konnten immerhin darauf verweisen, dass sie mit dem Nobelpreis für Physik ausgezeichnet worden waren. Sie ermutigten erst kleine Unruhestifter, Vorträge im Namen einer »Arbeitsgemeinschaft deutscher Naturforscher zur Erhaltung reiner Wissenschaft« zu halten – was Planck als »kaum glaubliche Schweinerei« bezeichnete – und griffen dann Einstein selbst höchst persönlich und bösartig an – Lenard zum Beispiel auf der Tagung der Deutschen Naturforscher und Ärzte (GDNÄ), die im September 1920 in Bad Nauheim stattfand. Dass es dabei weder zu Handgreiflichkeiten noch zu anderen skandalösen Ereignissen kam, verdankte die Gemeinschaft der Physiker der ruhigen und souveränen Art, mit der Planck den Vorsitz der Tagung führte. Er versuchte zunächst, Lenards Opposition gegen Einstein nicht als blinden Antisemitismus zu sehen, sondern schlug als Erklärung für dessen Abneigung vor, dass Lenard Physik anschaulich begreife, während Einstein sie begrifflich erfasse.

Tatsächlich stellt die Relativitätstheorie in einigen ihrer Grundelemente den gesunden Menschenverstand vor große Probleme, etwa, wenn er einsehen soll, dass Raum und Zeit zusammenhängen und dass es eine konstante Geschwindigkeit – die des Lichtes – gibt, die unabhängig vom Standpunkt des Beobachters ist. Das kann doch nicht stimmen, wie Lenard mit seinem »gesunden« Menschenverstand beurteilte, denn wer sich etwa in einem Zug für ruhend hält, wird vom Bahnhof aus als bewegt erscheinen. Und der gesunde Menschenverstand lässt sich nicht beibringen, dass beide das gleiche Ergebnis bekommen, wenn sie die Geschwindigkeit des Lichts messen.

In Einsteins Relativitätstheorie geht es um subtile und elegante Analysen von Grundbegriffen des menschlichen Verstehens. Sie eignet sich deshalb ebenso wenig wie zarte Poesie, »in Volksversammlungen mit demagogischen Schlagwörtern und in der Presse mit gehässigen persönlichen Angriffen« behandelt und zur Abstimmung freigegeben zu werden, wie Planck in Bad Nauheim feststellte. So unterbrach er in der Folge jeden Referenten, der sich auf antisemitische Zeitungsartikel berief, und verwies ihn scharf vom Rednerpult.

Zwei Jahre später – im September 1922 –wurde das hundertjährige Bestehen der Gesellschaft Deutscher Naturforscher und Ärzte gefeiert, die sich von Anfang an um eine Verständigung zwischen den Disziplinen bemüht und zum Gespräch der jeweiligen Fachleute ermutigt hatte. Nach ihrer Gründung durch Lorenz Oken ist die GDNÄ zum Vorbild der großen Wissenschaftsvereinigungen geworden, die heute als British bzw. American Association for the Advancement of Science (AAAS) riesige Tagungen veranstalten, auf denen Wissenschaft interdisziplinär und für ein gebildetes Laienpublikum vorgeführt und vorgestellt wird.

Planck war im Jubiläumsjahr zum Vorsitzenden der GDNÄ gewählt worden und in diesem Amt für die Organisation der Festversammlung zuständig, die in Leipzig stattfinden sollte. Er bat Einstein um das Hauptreferat, und freute sich über dessen Zusage. Seine Ausführungen sollten zum großen Ereignis der Jahrhundertfeier werden, nicht zuletzt um »die törichte Reklame, die mit der Relativitätstheorie getrieben wird«, durch »einen rein sachlichen Standpunkt aus der Welt« zu schaffen, wie er an Wien schrieb. Planck dachte aber sicher auch an die Möglichkeit, dadurch auf die international immer noch isolierte deutsche Wissenschaft weltweit aufmerksam zu machen. Und dies konnte gerade durch Einstein gelingen, der im Ausland gefeiert und bejubelt wurde und »um den uns die ganze Welt beneidet«, wie Planck wusste.

Doch dann sagte Einstein seinen Auftritt ab – notgedrungen, denn im Juli 1922 war sein Freund, der Außenminister Walther Rathenau, von Rechtsextremisten erschossen worden, und man hatte Einstein gewarnt, auch er sei unmittelbar in Gefahr. Natürlich löste die Ermordung Rathenaus bei vielen Menschen Empörung aus, aber es gab auch antisemitische Kreise, die unverhohlen ihre Genugtuung zeigten.

Planck war über die Situation derart empört, dass er seine sonstige Wortdisziplin vergaß und von einer »Mörderbande« sprach, »die im Dunkeln ihre Tätigkeit unbekümmert fortsetzt«, wie er in einem Brief an Wilhelm Wien im Juli 1922 schrieb. Die Absage Einsteins traf ihn »wie ein Blitz aus heiterem Himmel«, wie er am gleichen Tag Max von Laue anvertraute:

> So weit haben es die Lumpen wirklich gebracht, dass sie eine Veranstaltung der deutschen Wissenschaft von historischer Bedeutung zu durchkreuzen vermögen. Einstein wird also den für die erste allgemeine Sitzung der Naturforscherversammlung, am 18. September, angekündigten Vortrag ›Die Relativitätstheorie in der Physik‹ nicht halten, und die Bedeutung dieser Sitzung ist dadurch auf das empfindlichste bedroht.

Planck bat seinen Briefpartner von Laue, an Einsteins Stelle über dieses Thema zu referieren – was auch geschah –, und dieser Wechsel schien ihm sogar in gewisser Weise von Vorteil zu sein, wie er das Unvermeidliche rationalisierte. Es könnte doch sein, so Plancks eher naive Hoffung, »dass diejenigen, welche immer noch glauben, dass das Relativitätsprinzip im Grund eine jüdische Reklame für Einstein ist«, durch von Laues Ausführungen belehrt würden. Sie wurden natürlich nicht belehrt, sondern eher frecher, und Stark verfasste eine hinterhältige und gemeine Broschüre über *Die gegenwärtige Krise in der deutschen Physik*, die Einstein entmutigte und ins Ausland trieb. Er begab sich auf eine Weltreise, auf der er erfuhr, dass ihm der Nobelpreis für Physik – rückwirkend für das Jahr

1921 – zuerkannt wurde, was die Antisemiten im Lande nur zu einem neuen Wutausbruch veranlasste. Der Schwedischen Akademie, so schrieben sie mit Schaum vor dem Mund, würde der germanische Geist fehlen, der die jüdischen Täuschungsmanöver durchschaut.

Planck war entsetzt und empört über den auf Einstein ausgeübten Druck, der nach seiner Rückkehr von der Weltreise im Herbst 1924 weiter zunahm und dazu führte, dass Einstein Berlin verließ, um nach Holland zu gehen. »Ich bin ganz außer mir vor Zorn und Wut über diese infamen Dunkelmänner, welche es wagten und fertig gebracht haben, Sie von Ihrem Hause, von der Stätte Ihrer Wirksamkeit zu trennen«, schrieb Planck an Einstein am 10. November 1923, »aber tiefer als meine Empörung geht mir der Schmerz darüber, dass Sie keine Lust mehr hätten, zurückzukommen. (...) So möchte ich Ihnen hier nur die eine, aber herzliche und dringendste Bitte aussprechen, jetzt keinen Schritt zu unternehmen, der Ihre Rückkehr nach Berlin endgültig und für alle Zeit unmöglich machen würde.«

Plancks Pflichten

Planck schrieb diesen Brief am Tag nach dem Ereignis, das als Hitler-Putsch in die Geschichte eingegangen ist. Damit taucht zum ersten Mal der Name Adolf Hitlers auf, der in Plancks Leben künftig eine immer größere Rolle spielen sollte. Hitlers Aufstieg war in den frühen 1920er-Jahren begründet, als er seine Redegewalt entdeckte und nutzte, um immer mehr verunsicherte Menschen hinter sich zu bringen und somit größeren Einfluss auf die Politik zu gewinnen. Zusammen mit General Erich Ludendorff, Hermann Göring und anderen Mitgliedern der Nationalsozialistischen Partei versuchte er, im November 1923 in München eine nationale Revolution anzuzetteln und die Reichsregierung zu stürzen. Der überhastete Aufstand misslang, Hitler kam für einige Zeit in Haft, und insgesamt schien sich das deutsche Gemeinwesen zu beruhigen und in den demokratischen Gleisen weiterzulaufen, die man ihm verordnet hatte.

Auch Planck zeigte sich bald über Einsteins Angelegenheit »beruhigt«, nachdem er »mehrere Tage lang das Gefühl der Empörung und Scham nicht los werden konnte, dass dieser Mann, um den uns die ganze Welt beneidet, durch Umtriebe der niedrigsten Art veranlasst werden könnte, seine Arbeitsstätte zu verlassen«, wie er an Lorenz nach Holland schrieb, dem Land, aus dem Einstein bald nach Berlin zurückkommen würde – allerdings nur, bis Hitler die Macht ergriff.

Solche Sorgen lenkten Planck immer mehr von den Inhalten seiner geliebten Wissenschaft ab, um die er sich auch jetzt noch – im Alter von fünfundsechzig Jahren – kümmerte. Er publizierte nach wie vor kleine Originalbeiträge in den Sitzungsberichten der Akademie und hielt Gastvorträge. So lud ihn zum Beispiel der Kollege Sommerfeld im Juni 1923 für eine Woche zu Gastvorträgen nach München ein. Zunächst sagte er freudig zu, doch dann »kam die Katastrophe«, wie Planck Sommerfeld am 1. Juli schrieb – und seine Antwort gibt einen Einblick in die Verpflichtungen, die Planck inzwischen übernommen hatte, und die Art, in der er sie handhabte. Er hatte Sommerfeld ursprünglich spontan eine Januarwoche des Jahres 1924 angeboten, doch als er dies fest in seine Terminplanung eintragen wollte, sah er Folgendes:

> Ein Blick in den Kalender von 1924 (den ich gleich anfangs hätte tun sollen) zeigt mir nämlich, dass ich vom 1. Januar bis 1. Mai den Vorsitz der Gesamtakademie habe; das sind vier Monate, die mit einer 16-monatlichen Periode wiederkehren, in denen man unerbittlich jede Woche eine Sitzung der Akademie vorzubereiten und zu leiten hat, und in denen der Verkehr mit den Kollegen aller Fächer und mit den Behörden gerade nur für die Erledigung der absolut notwendigen dringenden Aufgaben, wie Vorlesungen, Prüfungen usw. Zeit und Gedanken

übrig lässt. (...) Leider gehöre ich nicht zu den beneidenswerten Naturen, die jede einzelne ausgesparte Minute nach ihrem freien Belieben verwenden können, indem sie ihren Gedanken sofort eine entsprechende Richtung geben. Mir wird es im Gegenteil immer schwer, einen Gegenstand, in den ich mich eingesponnen habe, schnell zu verlassen und bei günstiger Gelegenheit schnell zu ergreifen.

Was die erwähnten Vorlesungen angeht, so setzte er auch jetzt noch seinen Zyklus fort, der über sechs Semester lief und nach und nach seinen Niederschlag in Lehrbüchern fand. Der letzte Band von Plancks Vorlesungen erschien 1930, und wer ihn liest, kann Planck sozusagen zum Leben erwecken und ihm live zuhören (da heute Originalaufnahmen mit einigen seiner Ansprachen als CDs erhältlich sind).[28] Im Hörsaal hielt sich Planck nämlich sehr genau an den vorbereiteten Text, was viele Studenten ironisch sagen ließ: »Planck spricht wie gedruckt.«[29]

Doch so viel Zeit er auch als Lehrer in Hörsälen verbrachte, bestimmend für seinen Tagesablauf blieben Sitzungen von Akademien und Gremien und weitere akademische Verpflichtungen – Fakultätstreffen, Berufungen und Probevorlesungen, Ausschusssitzungen der Notgemeinschaft, Treffen der Deutschen Physikalischen Gesellschaft, Seminare im Physikalischen Kolloquium und vieles mehr. Die Besetzung dieses Kolloquiums war übrigens äußerst prominent, und es gab so viele Nobelpreisträger in den Reihen der Berliner Wissenschaftler – neben Planck und Einstein noch von Laue, Nernst und Haber –, dass die erste Reihe für sie reserviert blieb.

Planck fiel in den Kolloquien – wie überall sonst auch – nicht nur durch seine regelmäßige Teilnahme, sondern auch durch große Pünktlichkeit auf, und viele Kollegen stellten tatsächlich ihre Uhr nach seinem Erscheinen: »Als er einmal vier Minuten früher als gewöhnlich kam, rief das allgemeines Aufsehen hervor«, und man erkundete sofort den genauen Grund. »Es stellte sich her-

Berliner Physiker mit einem amerikanischen Gast im Jahre 1928. Von links nach rechts: Walther Hermann Nernst, Albert Einstein, Max Planck, Robert Andrews Millikan und Max von Laue.

aus, dass Planck auswärts einen Vortrag gehalten hatte und am Bahnhof Friedrichstraße etwas eher als sonst eingetroffen war.«[30]

Um seinen zahlreichen Verpflichtungen zuverlässig und verabredungsgemäß nachzukommen, musste Planck sein Leben höchst präzise und sorgfältig organisieren, was er sowohl im Alltag als auch in den Ferien tat, die er meist in den Bergen verbrachte, wo er bis ins hohe Alter hinein minutiös geplante Touren unternahm. Sie erforderten zum Teil derart große Anstrengungen, dass sich Bergführer manchmal weigerten, wie berichtet wird, ihn zu begleiten. Dann brach Planck eben – oft in Begleitung seines Sohnes Erwin – alleine auf, um auf 3000 Meter Höher oder darüber hinaus zu gelangen.

Zu seinem Berliner Tagesablauf gehörten nicht nur genau festgelegte Zeiten für die Beantwortung der Post, die Lektüre wissenschaftlicher Zeitschriften und das Abfassen von Manuskripten – in diesen Fällen hatte Stille im Haus in der Wangenheimstraße zu herrschen, und selbst das Telefon war außer Hörweite angebracht worden –, sondern zu Plancks täglichen Übungen gehörte auch das Klavierspiel, dem er sich mindestens eine Stunde lang erst diszipliniert mit dem Spielen einiger Werke von Bach, Haydn, Schubert und dem besonders verehrten Brahms widmete und sich dann dem Improvisieren hingab. Die Musik schaffte für ihn wohl das Zauberreich, aus dem bei aller persönlichen Verzweiflung und zeitbedingten Mühe die Kraft floss, die es ihm wieder erlaubte, nicht nur weiterzumachen, sondern auch wegweisend zu sein.

Nach dem Musizieren kamen Spaziergänge an die Reihe, die sich sonntags zu ausgedehnten Wanderungen gestalteten, auf denen die Umgebung Berlins erkundet wurde und die immer wieder Gelegenheit boten, unbekannten Pfaden zu folgen.

Max Planck mit seinem Sohn Erwin auf einer Bergtour in den Alpen in den dreißiger Jahren.

Lange Wanderungen und ausgedehntes Musizieren – diese beiden Vergnügungen hat Planck sicher dringend gebraucht, um die äußere Unruhe bewältigen zu können, die die zwanziger Jahre mit sich brachten.

Hart getroffen waren die Menschen in dieser Zeit von der Geldentwertung, die sich 1923 zu einer Art Hyperinflation entwickelte. Sie vernichtete den Reichtum vieler Stiftungen für die Wissenschaft und machte selbst den Erwerb inländischer Produkte oft unerschwinglich. »Am Höhepunkt der Inflation verlief die Geldentwertung so rapide, dass die Kaufkraft der Mark im Verlaufe einer Bahnfahrt, die Planck von Berlin aus machte, unter den ihm zur Verfügung gestellten Betrag für seine Hotelkosten absank. Planck, damals im 65. Lebensjahr, verbrachte die Nacht dann eben im Bahnhofswartesaal.«[31]

Trotz nationaler Schwierigkeiten bemühten sich deutsche Wissenschaftler – allen voran Planck – um die Verbesserung der Möglichkeiten internationaler Zusammenarbeit. Aus diesem Grund entschied sich eine deutsche Delegation unter der Leitung von Schmidt-Ott und unter Teilnahme Plancks 1925, nach Moskau zu fahren, um dort an den Festlichkeiten anlässlich des zweihundertjährigen Bestehens der Russischen Akademie der Wissenschaften teilzunehmen. Vor tausendfünfhundert Zuhörern bzw. Teilnehmern eines Banketts betonte Planck, dass die Wissenschaft längst nicht mehr nur die Aufgabe habe, »Schätze der reinen Erkenntnis« zu heben und die Unwissenheit und den darauf aufbauenden Aberglauben zu bekämpfen. Wissenschaft könne darüber hinaus ein harmonisches Band zwischen den Ländern der Erde knüpfen und zum Frieden in der Welt beitragen. Natürlich erkannte Planck den politischen Hintergrund der Moskauer Feierlichkeiten in einem revolutionären Russland. Aber er lenkte sein Augenmerk mehr auf den wissenschaftlichen Charakter der Einladung, und ihn wollte er ebenso fördern wie die Tätigkeit der Russischen Akademie.

Im Oktober 1926 durfte der achtundsechzigjährige Planck nach sechsundvierzig Jahren des Lehrens und Forschens in den verdienten Ruhestand treten. Seine Emeritierung richtete allerdings eine hohe Hürde für die Fakultät auf, denn aus dem ehemals eher eine Nebenrolle spielenden Fach war inzwischen die Stardisziplin der Physik geworden, und Plancks Name strahlte am Himmel der Wissenschaft. »Das erste Ordinariat für Theoretische Physik an der Universität Berlin galt für die Physik so viel wie der Lehrstuhl Kants für die Philosophie«, wie der Historiker Hermann zu Recht schreibt.[32] Die Aufmerksamkeit der kulturellen Welt richtete sich auf das Geschehen in der Reichshauptstadt, um zu sehen, wer Plancks Nachfolger werden würde.

Die Berufung auf einen Lehrstuhl erfolgt gewöhnlich nach einem festliegenden Verfahren, das auch in diesem Fall angewendet worden ist und dessen vorletzter Schritt in der Veröffentlichung einer Dreierliste besteht, in der ein von der Universität beauftragter Berufungsausschuss kundtut, welche Kandidaten in welcher Reihenfolge bevorzugt werden. Diese Liste wird dem Kultusministerium zugesandt, das dann mit ihrer Hilfe die Lehrstuhlbesetzung vornimmt.

Besonders spannend war die Veröffentlichung der Liste, die im Fall von Plancks Nachfolge zweifellos mit seiner Zustimmung und Hilfe zustande kam und folgendermaßen aussah: 1. Arnold Sommerfeld, 2. Erwin Schrödinger und 3. Max Born. Obwohl auf ihr kein Schüler Plancks zu finden war, können Physikhistoriker dabei nur mit der Zunge schnalzen und die Qualität bewundern, die hier auf engem Raum versammelt war.

Über Sommerfeld ist schon berichtet worden, Born hatte gerade zusammen mit Heisenberg und Jordan den ersten revolutionären Schritt in Richtung der Quantenmechanik getan, die das lang ersehnte Verständnis von Atomen brachte, und Schrödinger steckte gerade in der fruchtbarsten Periode seine Lebens. Im Winter 1925/26 konnte er eine alternative Darstellung der Quantenmechanik entwickeln, die heute als Wellenmechanik Vorlesungsstoff der Physik ist und in deren Zentrum sich eine nach Schrödinger benannte Gleichung befindet. Es gibt vermutlich keine mathematische Formel, die häufiger in der physikalischen Wissenschaft gebraucht wird als die Schrödinger-Gleichung, was seinen Namen zu jenen gesellt werden, die in der akademischen Welt am häufigsten ausgesprochen wird. Planck hatte das Glück, davon noch vor der Publikation zu erfahren, denn Schrödinger hatte ihm die Korrekturbögen seiner entsprechenden Arbeiten im Frühjahr 1926 zugeschickt. Planck erkannte ihren Wert sofort: »Sie können sich denken«, schrieb er Schrödinger, »mit welcher Teilnahme und Begeisterung ich mich in das Studium dieser epochemachenden Schriften versenke, obgleich es bei mir jetzt sehr langsam vorwärtsgeht mit dem Eindringen in diese eigenartigen Gedankengänge. Ich hoffe dabei stark auf den fördernden Einfluss einer gewissen Gewöhnung, die den Gebrauch neuer Begriffe und Vorstellungen mit der Zeit erleichtert, wie ich das oft schon erprobt habe.«[33]

Schrödinger wäre zweifellos eine gute Wahl für die Nachfolge Plancks gewesen, und die Aussichten stiegen, nachdem Sommerfeld mit Rücksicht auf seine zahlreichen Verpflichtungen in München den Ruf aus der Hauptstadt des Reiches und der Physik abgelehnt hatte. Doch auch bei Schrödinger mussten Schwierigkeiten überwunden werden, da der in Zürich lebende Österreicher mehr die Alpen als die Großstadt liebte. Planck gelang es dann, ihn in einem persönlichen Gespräch für Berlin zu gewinnen. Dem Vernehmen nach konnte Schrödinger Plancks im Gespräch abgelegten und sicher ehrlichen Bekenntnis nicht widerstehen, dass es ihn persönlich freuen würde, ihn als seinen Nachfolger begrüßen und einführen zu können.

Zwar konnte dies damals noch niemand wissen, aber mit Schrödingers Wellenmechanik und der von Heisenberg erst allein konzipierten und dann gemeinsam mit Born und Jordan ausgearbeiteten Form der Atomphysik, die manchmal auch als Matrizenmechanik unterschieden wird, war mit Bravour die Aufgabe gelöst, die seit Plancks Einführung des Quantums bestand, nämlich eine neue Physik für den Bereich der Wirklichkeit zu entwickeln, in der Plancks Konstante sich als relevant erweist und spürbar auswirkt. Für die klassischen Bewegungen, die im Alltag stattfinden, wenn Bälle fliegen oder Töpfe voll mit Wasser erhitzt werden, bleiben die alten Beschreibungen so gültig wie eh und je. Nur wenn es um die Abläufe auf der atomaren Bühne geht, ändert sich die Sachlage, und »eigenartige Gedankengänge« werden erforderlich, wie Planck es formuliert hat. Sie handeln vor allem von den Grenzen, die für eine kausale Beschreibung der Wirklichkeit bestehen. Während weiterhin klassisch denkende Physiker wie Planck, Einstein und auch Schrödinger daran festhalten wollten, dass physikalische Gesetze das entsprechende Geschehen auch bei Atomen vollständig bestimmen müssen, wenn die Anfangsbedingungen bekannt sind – man nennt diese Vorstellung deterministisch –, ließ die junge Generation der Physiker mit Bohr, Heisenberg und Pauli an der Spitze die Möglichkeit zu, dass Atome unbestimmt sein können und sich nur über die Berechnung von Wahrscheinlichkeiten erfassen lassen.

Der Aufsehen erregende Begriff, der damals neu war und die Gemüter – auch von Planck – beunruhigte, hieß Unbestimmtheit und stammte von dem jungen Heisenberg. Seiner Ansicht zufolge verfügten Atome oder ihre Bestandteile wie Elektronen so lange nicht über »bestimmte« Eigenschaften, solange sie nicht »bestimmt« worden waren – und zwar durch den Eingriff eines Beobachters. Wenn er zum Beispiel den Ort eines Elektrons – wörtlich verstanden – feststellte, wurde zugleich dessen Geschwindigkeit unbestimmt (unscharf), und zwar in einem Maß, das durch Plancks Quantum der Wirkung festgelegt war.

Die neue Physik verlangte also von den Vertretern der alten Disziplin, die Vorstellungen einer determinierten Welt aufzugeben, deren Eigenschaften objektiv ermittelbar sind, und so gab es viele erregte und spannende Debatten um die Quantenmechanik. Niemand bestritt zwar, dass die mathematische Form – besonders die Wellenmechanik, die Schrödinger vorgelegt hatte – richtig war und Auskunft über das Verhalten von Atomen gab, aber damit hatte man noch nicht verstanden, was die Physik philosophisch bedeutete, und darum stritt man leidenschaftlich, vor allem im Jahre 1927 auf der Solvay-Konferenz, an der Planck teilnahm und die in der Geschichte der Wissenschaft einen legendären Status einnimmt. Bei dieser Gelegenheit im Herbst 1927 versuchte vor allen Dingen Einstein alles, um durch raffinierte Gedankenexperimente die Idee der Unbestimmtheit zu Fall zu bringen – mit dem Ergebnis, dass Bohr ihn in jedem Punkt widerlegen konnte.

Planck konnte und wollte damit nicht zufrieden sein. Trotz der umfassenden Niederlage der Vertreter eines Determinismus hielt er es im Kampf zwischen dieser und einer indeterministischen (statistischen) Position entschieden mit Einsteins Ansicht, der wie er hoffte, dass es noch einen anderen Standpunkt geben werde, den man noch finden könne und von dem aus dann das noch unbestimmte Elektron determiniert erscheinen würde.

Planck hat sein Verständnis der Physik und der von ihr erfassten Wirklichkeit in mehreren Vorträgen dargestellt – sie tragen Titel wie »Positivismus und reale Außenwelt«, »Die Kausalität in der Natur« und »Determinismus und Indeterminismus«. Er hat sie nach seinem siebzigsten Geburtstag gehalten, der 1929 begangen und von der Gemeinschaft der Physiker zum Anlass genommen wurde, die Max-Planck-Medaille zu stiften. Sie stellt bis heute die höchste Auszeichnung dar, die von der Deutschen Physikalischen Gesellschaft vergeben wird und sehr begehrt ist, auch wenn sie nicht von einem Scheck begleitet wird. Als Tag, an dem die Max-

Max Planck überreicht Albert Einstein die Max-Planck-Medaille am 28. Juni 1929.

Planck-Medaille zum ersten Mal überreicht werden sollte, haben die Physiker den Tag gewählt, an dem Planck sein Goldenes Doktorjubiläum feiern konnte, den 28. Juni 1929, und sie entschieden sogar, sie bei dieser Gelegenheit gleich zweimal zu vergeben – an Einstein und an Planck selbst.

Max Planck war nun einundsiebzig Jahre alt, und er hatte schon so viel geleistet und erreicht. Wie konnte er ahnen, dass die eigentlichen und ihn zuletzt fast erdrückenden Belastungsproben erst noch kommen sollten?

Verleihung der Max-Planck-Medaille

Die seit 1929 verliehene Max-Planck-Medaille ist nicht durchgängig vergeben worden; die Nationalsozialisten und der Zweite Weltkrieg haben Lücken hinterlassen. Aufgeführt werden im Folgenden die Preisträger bis 1950:

1929	Albert Einstein und Max Planck
1930	Niels Bohr
1931	Arnold Sommerfeld
1932	Max von Laue
1933	Werner Heisenberg
1937	Erwin Schrödinger
1938	Louis de Broglie
1942	Pascual Jordan
1943	Friedrich Hund
1944	Walter Kossel
1948	Max Born
1949	Lise Meitner und Otto Hahn
1950	Peter Debye

Kein Anspruch auf Glück
(1930–1945)

> Der Friede rückt anstatt näher immer weiter in die Ferne. Wie lange soll dieser Wahnsinn, dieser Selbstmord unserer gepriesenen Rasse noch dauern? Es ist zum Verzweifeln. Aber ich hoffe immer noch, das Ende zu erleben.
>
> Max Planck an Max von Laue, 26. April 1941

Die Hoffnung, die Planck in dem zitierten Brief an seinen Schüler und Freund Max von Laue ausdrückte, sollte sich erfüllen. Planck würde sogar sowohl das Ende des Dritten Reichs als auch das des Zweiten Weltkriegs erleben. Aber die dahin führenden Entwicklungen zogen ihn persönlich stark in Mitleidenschaft. Ohne seinen inneren Halt und seine wissenschaftliche Gesinnung wäre er daran zerbrochen. Dabei war Planck zunächst glanzvoll an die Spitze der mächtigen und weltweit höchst angesehenen Kaiser-Wilhelm-Gesellschaft aufgestiegen, die ihren Namen – sicher zu Plancks Freude – durch die Jahre der Weimarer Republik hin tapfer verteidigen konnte, und er versuchte, in diesem Amt auch unter widrigsten Umständen weiterhin ein aufrechter und selbstloser Diener der Wissenschaft zu sein.

Die aus den frühen Tagen des Jahrhunderts stammende Kaiser-Wilhelm-Gesellschaft bestand zwar zum überwiegenden Teil aus Instituten, in denen reine und angewandte Naturwissenschaften betrieben wurden – es gab von Anfang an Institute für Physik, Chemie, Hirnforschung, Kohleforschung und vergleichbare Disziplinen –, aber geleitet wurde die bald an Zahl und Gewicht wachsende Forschungsorganisation zuerst von dem evangelischen Theologen Adolf von Harnack. Er hatte sich einen Namen als Experte für die Geschichte der Dogmen gemacht und im Jahre 1900 ein bis heute lieferbares Buch über *Das Wesen des Christentums* vorgelegt. Auf ihn geht auch die Denkschrift zurück, die 1911 zur Gründung der Kaiser-Wilhelm-Gesellschaft zur Förderung der Wissenschaften e.V. führte, wobei er vornehmlich die Vorzüge solcher Fächer für den Kaiser hervorhob, die sich ökonomisch auswirken und zur wirtschaftlichen und somit gleich auch zur militärischen Stärke des Deutschen Reichs beitragen konnten.

Als von Harnack im Juni 1930 starb, musste die Generalverwaltung der Kaiser-Wilhelm-Gesellschaft unter ihrem Direktor Friedrich Glum nach einem Nachfolger suchen. Die Wahl fiel bald auf den zweiundsiebzigjährigen Planck, der nicht nur in der Berliner Nachbarschaft des Gründungspräsidenten wohnte, sondern bereits an anderer Stelle seine Nachfolge antreten durfte, nämlich als Kanzler des Ordens *Pour le mérite* für die Wissenschaften und die Künste. Diese Friedensklasse des *Pour le mérite* gab es seit 1842 und war von Preußenkönig Friedrich Wilhelm IV. ins Leben gerufen worden. Der Monarch hatte dabei auf einen Vorschlag des zu Lebzeiten berühmten Alexander von Humboldt hin gehandelt, der prompt zum ersten Ordenskanzler ernannt wurde. 1922 wandelte sich der Orden – den neuen demokratischen Geflogenheiten der Zeit folgend – in eine Gemeinschaft hervorragender, sich selbst ernennender Künstler und Gelehrter um. Damit wurde so etwas wie eine demokratische Aristokratie geschaffen, und diesem ausgesprochenen Elitekreis durfte Planck nach von Harnacks Tod vorstehen, nachdem er dem Orden lange als Vizekanzler angehört und gedient hatte.

Nichts sprach also dagegen, dass Planck auch zum Nachfolger des Theologen bei der Kaiser-Wilhelm-Gesellschaft berufen wurde. Zwar hatten Glum und die anderen Verantwortlichen nicht viel von Planck in den Jahren bemerkt, in denen er dem Senat der Gesellschaft eher routinemäßig angehört und an den Sitzungen teilgenommen hatte, aber zum einen kannte man Plancks Bescheidenheit, die ihn hinderte, ohne Not zur überflüssigen Selbstdarstellung das Wort zu ergreifen, und zum anderen konnte man sich vorstellen, dass er das Ansehen der Gesellschaft auf der internationalen Bühne zu heben wusste. Also bot man Planck die Präsidentschaft an, was er – nach längerer Bedenkzeit – demokratisch höchst pflichtbewusst – annahm. So konnte Planck am 18. Juli 1930 in sein neues Amt eingeführt werden.

Als er einen Monat später in den Urlaub fuhr, konnte er sogleich seine persönliche Bescheidenheit unter Beweis stellen. Wie immer begab er sich in die Alpen, wo er auch eine Gletschertour plante. Zu ihrer Vorbereitung war eine Übernachtung auf dem Jungfraujoch nötig, wo die Kaiser-Wilhelm-Gesellschaft eine Forschungsstätte errichtet hatte. Als Präsident hätte Planck dort selbstverständlich Anspruch auf ein Einzelzimmer zur Übernachtung gehabt, wie es ihm von Freunden auch empfohlen wurde. Doch das empfand Planck für sich als einen zu großen Luxus, und er begnügte sich damit, wie andere Wanderer im Massenlager zu schlafen.

Planck hatte schon früher Erfahrungen mit Holzbänken und -betten gemacht, wie der Geschichte zu entnehmen ist, die von einer Dienstreise während der Zeit der schlimmsten Inflation im Jahre 1923 berichtet. Wegen der raschen Geldentwertung musste stets bar bezahlt werden, doch eines Abends reichte die Geldmenge, die Planck am Morgen bekommen hatte, schon nicht mehr für das Hotel aus. Zwar hatte er die Rückfahrkarte für die Eisenbahn schon bezahlt, aber bis zum nächsten Morgen fuhr kein Zug mehr nach Berlin. Da übernachtete der Nobelpreisträger und Präsident der Preußischen Akademie eben auf der Bank in der Bahnhofshalle. Und wenn das Geld auch für die Bahn nicht gereicht hätte, dann wäre Planck eben zu Fuß gelaufen.

Der Fall Einstein

In dem Jahr, als Planck Präsident der Kaiser-Wilhelm-Gesellschaft wurde, gelang Hitlers Nationalsozialistischer Deutschen Arbeiterpartei (NSDAP), noch ganz legal ein großer Machtzuwachs. Bei den Reichstagswahlen im September 1930 erhielt sie knapp 20 Prozent der abgegebenen Stimmen, wobei zu diesem Zeitpunkt der Begriff des Rassismus auftauchte und allmählich in den Vordergrund rückte. Für Hitler und seine Anhänger gab es höher- und minderwertige Menschen. Um diese Idee politisch wirksam zu machen, wurde von den Ideologen eine »arische« Rasse erfunden und der »jüdischen« gegenübergestellt – ohne sich davon stören zu lassen, dass mit dem Wort »jüdisch« vor allem die Zugehörigkeit zu einer Religion bezeichnet wird.

Das Wort »arisch« stammt aus dem Sanskrit, wo es »das Edle« bezeichnet. Dieser Begriff wurde im 19. Jahrhundert aus der korrekten Sphäre der Wissenschaft entführt und politisch radikal missbraucht zur Bezeichnung der »weißen Rassen«, von deren Überlegenheit die Herrschenden überzeugt waren – die ihr selbstredend entstammten.

So furchtbar dieses Vokabular wirkt, das später Anlass zu dem *Wörterbuch des Unmenschen* gab, die Hetzkampagnen und verleumderischen Parolen der Nazis fielen zunächst auf fruchtbaren Boden und erwiesen sich als sehr erfolgreich. Bei den Reichstagswahlen im Sommer 1932 verdoppelte die NSDAP ihren Stimmanteil auf fast 40 Prozent, und die Zeit ihrer Machtübernahme mit Hitler als Reichskanzler an der Spitze rückte näher.

Planck beobachtete sicher mit Unbehagen den Aufstieg einer Partei, deren politische Versammlungen und andere Aktivitäten oft mit Gewalt verbunden waren, und er konnte sich kaum vorstellen, dass eine im bürgerlichen Leben mehrfach gescheiterte Existenz wie Hitler jemals etwas Großen würde bewirken können. Ihn beruhigte, dass seit 1925 der Generalfeldmarschall Paul von Hindenburg als Reichspräsident an der Spitze des Staates stand, also jemand, der – wie er – eher monarchistisch und aristokratisch gesinnt war, den demokratischen Institutionen eher misstraute und sicher verhindern würde, dass Menschen aus der ungebildeten Unterschicht an die Macht kämen. Es kann Planck daher nur höchst missfallen haben, dass Hindenburg Hitler im Januar 1933 zum Reichskanzler ernannte, aber noch konnte man annehmen, dass sich da ein gewöhnlicher Machtwechsel an der Spitze des Staates vollzogen hatte, der vielleicht nur vorübergehend war.

Diese Illusion verflog allerdings sehr rasch, denn nur wenige Wochen nach Hitlers Machtergreifung setzten die Nazis ihre Rassenideologie sowohl in den Straßen als auch im Parlament um. So genannte Nichtarier wurden sofort stigmatisiert, jüdische Geschäfte nach und nach anfangs boykottiert und dann zerstört, und Rassengesetze mit Arierparagraphen wurden in höchster Eile erst auf den parlamentarischen Weg gebracht und dann bereits im April 1933 verabschiedet und umgesetzt. Was zynisch verharmlosend »Gesetz zur Widerherstellung des Berufsbeamtentums« hieß, bedeutete konkret, dass Menschen jüdischen Glaubens sofort aus dem öffentlichen Dienst entlassen wurden, und führte außerdem dazu, dass sie und andere nicht arische Personen der widerlichsten Willkür selbst kleinster Spießbürger ausgesetzt waren. Tatsächlich übernahmen zahllose Verbände und Vereine freiwillig den Arierparagraphen der Nazis, was diese wiederum ermutigte, in einem nächsten Schritt – bis zum Sommer 1935 – ihre infamen Nürnberger Gesetze zu entwerfen, die zunächst auf eine Entrechtung und Isolierung der Nichtarier und später auf deren Enteignung durch den Staat hinausliefen.

Die Nazis konnten sich dieses verbrecherische Vorgehen nicht nur erlauben, weil die Bevölkerung keine Einwände erhob, sondern auch weil der greise und längst geistig verfallende Reichspräsident Hindenburg alles unterzeichnete, was Hitler ihm vorlegte, zum Beispiel das Ermächtigungsgesetz vom März 1933. Mit ihm machte er den Weg für die Diktatur frei, die die Nationalsozialisten von da an fast ohne Gegenwehr errichten konnten, und zwar mit zunehmender Gewaltbereitschaft und Geschwindigkeit. Ihre brutale Rücksichtslosigkeit stieg weiter an, nachdem Hindenburg im Sommer 1934 gestorben war und Hitler nun auch den Posten des Reichspräsidenten besetzte. Er war jetzt der Führer geworden, dem die Menschen vertrauten, ohne zu diesem Zeitpunkt ahnen zu können, dass er sie irgendwann nur noch verachten und zuletzt sogar verraten würde.

Der mit staatlicher Billigung und Förderung praktizierte Antisemitismus wirkte sich unmittelbar in Plancks so sorgfältig gehütetem Reich der Wissenschaft, aus. Schließlich gehörten einige der Spitzenforscher Deutschlands dem jüdischen Glauben an, zum Beispiel die schon erwähnten Direktoren von Kaiser-Wilhelm-Instituten Einstein und Haber. Vor allem Einstein wurde sofort das Ziel von massiven Angriffen, in denen in verleumderischer Absicht behauptet wurde, er würde im Ausland Hetzkampagnen gegen Deutschland betreiben. Die Nazis mussten Einstein als Feind betrachten, nicht nur wegen seiner als spekulative jüdische Physik diskriminierten Relativitätstheorie, sondern auch wegen der von ihm als bekennendem Zionisten früher in den USA entfalteten Aktivitäten für den Staat Israel. Dazu gehörte eine Geldsammelaktion für die Hebräische Universität in Jerusalem, an der Einstein sich in den 1920er-Jahren beteiligt hatte.

Der Umgang der Nazis mit Einstein führte dazu, dass »der Mann des 20. Jahrhunderts«, zu dem ihn das Ausland im Jahre 2000 kürte, Deutschland für immer den Rücken kehrte und seine Mitgliedschaft in der Preußischen Akademie aufkündigte. Als Hitler die Macht ergriff, befand sich Einstein auf einer Vortragsreise in den

USA. Nach dem Januar 1933 kehrte er zwar noch einmal für kurze Zeit nach Europa – nach Belgien – zurück, aber er betrat nie wieder deutschen Boden und ließ sich bald endgültig an der amerikanischen Ostküste – in Princeton, New Jersey, mit seinem durch ihn heute berühmt gewordenen Institute for Advanced Studies – nieder.

Planck muss beides gleichermaßen geschmerzt haben – die Hetze gegen Einstein und die Abwesenheit des großen Mannes, den er zwanzig Jahre zuvor doch mit viel Geschick überredet hatte, von der Schweiz nach Berlin überzusiedeln. Bei der engen Freundschaft, die zwischen ihm und Einstein bestand, und bei dem Vertrauen, mit dem sich die beiden Großen der Physik begegnet sind, verwundert allerdings, was Planck am 19. März 1933 an Einstein schrieb:

> Ich erfahre mit tiefer Bekümmernis allerlei Gerüchte, die sich über Ihre öffentlichen und privaten Kundgebungen politischer Art in dieser unruhigen und schwierigen Zeit gebildet haben. Ich bin nicht in der Lage, ihre Bedeutung zu prüfen. Nur das eine sehe ich ganz klar, dass diese Nachrichten es allen, die Sie schätzen und verehren, außerordentlich schwer machen, für Sie einzutreten. Doch davon will ich weniger reden, als davon, dass Ihre Stammes- und Glaubensgenossen hier dadurch in ihrer ohnehin schon schwierigen Lage keineswegs erleichtert, sondern noch viel mehr gedrückt werden.

Offenbar hielt Planck es für angemessen, die staatlichen Lügen über Einstein nicht sofort als solche zu entlarven und empört von sich zu weisen. In seiner Staatstreue und -gläubigkeit konnte er sich nicht vorstellen, dass die Regierung – die Staatsführung – verlogen und verbrecherisch agierte, und so ging er in seinem Grundbedürfnis nach Bejahung der nationalen Ordnung schließlich sogar so weit, an Einsteins Glaubwürdigkeit zu zweifeln. Planck brachte darüber hinaus auch noch Verständnis dafür auf, dass ein vom Preußischen Kultusministerium eingesetzter Reichskommissar von der Akademie verlangte, ein Disziplinarverfahren gegen Einstein einzuleiten. Er wollte diesem unwürdigen Schauspiel allerdings zuvorkommen, indem er Einstein bat, freiwillig aus der Akademie auszutreten – ohne zu wissen, dass dies längst geschehen war und Einstein sein Amt bereits zur Verfügung gestellt hatte. Das von Planck am 31. März 1933 verfasste Schreiben an Einstein knüpfte an die Einschätzung von dessen Lage aus dem zuletzt zitierten Schreiben an:

> Inzwischen hat sich zu meinem tiefen Bedauern die Lage noch erheblich verschärft, und ich persönlich habe schwere Sorgen in Bezug auf die nächste Entwicklung der Dinge. Da lese ich heute in der Zeitung, dass Sie der deutschen Gesandtschaft in Belgien die Absicht zu erkennen gegeben hätten, Ihre preußische Staatsangehörigkeit aufzugeben und damit den Austritt aus der Akademie zu vollziehen. Sollte der Inhalt dieser Nachricht zutreffen, so drängt es mich in aller Aufrichtigkeit zu sagen, dass mir dieser Ihr Gedanke der einzige Ausweg zu sein scheint, der einerseits Ihnen eine ehrenvolle Lösung Ihres Verhältnisses zur Akademie sichert, andererseits Ihren Freunden ein unabsehbares Maß von Kummer und Schmerz erspart. Das zu schreiben halte ich für meine vordringliche Pflicht.

Diesen doch sehr wenig couragierten und eher enttäuschenden Worten fügte Planck wahrscheinlich etwas ängstlich einen Wunsch hinzu, der ihm »am Herzen« lag, nämlich Einstein gegenüber seine Zuversicht auszusprechen, »dass trotz der tiefen Kluft, die unsere politischen Anschauungen trennt, die persönlichen freundschaftlichen Beziehungen niemals eine Änderung erfahren.«

Einstein antwortete am 6. April 1933, und er beruhigte Planck zunächst, »dass auch die stärksten äußeren Belastungen es nicht vermocht haben, unsere gegenseitigen Beziehungen zu trüben. Diese stehen in ihrer alten Schönheit und Reinheit da, ungeachtet was sozusagen weiter unten sich zuträgt.«

Aber Einstein hatte zuvor auch sehr klare Worte über das Vorgehen der Akademie gefunden, und sie konnte Planck ganz sicher nicht so auffassen, dass alle anderen Mitglieder damit gemeint waren, nur eben er selbst nicht. Einstein ging in seinem Brief konkret auf eine Erklärung der Akademie ein, die einer ihrer vier Sekretäre, ein den Nazis nahe stehender Rechtsgelehrter, zwar in Abwesenheit der anderen, aber auch ohne ihren Protest bzw. Widerspruch mit Absicherung durch das Kultusministerium veröffentlicht hatte. In dieser Erklärung war davon die Rede, Einstein habe sich in Frankreich und Amerika an einer Verhetzung des Reichs beteiligt. Das konnte er nicht unwidersprochen lassen:

»Ich habe mich an keiner ›Greuelhetze‹ beteiligt«, versicherte er Planck. »Ich nehme zugunsten der Akademie an, dass sie eine derartig verleumderische Äußerung nur unter äußerem Druck getan hat. Aber auch in diesem Falle wird es ihr kaum zum Ruhme gereichen, und mancher von den Besseren wird sich dessen schon heute schämen. (...) Es wird wohl eine Zeit kommen, in der sich anständige Menschen unter anderem auch dessen schämen, in wie niedriger Weise man sich mir gegenüber verhalten hat.«

Selbstverständlich gehörte Planck zu den besseren und anständigen Menschen, die Einstein in seinem Brief erwähnt, und gerade deshalb wirkte eher peinlich und fast feige, was Planck in der Sitzung der Akademie sagte, als der »Fall Einstein« in offizieller Runde verhandelt wurde. Es sei tief zu bedauern, so ließ sich Planck vernehmen, »dass Herr Einstein selber durch sein politisches Verhalten sein Verbleiben in der Akademie unmöglich gemacht hat«. Zwar fügte er hinzu, dass die wissenschaftlichen Leistungen Einsteins über jeden Zweifel erhaben blieben und die physikalische Erkenntnis durch ihn »eine Vertiefung erfahren habe, deren Bedeutung nur an den Leistungen Johannes Keplers und Isaac Newtons gemessen werden kann«, aber es scheint, als ob Planck diese Erhöhung des – politisch bedingt – unliebsam gewordenen Wissenschaftler vor allem vornimmt, um die Nachwelt daran zu hindern, auf den Gedanken zu kommen, »dass die akademischen

Fachkollegen Herrn Einsteins noch nicht imstande waren, seine Bedeutung für die Wissenschaft voll zu würdigen«. Weder ein Bekenntnis zu dem Menschen Einstein noch ein Protest gegen seine Behandlung kam ihm über die Lippen.

Der Umgang mit Einstein war nur der Anfang der nationalsozialistischen Säuberungsaktionen, die sich bald nicht nur gegen Wissenschaftler richteten, die Deutschland schon verlassen hatten, sondern massiv alle nicht arischen Forscher ins Visier nahmen, die noch in den Universitäten oder den Instituten der Kaiser-Wilhelm-Gesellschaft arbeiteten. Nach Einstein wurden der Mathematiker Richard Courant, der Chemiker Fritz Haber und die Physiker Max Born, James Franck und Otto Stern erst attackiert und dann vertrieben. Das Kaiser-Wilhelm-Institut für Physikalische Chemie mussten zum Beispiel so viele jüdische Wissenschaftler verlassen, dass ein ordnungsgemäßer Betrieb überhaupt nicht mehr aufrechterhalten werden konnte.

In seiner Funktion als Präsident der Gesellschaft beorderte daher Planck in aller Eile den Chemiker Otto Hahn aus den USA zurück, der sich dort auf einer Vortragsreise befand. Hahn war bereits Direktor des Kaiser-Wilhelm-Instituts für Chemie, und nun wurde ihm auch die Leitung der Forschungsstätte angetragen, von der die Nazis Haber vertrieben hatten – unter rücksichtsloser Umgehung der Verordnung, die Teilnehmer am Ersten Weltkrieg von der Arisierungskampagne ausnahm. Als Hahn voller Entsetzen auf das Wüten der Nazichargen in der Wissenschaft blickte und Planck fragte, ob es nicht gelingen könnte, international anerkannte deutsche Professoren zu einem Protest gegen die Vertreibung jüdischer Forscher zu bewegen oder sie wenigstens zu einem mahnenden Appell zu überreden, antwortete Planck mit den zugleich hellsichtigen und ernüchternden Worten: »Wenn Sie heute 30 solcher Herren zusammenbringen, dann kommen morgen 150, die dagegen sprechen, weil sie die Stellen der anderen haben wollen.«

Die sicher zufällig gewählte Zahl hundertfünfzig hilft, den historischen Tatbestand des Verlustes an Wissenschaftlern zu quantifizieren, da es tatsächlich etwa so viele Physiker, Chemiker, Mathematiker, Genetiker und Vertreter anderer Fächer waren, die Deutschland schon bald nach Hitlers Machtantritt verließen – und es wären noch mehr gewesen, wenn sich Planck nicht darum bemüht hätte, einige davon abzuhalten, wie beispielsweise Lise Meitner, die damals mithilfe der Rockefeller Stiftung eine Stelle im Ausland angeboten bekam, diese Chance aber nicht wahrnahm, weil ihr Planck und Hahn zuredeten, »nicht wegzugehen«. Planck wollte die Forscherin nicht verlieren, und er unternahm alles, was in seiner Macht stand, um ihr den Nobelpreis zu verschaffen. Doch auf seine Vorschläge von 1935 und 1936 ging man nicht ein.

Die Geschichte der Emigranten findet sich zum Beispiel in dem Buch *Hitler's Gift. The True Story of the Scientists Expelled by the Nazi Regime* (»Hitlers Geschenk. Die wahre Geschichte der vom Naziregime ausgewiesenen Wissenschaftler«) von Jean Medawar und David Pyke.[1] Die Autoren drehen die üblicherweise eingenommene Perspektive um und stellen den Blick von außen dar. Denn Deutschlands Verlust war ein Gewinn für die Welt, und die Vertreibung der deutschen Forschung war ein großes Geschenk für die Universitäten in aller Welt. Aus ihrer Untersuchung erfährt man die Schwierigkeiten, vor denen durchweg unpolitische Forscher plötzlich standen, als die gesellschaftlichen Umstände ihre persönliche Freiheit massiv einschränkten und sie zu ideologischen Bekenntnissen zwangen; darüber hinaus bekommt man eine Vorstellung von dem ungeheuren Verlust an Kultur und Bildung, der mit dieser erzwungenen Fluchtbewegung verbunden war. Unweigerlich stellt sich beim Lesen die Frage, was gewesen wäre, wenn die Wissenschaftler, die sich für Deutschland entschieden hatten und im Lande geblieben waren, nicht nur bemüht gewesen wären, die Schäden der Abwanderung notdürftig zu kaschieren, sondern das dazugehörende staatliche Unrecht laut in die Welt hinausgeschrien hätten. »Durchhalten und weiterarbeiten« – Plancks Parole aus den Jahren nach 1918 hatte sich angesichts der Nazi-Brutalität von Hitlers willigen Helfern rasch verbraucht.

Zu den frühen persönlichen Enttäuschungen Plancks gehörte der im Anschluss an die einsetzende Arisierung der Universität erfolgte Rücktritt seines Nachfolgers Erwin Schrödinger. Aber obwohl ihm dieser Schritt Kummer bereitete, fühlte sich Planck nicht handlungsfähig, und er begnügte sich – voller Scham und ohnmächtiger Wut – zum wiederholten Male damit, nur von einer Wunde für die Berliner Physik zu sprechen, die man aushalten müsste und der man trotzig standzuhalten hätte.

Besonders dramatisch spitzte sich aber die Lage von Fritz Haber zu, dem wir »eines der wenigen Zeugnisse aufrechter Haltung deutscher Wissenschaftler zu Beginn der NS-Diktatur« verdanken, wie Margit Szöllösi-Janze in ihrer Biographie des schwierigen Deutschen schreibt. Dieses Dokument liest sich wie folgt:

> Meine Tradition verlangt von mir in einem wissenschaftlichen Amte, dass ich bei der Auswahl von Mitarbeitern nur die fachlichen und charakterlichen Eigenschaften der Bewerber berücksichtige, ohne nach ihrer rassenmässigen Beschaffenheit zu fragen. Sie werden von einem Manne, der im 65. Lebensjahr steht, keine Änderung der Denkweise erwarten, die ihn in den vergangenen 39 Jahren seines Hochschullebens geleitet hat, und Sie werden verstehen, dass ihm der Stolz, mit dem er seinem deutschen Heimatlande sein Leben lang gedient hat, jetzt diese Bitte um Versetzung in den Ruhestand vorschreibt.

Mit diesem Schreiben, das am 30. April 1933 verfasst wurde und an den nationalsozialistischen Kultusminister Bernhard Rust in Berlin gerichtet war, bat einer der berühmtesten Chemiker dieser Zeit, der konvertierte deutsche Jude Fritz Haber, von seinen akademischen Ämtern zurücktreten zu dürfen. Haber war Direktor des Kaiser-Wilhelm-Instituts für Physikalische Chemie in Berlin-Dahlem und zugleich Ordinarius der Berliner Universität. Unabhängig davon genoss Haber großen Ruhm und wurde seit 1915 als deutscher Nationalheld verehrt, weil es ihm unter hohem persönlichen Einsatz und aufgrund seines großen organisatorischen Talents gelungen war, Giftgas an der Front zum Einsatz zu bringen. Dieser Erfolg hatte ihm den Beinamen »Vater des Gaskriegs« eingebracht, um den viele Zeitgenossen – vor allem in England und Frankreich – ihn seinerzeit beneideten.

Darüber hinaus war er 1918 mit dem Nobelpreis für Chemie ausgezeichnet worden, weil er das »Brot aus des Luft geholt« hatte, wie man in der frühen Phase des 20. Jahrhunderts schrieb, als Haber entscheidend mithelfen konnte, das so genannte Haber-Bosch-Verfahren zu entwickeln, das heißt, die Fixierung des Stickstoffs aus der Luft und seine Überführung in Form von flüssigem Ammoniak, das zur Herstellung von Düngemitteln verwendet werden konnte.

Bevor die Nazis auftauchten und an die Spitze des Staates kamen, lebte Haber in der Überzeugung, in Krieg und Frieden das Richtige für das Vaterland getan zu haben, wie der Historiker Hermann schreibt, der überzeugt ist, dass dieser Gedanke dem Chemiker die Ächtung durch andere Nationen erträglich machte. Als Haber dann aber erleben musste, dass er nach 1933 von der neuen »nationalen Regierung« wegen seiner jüdischen Abstammung erneut verstoßen wurde und er sein Institut nicht mehr betreten durfte – ein uniformierter nationalsozialistischer Hausmeister versperrte ihm den Zugang –, brach für ihn eine Welt zusammen. »Ich habe mit eigenen Augen den wochenlangen Kampf angesehen, in welchem Haber sich zu seinem Rücktrittsgesuch durchrang«, berichtete Max von Laue erschüttert dem alten Planck. »Die Anfälle von Angina pectoris, an denen er seit mehreren Jahren schon litt, häuften sich, und ich erinnere mich heute noch, wie er nach einem solchen Anfall seufzte, ›Es ist schlimm mit solcher Krankheit. Man stirbt daran so langsam.‹«

Haber starb aber kurze Zeit danach, im Januar 1934 in Basel, wohin er als ein gebrochener Mann gekommen war, den die Deutschen als Juden verfemten und den die übrige Welt als Kriegswissenschaftler verachtete. Seine Vertreibung bzw. Flucht aus Deutschland konnte auch Planck nicht verhindern, obwohl er sich – mit Wissen Habers – beim Reichserziehungsministerium meldete und vorschlug, die Kündigung nicht zu akzeptieren und Haber im Amt zu lassen. Als Planck Anfang Mai mit seinem Bemühen an dieser Stelle nicht weiterkam, blieb ihm nur, sich nach ganz oben – also an Hitler selbst – zu wenden, und tatsächlich gelang es ihm, ein Treffen mit dem Führer für den 16. Mai 1933 zu vereinbaren. Der Besuch konnte nach außen ganz harmlos begründet werden, denn Planck hatte »nach der Machtergreifung durch Hitler (...) als Präsident der Kaiser-Wilhelm-Gesellschaft die Aufgabe, dem Führer meine Aufwartung zu machen«. So schreibt es Planck in einem kurzen Text, in dem er im Rückblick über das berichtete, was sich bei dieser Gelegenheit zugetragen hat – wobei die Glaubwürdigkeit dieser Schilderung deshalb angezweifelt werden darf, weil Planck seine Erinnerungen erst 1947 als fast Neunzigjähriger zu Papier brachte und in den *Physikalischen Blättern* veröffentlichte. Somit lagen mehr als ein Dutzend Jahre zwischen dem Besuch und dem Bericht. Dennoch lohnt ein Blick auf die einzige Quelle, in der Planck darüber Auskunft gibt, wie »Mein Besuch bei Adolf Hitler« abgelaufen ist. Aus der Erinnerung heraus zeichnete er folgendes Bild:

> Ich glaubte, diese Gelegenheit benutzen zu sollen, um ein Wort zu Gunsten meines jüdischen Kollegen Fritz Haber einzulegen, ohne dessen Verfahren zur Gewinnung des Ammoniaks aus dem Stickstoff der Luft der vorige Krieg von Anfang an verloren gewesen wäre. Hitler antwortete mir wörtlich:
> »Gegen die Juden an sich habe ich gar nichts. Aber die Juden

sind alle Kommunisten, und diese sind meine Feinde, gegen sie geht mein Kampf.«
Auf meine Bemerkung, dass es doch verschiedenartige Juden gäbe (...) darunter alte Familien mit bester deutscher Kultur und dass man Unterschiede machen müsse, erwiderte er:
»Das ist nicht richtig. Jud ist Jud; alle Juden hängen wie Kletten zusammen. Wo ein Jude ist, sammeln sich sofort andere Juden aller Art an. Es wäre die Aufgabe der Juden selber gewesen, einen Trennungsstrich zwischen den verschiedenen Arten zu ziehen. Das haben sie nicht getan, und deshalb muss ich gegen alle Juden gleichmäßig vorgehen.«
Auf meine Bemerkung, dass es aber geradezu eine Selbstverstümmelung wäre, wenn man wertvolle Juden nötige auszuwandern, weil wir ihre wissenschaftliche Arbeit nötig brauchen und diese sonst in erster Linie dem Ausland zugute komme, ließ er sich nicht weiter ein, erging sich in allgemeinen Redensarten und endete schließlich:
»Man sagt, ich leide gelegentlich an Nervenschwäche. Das ist eine Verleumdung. Ich habe Nerven wie Stahl.«
Dabei schlug er sich kräftig auf das Knie, sprach immer schneller und schaukelte sich in eine solche Wut hinauf, dass mir nichts übrig blieb, als zu verstummen und mich zu verabschieden.[2]

Wie es eigentlich gewesen war

Obwohl Planck sich schriftlich erst nach 1945 zu seinem Besuch bei Hitler geäußert hat, kursierten bereits Mitte der 1930er-Jahre allerlei Gerüchte über das, was dabei gesagt worden sein soll, und in weiten Kreisen der Wissenschaft glaubte man zum Beispiel bald zu wissen, dass Hitler Planck mit folgender Meinung eingeschüchtert und Angst um die künftige Förderung der Forschung gemacht hätte: »Unsere völkische Politik wird weder rückgängig gemacht noch abgeändert werden, auch nicht für die Wissenschaftler. Wenn die Entlassung jüdischer Wissenschaftler die Vernichtung der zeitgenössischen deutschen Wissenschaft bedeutet, dann werden wir eben einige Jahre lang ohne Wissenschaft auskommen.«[3]

Da klingt Hitler zwar so, wie wir ihn heute gern sehen und darstellen – nämlich ignorant, realitätsfern und borniert –, aber inzwischen zweifelt die Geschichtsschreibung an Bedeutung und Korrektheit des Berichts von Planck, sodass man wenigstens zum Teil das »heroisierte Bild« aufgeben muss, »das sich die Nachwelt von der Rolle Plancks im Nationalsozialismus machte«.[4] Allein die in dem oben zitierten Bericht getroffene Unterscheidung zwischen wertvollen und wertlosen Menschen eines Glaubens berechtigt zu skeptischer Nachdenklichkeit Planck gegenüber, auch wenn sich sein schockierender Vorschlag taktisch möglicherweise rechtfertigen lässt. Von einigen Seiten wird darüber hinaus sogar die Authentizität der in Plancks Bericht angeführten wörtlichen Zitate bezweifelt. Plancks Text muss als ein Bericht aus der Außenperspektive und der Distanz des Jahres 1947 gelesen und darf nicht als ein Dokument des Jahres 1933 analysiert werden.[5]

Bekanntlich dachte Planck traditionsbewusst, und als Präsident der Kaiser-Wilhelm-Gesellschaft befürwortete er sicher den Satz, den sein Vorgänger Adolf von Harnack bereits 1909 – also in der heilen Welt der Monarchie – formuliert hatte und der behauptete, dass »die deutsche Wehrkraft und die Wissenschaft die beiden starken Pfeiler der Größe Deutschlands« seien.[6] In diesem Sinne hat sich Planck im Namen der Gesellschaft immer wieder geäußert, etwa als er 1933 betonte, die Kaiser-Wilhelm-Gesellschaft habe den ausdrücklichen »Wunsch, im vaterländischen Interesse die seit Jahren bestehenden wissenschaftlichen Beziehungen zu Heer, Marine und Sanitätswesen auszubauen und intensiver zu gestalten«. Oder als er nicht einmal eine Woche nach seinem Besuch bei Hitler – am 23. Mai 1933 – vor der Hauptversammlung der Kaiser-Wilhelm-Gesellschaft verkündete, jeder, »der unser teures Vaterland wahrhaft liebt und der nicht nur an den nächsten

Augenblick, sondern etwas weiter in die Zukunft denkt, muss sofort zur Einsicht kommen, dass es heute niemandem, der überhaupt irgendeine Tätigkeit auszuüben vermag, erlaubt ist, nicht Gewehr bei Fuß zu stehen, dass es vielmehr für alle Deutschen nur *eine* Lösung gibt, die durch den Herrn Reichskanzler selbst in feierlicher Rede allerorten verkündet worden ist: Die Zusammenballung aller verfügbaren Kräfte zur aktiven Mitarbeit am Aufbau des Vaterlandes.«[7]

Allerdings ließ Planck es sich nicht nehmen, nach dieser unvermeidbaren Ergebenheitsadresse zu Beginn seiner Rede unüberhörbar die Namen von jüdischen Wissenschaftlern zu nennen, und zwar sehr deutlich vor den anderen: »Die deutsche Wissenschaft hat durch Heinrich Hertz und durch Wilhelm Conrad Röntgen Millionenwerte geschaffen, sie hat durch Fritz Haber und Carl Bosch im Weltkrieg uns die Mittel zur Ernährung und Verteidigung geliefert, und sie hat darüber hinaus dem deutschen Namen zu Ehre und Ansehen in der ganzen Welt verholfen.«

Darüber hinaus wagte Planck sogar, im Anschluss daran die Politiker energisch zurechtzuweisen, und sagte, es reiche nicht, wenn man die Wissenschaft nur finanziell ausreichend versorge und sich dann nicht weiter um sie kümmere. Die Behörden müssten die Forscher auch vor »unsachlichen Beunruhigungen durch Ereignisse der Tagespolitik« schützen. Nur so könnten sie ihre »im höchsten Sinne nationale Arbeit erfüllen«.

Als Präsident der Kaiser-Wilhelm-Gesellschaft konnte Planck nach 1933 gar nicht oft genug den Unterschied zwischen den jetzt von ihm geleiteten Forschungsinstituten und denen der Universität zum Ausdruck bringen. Während die letzteren »rein akademischen Zwecken dienen«, müssten die Kaiser-Wilhelm-Institute und ihre Mitarbeiter »immer die praktische Verwertbarkeit der Untersuchungen im Auge behalten«. Diese Reden können durchaus als Appelle an die Nationalsozialisten verstanden werden, dass moderne Forschung überlebenswichtig für einen Staat sei – und die Nazis verstanden die Botschaft des ersten Dieners der Wissenschaft. Sie sahen ein, »dass moderne Kriege nur mit einer modernen Wissenschaft im Hintergrund geführt werden konnten« und die Kaiser-Wilhelm-Gesellschaft diesbezüglich nur schwer zu ersetzen war, weshalb die politisch Verantwortlichen sie sehr vorsichtig behandelten und ihr Budget stark wachsen ließen – in vollem Ausmaß allerdings dann erst nach Plancks Präsidentschaft, die im Frühjahr 1936 endete.[8]

All dies und weitere Hinweise aus zeitgenössischen Quellen lassen einige Historiker heute zu dem Schluss kommen: »Entgegen seinem eigenen Bericht, der nur auf das Scheitern in der Frage der Entlassung jüdischer Wissenschaftler abhob, ging es Planck [bei seinem Besuch bei Hitler] in erster Linie um die Absicherung der künftigen Entwicklung der Gesellschaft«[9], die für Planck synonym mit der Wissenschaft war. Und in diesem Fall hörte er bei Hitler durchaus etwas, das ihn freuen konnte und das man dem frühesten überlieferten Zeugnis des Gipfeltreffens entnehmen kann, und zwar einem Brief, den Werner Heisenberg am 1. Juni 1933 an Max Born schrieb. Hitler habe zugesagt, so der von Planck persönlich über das Gespräch unterrichtete Heisenberg, über das Beamtengesetz hinaus nichts zu unternehmen, was »unsere Wissenschaft« erschweren würde. Mit anderen Worten, die Kaiser-Wilhelm-Gesellschaft konnte in dem gerade gezogenen engen Rahmen eigenständig bleiben und funktionieren, was für Planck – und nicht nur für ihn –beruhigend sein musste. In Hinblick auf dieses Ziel hatte Planck als Präsident der KWG bereits im Vorfeld seines Besuchs – am 5. Mai – die Einrichtung so genannter nationalsozialistischer Betriebszellen in seinen Forschungseinrichtungen akzeptiert, die als »rechtliche Vertretung der Institute« fungierten und bald dafür sorgten, dass die Bestimmungen des Gesetzes zur Wiederherstellung des Berufsbeamtentums durchgeführt wurden. Die jüdischen Mitarbeiter wurden entlassen, und von Haber war jetzt nach außen hin keine Rede mehr. Der Minister bewilligte seinen Rücktritt und wies ihn an, das Institut einem Nachfolger zu übergeben.

Planck bot sich übrigens die oben erwähnte Gelegenheit, Heisenberg über sein Treffen mit Hitler zu informieren, weil der damals in Leipzig lehrende Physiker von seinen Kollegen nach Berlin mit dem Auftrag geschickt worden war, bei Planck zu erkunden, ob ein kollektiver Rücktritt von Professoren ein angemessener Protest gegen die nationalsozialistische Politik an den Universitäten und Forschungsinstituten sei. Planck riet mit der Bemerkung ab, dass eine solche Demonstration nicht helfen würde, denn »was jetzt geschieht, ist wie eine Lawine, die den Berg herunterrast; da kann sich kein einzelner dagegenstellen; man muss warten, bis die Lawine unten angekommen ist, und dann retten, was zu retten ist. Dem einzelnen bleibt im Augenblick nur die Wahl auszuwandern oder das Unglück mit zu erleiden.« Und er fügte – wie nicht anders zu erwarten – Heisenberg gegenüber hinzu, »ich bitte Sie hier zu bleiben«[10], was der junge Nobelpreisträger auch unabhängig davon getan hätte. Wie Planck fühlte sich Heisenberg Deutschland und seiner Kultur sehr verbunden, und beide wollten ihren Platz nicht räumen, weil ihn sofort andere eingenommen hätten und erst recht Unheil über und durch die Wissenschaft gekommen wäre.

Grundlegende Probleme

Es ist offensichtlich – Planck schwankte (aber er trat nicht zurück, wie viele andere es vielleicht getan hätten). Er schwankte zwischen seiner Loyalität den wissenschaftlichen Kollegen gegenüber, die bei Haber höchsten Respekt und tiefste Bewunderung mit einschloss, und seiner Gehorsamspflicht der staatlichen Obrigkeit gegenüber, von der die von ihm geleitete Gesellschaft mit zahlreichen Mitarbeitern finanziell abhängig war.

Dieses Schwanken scheint ein Charakteristikum des Verhaltens vieler Menschen im Dritten Reich gewesen zu sein. Das Regime verlangte bekanntlich unentwegt Äußerungen des Bekennens – durch Grußformeln wie Heil Hitler oder Gesten wie dem

Erheben des rechten Arms zum Gruß. Zudem galt es immer wieder zu überlegen, wie man diesen Unterwerfungen entkommen konnte. Einige versuchten sich mithilfe von Ironie anzupassen – so hat einmal Max von Laue seinem jüngeren Kollegen Max Delbrück auf die Frage, ob man einen Brief an einen Naziführer mit der neuen oder der alten Grußformel – »Mit vorzüglicher Hochachtung« – abschließen sollte, geantwortet: »Beides ist doch gelogen, da würde ich nehmen, was den geringsten Ärger macht.« Andere versuchten, wirklich zu entkommen, allein schon deshalb, weil ihnen der tägliche Kleinkrieg um solche Verhaltensfragen zu viel Aufmerksamkeit abverlangte. Beide Wege waren Planck versperrt, der als Präsident der Kaiser-Wilhelm-Gesellschaft sich sogar in aller Öffentlichkeit bekennen – oder abwenden – musste. Wie schwer ihm die nötigen angepassten Verhaltensweisen gefallen sind, zeigt der Bericht, den der Physiker Paul Peter Ewald als Augenzeuge von der Eröffnung des Kaiser-Wilhelm-Instituts für Metallforschung in Stuttgart gegeben hat.

Die Zeremonie fand Mitte der 1930er-Jahre statt, und alle Zuschauer, die sich selbst anonym im Publikum verstecken konnten und keine sichtbaren Entscheidungen treffen mussten, »starrten auf Planck und warteten, was er tun würde, denn damals war es offiziell vorgeschrieben, öffentliche Ansprachen mit ›Heil Hitler‹ einzuleiten. Planck stand am Rednerpult und hob die Hand, ließ sie dann aber wieder sinken. Er tat es noch einmal. Dann schließlich ging seine Hand in die Höhe, und er sagte ›Heil Hitler‹ (…) Im Rückblick war es das Einzige, was er damals tun konnte, und man wollte ja schließlich nicht die gesamte Kaiser-Wilhelm-Gesellschaft in Gefahr bringen.«[11]

Vor allem Planck wollte das nicht, was aber in seinem Fall bedeutete, dass er sich ohne einen möglichen Ausweg auf die Vorschriften des nationalsozialistischen Regimes einlassen musste, die jeden in der Öffentlichkeit stehenden Menschen zu dauerndem Bekennen zwangen. Der Präsident der KWG konnte sich nicht drücken, wie es viele andere in den hinteren Reihen des Geschehens getan haben. Planck musste sich innerlich überwinden, und sein dreimaliger Anlauf beim Heben des rechten Arms zum Hitlergruß lässt ahnen, wie unglaublich schwer ihm dies gefallen ist und welche qualvollen Kämpfe er dabei mit seinem Gewissen auszutragen hatte.

Der amerikanische Historiker Alan Beyerchen findet für den eben geschilderten Vorgang eine angemessene Bewertung: So geringfügig der Vorfall im Rückblick erscheinen mag, er veranschaulicht »die Hunderte von tagtäglichen Entscheidungen, denen sich Physiker, und insbesondere Männer in angesehenen und verantwortlichen Stellungen, im Dritten Reich gegenüber sahen, wenn sie ihr Fach soweit wie möglich aus der Politik heraushalten wollten. Das grundlegende Problem war, das Ausmaß zu bestimmen, in welchem Kompromisse mit dem Regime notwendig waren, um sich ein Höchstmaß an beruflicher Autonomie zu bewahren. Wie die überwiegende Mehrheit der Professorenschaft, waren die deutschen Physiker mit Nachdruck bestrebt, sich von der Politik fernzuhalten, aber das gelang ihnen so wenig wie den meisten ihrer Kollegen.«

»Die Physik im Kampf um die Weltanschauung«

Planck stand als Präsident und als hochgestellte Persönlichkeit im Rampenlicht der Öffentlichkeit, und hier galten andere Regeln als im privaten Kreis. Es gab dennoch auch andere Möglichkeiten, um Stellung zu beziehen. Und Planck hat sie an mindestens einer Stelle genutzt, um sich zwar indirekt, aber trotzdem eindeutig zu positionieren. Er unternahm damit etwas, was ihm viele bei seiner bedachten Reserviertheit nicht zugetraut hätten. Den rechten Arm aus Pflichtgefühl einer größeren Sache gegenüber zum deutschen Gruß erheben, das konnte man sich vorstellen. Aber dass er pointiert seine Sorge um Deutschland unter der nationalsozialistischen Herrschaft verkündete, das kam überraschend. Er riskierte es am

6. März 1935, als er im Harnack-Haus über »Die Physik im Kampf um die Weltanschauung« sprach.[12]

Planck schilderte zunächst das Bemühen der Wissenschaft um Ordnung der Phänomene bzw. des Stoffes, und stellte dann seine geliebte Disziplin der Klassischen Physik vor, die höchst wirkungsvoll mit der Realität zurechtkam und ihre Gesetze erkundete, bis sie sich den Atomen und ihren Bauteilen widmete und dabei einen neuen Umgang mit der Kausalität lernen musste. Im Inneren der Welt tauchte »ein der Klassischen Physik fremdes Element der kausalen Betrachtung« auf, das auf Wahrscheinlichkeiten hinwies und Unbestimmtheiten zuließ, die nicht jedem gefielen. Planck war nicht sicher, »ob und wie weit man auf diesem [jetzt eingeschlagenen] Weg weiterkommen wird«, aber er drückte seine Überzeugung aus, dass solche offenen Fragen das Glück des Forschers ausmachten, der ja nicht die Ruhe des Besitzens, sondern die Vermehrung der Erkenntnis anstrebte.

Dann überschritt Planck die Grenzen der physikalischen Wissenschaften, ohne die ihnen inhärente »ethische Forderung der Wahrhaftigkeit und der Ehrlichkeit« aufzugeben. Seiner Ansicht nach gab es etwas, das »in erschreckendem Gegensatz« zu dieser »ersten und vornehmsten Tugend« stand, und das war »die gedankenlose und bequeme Nachsicht«, mit welcher absichtliche Lügen »in unserem täglichen Leben hingenommen werden«, vor allem von denen, »die an verantwortlichen Stellen zu wirken haben«. Damit gehe nicht nur die Wahrhaftigkeit verloren, sondern auch die untrennbar mit ihr verbundene »Gerechtigkeit, die ja nichts weiter bedeutet, als die widerspruchsfreie praktische Durchführung der sittlichen Beurteilung von Gesinnungen und Handlungen«. Und damit kam Planck zu seiner eigentlichen (politischen) Botschaft:

> Wie die Naturgesetze ehern und folgerichtig wirken, im Großen nicht anders wie im Kleinen, so verlangt auch das Zusammenleben der Menschen gleiches Recht für alle, für Hoch und Niedrig, Vornehm und Gering. Wehe dem Gemeinwesen, wenn

in ihm das Gefühl der Rechtssicherheit ins Wanken kommt, wenn bei Rechtsstreitigkeiten die Rücksicht auf Stellung und Herkunft eine Rolle spielt, wenn der Wehrlose sich nicht mehr von oben geschützt weiß vor dem Zugriff des mächtigen Nachbars, wenn offenbare Rechtsbeugungen mit fadenscheinigen Nützlichkeitsbegründungen bemäntelt werden. Für die Rechtssicherheit besitzt gerade der einfache Mann ein feines Empfinden. Nichts hat den großen König Friedrich volkstümlicher gemacht als das Märchen mit dem Müller von Sanssouci. In solcher Gesinnung [sind] Preußen und Deutschland groß geworden. Möge sie unserm Volke niemals verloren gehen! Ein jeder, der sein Vaterland liebt, hat die heilige Pflicht, an ihrer Erhaltung und Vertiefung mitzuarbeiten.[13]

Das angesprochene Märchen mit dem Müller von Sanssouci handelt von einer komplizierten Auseinandersetzung Friedrichs II. mit einem Müller, was zu einem Streit führte, den keiner verlieren – aber der Müller vor Gericht und in den Augen seiner Mitmenschen ruhig gewinnen durfte. So empfahl es ein Berater des Monarchen, was zuletzt alle mit erhobenem Haupt und als Sieger dastehen ließ und zeigt, wie in Preußen Gerechtigkeit zustande kommen konnte.

Die zitierten klaren Worte müssen Planck ebenso viel Überwindung gekostet haben wie das Heben der rechten Hand zum Hitlergruß. In einem Fall zwang ihn seine »innere Wahrhaftigkeit«, in dem anderen seine Staatsloyalität, die noch schweren Belastungsproben ausgesetzt werden sollte. Das Zitat zeigt aber deutlich, dass Planck als Persönlichkeit des öffentlichen Lebens die notwendigen Anpassungen nach außen hin unternahm, ohne dass seine Gesinnung davon tangiert wurde.

Am 29. Januar 1935 – ein Jahr nach Habers Tod im Exil– wollte die Kaiser-Wilhelm-Gesellschaft in Verbindung mit der Deutschen Chemischen und der Deutschen Physikalischen Gesellschaft in dem Harnack-Haus in Berlin eine Gedenkfeier zu seinen Ehren abhalten. Diese von Anfang an berühmte und bis heute genutzte Tagungsstätte war 1929 am Tag des achtundsiebzigsten Geburtstags des Namensgebers feierlich eingeweiht worden, und bei dieser Gelegenheit hatte der damalige Außenminister Gustav Stresemann von den Möglichkeiten gesprochen, die das Wissen freilegen könne, wenn es unter verschiedenen Aspekten unter einem Dach zusammenkommen und auf ein Ziel hin ausgerichtet werden konnte.

Fünfhundert Sitzplätze bot der große Saal des Hauses, und er war voll besetzt, als die Trauerfeier für Haber begann. Verstörend war jedoch, dass die überwiegende Mehrzahl der Anwesenden Damen waren. Sogar Habers Sohn fehlte, und von den Kollegen – Wissenschaftlern ohne Amt – zeigten sich nur vier, und sie hatten auf den hinteren Bänken Platz genommen.[14] Aus Habers altem Institut, dem Kaiser-Wilhelm-Institut für Physikalische Chemie, war niemand gekommen, und sogar Karl-Friedrich Bonhoeffer, sein bekanntester Schüler, fehlte unter den Gästen, obwohl er eine Trauerrede halten sollte. Sie wurde schließlich von Otto Hahn verlesen, der in Begleitung Plancks an das Rednerpult trat.

Bei den vielen Damen im Saal handelte es sich um die Gattinnen persönlicher Freude Habers oder der Professoren und Wissenschaftler, die in der Kaiser-Wilhelm-Gesellschaft oder an der Universität gearbeitet hatten. Den Herren selbst war durch einen Erlass der Reichserziehungsminister vom 15. Januar 1935 die Teilnahme mit der fadenscheinigen Begründung untersagt worden, Haber habe den nationalsozialistischen Staat entschieden abgelehnt. Die Politik musste die Feier als bedrohlich empfinden, und zwar allein deswegen, da es zu den damaligen Sitten gehörte, nur die größten Deutschen an ihrem ersten Todestag zu ehren. Außerdem wollte die Staatsführung, dass sich die Menschen auf den Tag danach konzentrieren sollten, also den 30. Januar 1935, an dem der zweite Jahrestag von Hitlers Machtergreifung gefeiert werden sollte.

Der schockierende Erlass mit dem Verbot kam überraschend für Planck und die anderen, die die Haber-Gedächtnisfeier vorbereiteten, und obwohl nicht die ganze Veranstaltung, sondern nur die Teilnahme von Beamten und Angestellten verboten worden war, wie Planck sofort bemerkte, wollte er als erste Reaktion »um des lieben Friedens willen« die Zusammenkunft absagen. Doch dann setzte sich in ihm ein Gefühl durch, das älter und tiefer reichte als Gehorsam gegenüber der Staatsmacht, und zwar das Bedürfnis nach persönlicher Treue. Drei Tage nach dem Erhalt der ministeriellen Anweisung widersprach Planck in einem Schreiben an den Minister dessen Vorwurf, die Feier stelle eine Brüskierung des nationalsozialistischen Staates dar. Das Gedenken an Haber sei vielmehr »ein durch alte Sitte vorgeschriebener Brauch selbstverständlicher Pietät gegen ein verstorbenes Mitglied, welches sich, ohne jemals politisch irgendwie hervorgetreten zu sein, unvergängliche Verdienste um die deutsche Wissenschaft, Wirtschaft und Kriegstechnik erworben hat«.

Dies war zwar mutig, aber ob die Feier nun stattfinden konnte, war ebenso wenig klar wie die Reaktionen der zahlreichen Gäste, die man im Fall ihrer »im hohen Grad blamablen« Ausladung zu erwarten hatte, wie Planck sich ausdrückte, dessen Kampfbereitschaft zunahm. In der langsam unübersichtlich werdenden Lage entschloss er sich, den Minister in dessen Villa in Dahlem persönlich aufzusuchen. Planck zeichnete den Inhalt des Gesprächs zusammen mit der Schilderung anderer Aktivitäten, die in Verbindung mit Habers Todestag standen und der Feier vorangingen, noch am selben Tag in einem Memorandum auf. Das Papier sollte den Vizepräsidenten der Kaiser-Wilhelm-Gesellschaft informieren, der Träger eines großen Namens war, nämlich Gustav Krupp von Bohlen und Halbach. Dort war zu lesen, dass nach einem eher wirren Austausch von Argumenten – Planck wies auf Habers Verdienste hin, was der Minister Rust mit dem Aufzählen von Großtaten der Nazis konterte – Planck konkret wissen wollte, ob Bonhoeffer die Teilnahme und das Halten der Trauerrede gestattet sei. Rust sagte dies zwar erst zu, kümmerte sich dann aber nicht mit ausreichendem Nachdruck um die Sache, sodass seine Beamten die Anweisung nicht umsetzten. Sie wurde vergessen, wie es hieß, und der eigens aus Leipzig angereiste Bonhoeffer war daher trotz intensiver Gespräche mit dem Ministerium am Tag vor der Feier von der Veranstaltung ausgeschlossen. Immerhin konnte er durchsetzen, dass seine Rede verlesen werden durfte – eine »große Erleichterung« für Planck, der immer noch Angst vor gewaltsamen Störungen hatte, aber fest zur Feier entschlossen war – »außer man holt mich mit der Polizei heraus«, wie er Lise Meitner gegenüber äußerte.

Die Störungen blieben aus, und die Polizei tauchte auch nicht auf. Die Haber-Gedächtnisfeier verlief ruhig und – unter den gegebenen Umständen – sogar würdig. Von den Teilnehmern wurde sie als »eine der stimmungsvollsten« Zusammenkünfte betrachtet, die der Kaiser-Wilhelm-Gesellschaft je gelungen war. Planck eröffnete die Veranstaltung – nach dem Hitlergruß –, indem er die Stunde »dem großen Gelehrten, dem lauteren Menschen und dem deutschen Kämpfer« widmete: »Haber hat uns die Treue gehalten, wir werden ihm die Treue halten«, lauteten seine ersten Worte in der Erinnerung von Lise Meitner. Nach weiteren kurzen Ansprachen verlas Otto Hahn Bonhoeffers Rede, deren Text uns nicht vorliegt, da das Ministerium jede Publikation verboten hatte und das Manuskript in den Wirren der nächsten Jahre verlorengegangen ist.

Die Haber-Gedächtnisfeier wird in der historischen Forschung unterschiedlich eingeschätzt. Hier sei sie – derDeutung des amerikanischen Geschichtswissenschaftlers Alan Beyerchen folgend – positiv gewertet, der sie als die einzige öffentliche Protestkundgebung deutscher Wissenschaftler im Dritten Reich gewürdigt hat. Natürlich ist dabei nicht zu übersehen, dass nicht so sehr gegen die nationalsozialistische Ideologie protestiert wurde, sondern mehr gegen die schäbige Behandlung eines Großen der Forschung.

Einfluss auf die finanziellen Zuwendungen des Staates für die Kaiser-Wilhelm-Gesellschaft hatte die Feier nicht – der Geldstrom nahm im Gegenteil zu, da das Regime längst verstanden hatte, dass dort kriegsrelevante und vielleicht sogar kriegsentscheidende Forschung betrieben wurde – wobei den Historikern des 20. Jahrhunderts zufolge Hitlers Politik von Anfang an auf die Vorbereitungen des nächsten Krieges ausgerichtet war. Mit der dazu gehörenden Tätigkeit wurde konkret und massiv im September 1936 begonnen, als die Nationalsozialisten auch für die Wissenschaft einen Vierjahresplan vorlegten, der »den Beginn einer in ›Friedenzeiten‹ vorgezogenen Kriegswirtschaft« markierte.[15]

Dieser Augenblick der Geschichte fällt nicht zufällig mit dem Ende von Plancks Präsidentschaft zusammen, dessen Amtszeit der Etablierung und Anerkennung der Kaiser-Wilhelm-Gesellschaft gedient hatte. Plancks Nachfolger wurden erst der Chemiker Carl Bosch, der auch Chef der IG Farben war, und nach 1941 der Stahlindustrielle Albert Vögler. Unter ihrer Führung wuchsen die finanziellen Zuwendungen an die Gesellschaft, die erst nach dem Ende des Zweiten Weltkriegs wieder in Zusammenhang mit der Person Planck zu betrachten ist.

Zu den Besonderheiten von Plancks Präsidentschaft zählt auch eine Initiative seiner Generalverwaltung, die bereits vor der nationalsozialistischen Machtergreifung eine gezielte Ostpolitik betrieb und zum Beispiel ein in Danzig angesiedeltes Observatorium übernahm und als Meteorologisches Institut fortführte. Das Ziel bestand darin, wie Planck erklärte, »das Deutschtum in Danzig zu stärken«. Vom Sommer 1934 an bemühte sich ein Teil der Generalverwaltung darum, mit Lettland und Estland Fühlung aufzunehmen, weil man der Meinung war, dass auf diesem Wege »dem Deutschtum in den Baltischen Ländern sehr geholfen werden könne«, wobei zu bedenken gilt, dass die diplomatischen Beziehungen zwischen Deutschland und den genannten Staaten damals ausgesprochen schwierig waren. Der Gelehrtenaustausch kam aber zustande, und 1937 war es Planck selbst, der als bald Achtzigjähriger nach Estland und Lettland reiste, um in Riga, Tallin und in anderen Städten Vorträge zu halten, von denen einer besonders beeindruckte. Er handelte von »Religion und Naturwissenschaft«.[16]

Planck wusste natürlich – und er erinnerte seine Zuhörer auch daran –, dass früher große Naturforscher nicht nur keine Probleme darin sahen, Wissen und Glauben zu verbinden, sondern sogar die Vermehrung des Wissens – buchstäblich – als Gottesdienst auffassten. Dabei kann es natürlich passieren, dass das, was wir naiv glauben – etwa dass Gott Wunder tun kann – im Widerspruch zu dem gerät, was wir wissenschaftlich unter der Voraussetzung erkunden, dass alles mit rechten Dingen nach den Gesetzen von Ursache und Wirkung abläuft. Planck stellte die Frage, ob »ein naturwissenschaftlich Gebildeter zugleich auch echt religiös sein kann«, und er analysierte dazu die »Merkmale echter Religiosität« und »die Art der Gesetze, die uns die Naturwissenschaft lehrt«.

»Religion ist die Bindung des Menschen an Gott«, führte er aus, wobei Gott selbst unfassbar bleibt, dessen Heiligkeit wir deshalb mit Symbolen erfassen. Gott befindet sich aber für den religiösen Menschen keineswegs nur in diesen Symbolen bzw. im Geist der Menschen. Er existierte vielmehr bereits, »ehe es überhaupt Menschen auf der Erde gab«, sodass er »von Ewigkeit her die ganze Welt, Gläubige und Ungläubige, in seiner allmächtigen Hand hält«.

Im Rahmen der Wissenschaft ließen sich auch »unantastbare Wahrheiten« ausmachen, wie Planck betonte, um sogleich von diesem hohen Standpunkt herabzusteigen und bescheiden auf die »kleinen Zahlen« seiner Physik hinzuweisen, die sie als universelle Konstanten bezeichnet. Bestimmt dachte Planck dabei speziell an sein Wirkungsquantum, das er aber nicht gezielt ansprach. Er fuhr stattdessen allgemein mit der Bemerkung fort, dass »die Existenz dieser Konstanten [in seiner Sicht] ein greifbarer Beweis für das Vorhandensein einer Realität in der Natur [ist], die unabhängig ist von jeder menschlichen Messung«.

Planck bezeichnete es als etwas Wunderbares – nicht als Wunder –, »dass wir, winzige Geschöpfe auf einem beliebig winzigen Planeten, imstande sind, mit unseren Gedanken (...) das Vorhandensein und die Größe der elementaren Bausteine der ganzen großen Welt zu erkennen«, und er ging noch weiter. Er stellte als »unbezweifelbares Ergebnis der physikalischen Forschung« die Einsicht vor, dass die genannten elementaren Bausteine des Weltgebäudes »nach einem einzigen Plan aneinandergefügt sind«, dass »in allen Vorgängen der Natur eine universale, uns bis zu einem gewissen Grad erkennbare Gesetzlichkeit herrscht«.

Um dies zu demonstrieren, erläuterte er zuerst das Prinzip von der Erhaltung der Energie, um danach »ein viel umfassenderes Gesetz« vorzustellen, »welches die Eigentümlichkeit hat, dass es auf jedwede den Verlauf eines Naturvorganges betreffende sinnvolle Frage eine eindeutige Antwort gibt«. Dieses Gesetz besitzt nicht nur genaue Gültigkeit »auch in der allerneuesten Physik«, sondern erweckt darüber hinaus den Eindruck, »als ob die Natur von einem vernünftigen, zweckbewussten Willen regiert würde«, etwas, das Planck sich nicht scheute, »als das allergrößte Wunder« anzusehen. Gemeint ist das bereits seit vielen Jahrhunderten bekannte »Prinzip der kleinsten Wirkung«, »nach welchem später auch das elementare Wirkungsquantum seinen Namen bekommen hat«, wie er hinzufügte, ohne seinen Namen dabei als Urheber oder Entdecker zu erwähnen.

Das Prinzip der kleinsten Wirkung besagt zum Beispiel für Lichtstrahlen, dass sie von allen möglichen Wegen den durchlaufen, der sie am schnellsten – mit dem geringsten Aufwand – zum Ziel führt, was Planck zu der Bemerkung veranlasste, »die Photonen, welche den Lichtstrahl bilden, verhalten sich also wie vernünftige Wesen«.

Tatsächlich wird durch das Prinzip der kleinsten Wirkung die klassische Kausalität der Physik durch eine *causa finalis* ergänzt, die angestrebte Ziele mit berücksichtigt, und daraus schloss Planck: »Die exakte Naturwissenschaft lehrt«, dass die Gesetzlichkeit in dem Bereich, in dem wir uns auskennen, »unabhängig ist von der Existenz einer denkenden Menschheit« und eine Formulierung zulässt, »die einem zweckmäßigen Handeln entspricht«.

Damit fühlte er sich in der Lage, »die Weltordnung der Naturwissenschaft und den Gott der Religion miteinander zu identifizieren«. Denn nach den vorhergehenden Überlegungen »ist die Gottheit, die der religiöse Mensch mit seinen anschaulichen Symbolen sich nahezubringen sucht, wesensgleich mit der naturgesetzlichen Macht, von der dem forschenden Menschen die Sinnesempfindungen bis zu einem gewissen Grade Kunde geben«. Der Unterschied besteht darin, dass für den religiösen Menschen Gott unmittelbar gegeben ist, während der naturwissenschaftlich orientierte Mensch erst zu seinen Gesetzen finden muss. Für den einen steht daher Gott »am Anfang« und für den anderen »am Ende alles Denkens«.

Religion und Naturwissenschaft – so schloss Planck seinen Vortrag im Baltikum 1937 – führen gemeinsam einen fortgesetzten Kampf »gegen Skeptizismus und gegen Aberglauben«, in dem sie nie erlahmen dürften und in dem »das richtungweisende Losungswort (...) von jeher und in alle Zukunft« heiße: »Hin zu Gott!«

Noch im selben Jahr – im Dezember 1937 – griff Planck erneut ein schwieriges Thema auf, als er sich während eines in der Technischen Hochschule in München gehaltenen Vortrags der Frage stellte: »Ist alles, was in der Welt geschieht, im Voraus bis auf jede Einzelheit festgelegt, determiniert, oder ist es nicht determiniert?«[17]

Hinter dieser einfach formulierbaren und rasch einleuchtenden Problematik verbergen sich fundamentale – und nach wie vor aktuelle – Fragen wie die nach dem freien Willen des Menschen, nach der Bedeutung des Zufalls im Leben und seiner Entfaltung und nach der Rolle eines Gottes im Ablauf der Welt. Denn wenn auch nur der geringste Spielraum für Indeterminismus gelassen wird, dann muss man sich unter Gott jemanden vorstellen, der auch nicht weiß, wie die Dinge in fünf Minuten liegen, und ihnen also ihren Lauf lassen muss – wenigstens in mancher Hinsicht. (Wobei das Wort »wissen«, wenn wir es verwenden, eine Fähigkeit anspricht, die einem Wesen mit menschlichem Bewusstsein zukommt. So ausgestattet dürfen wir uns Gott aber auf keinen Fall vorstellen; sein Bewusstsein muss anders als das unsrige sein.)

Planck führte in das große Thema mit einer kleinen Frage ein, indem er seine Zuhörer zu überlegen bat, ob das morgige Wetter determiniert sei oder nicht, wobei jemand, der mit der modernen Chaosforschung des späten 20. Jahrhunderts vertraut ist, bereits vor der Kenntnis von Plancks damaliger Antwort einwenden wird, dass der Entdecker des Quantums den hierin zum Ausdruck kommenden Aspekt seiner Wissenschaft noch nicht kennen konnte. Die Erforschung komplexer Systeme, zu denen das Wetter ebenso gehört wie das Geschehen auf dem Markt, hat ergeben, dass selbst die vollständige Kenntnis sowohl der physikalischen Gesetze als auch der Anfangsbedingungen des untersuchten Systems nicht garantiert, dass man seine Entwicklung voraussagen kann. Mit anderen Worten, was sich so weit, wie es wissenschaftlich möglich ist, als determiniert erweist, kann sich trotzdem unvorhersagbar – und insofern chaotisch – verhalten.

Planck verschärfte zunächst die Frage nach dem Wetter und wollte wissen, ob das Wetter überhaupt »in Wirklichkeit« determiniert ist, weil nur dies relevant ist. Mit dieser Verschärfung konnte er eine überraschende Antwort geben, die seine Warnung unterstrich, »mit dem Wort ›wirklich‹ soll man vorsichtig umgehen«. Und in diesem Zusammenhang lässt sich mit gebotener Zurückhaltung sagen, »›wirklich‹ sind nicht die physikalischen Gesetze und deren Anwendung bis zur exakten Berechnung aller Einzelheiten des Wetters, sondern ›wirklich‹ sind die Meteorologen, die den Wetterdienst verrichten und die aufgrund des vorliegenden Materials ihre Prognose ausarbeiten. Alles andere ist Theorie, ist Verallgemeinerung, aber nicht Wirklichkeit. Und von diesem Standpunkt aus gesehen ist das morgige Wetter ›in Wirklichkeit‹ indeterminiert, für jetzt und wohl auch für alle absehbaren Zeiten.«

Spannender ist natürlich »das uralte Problem der Willensfreiheit«, also die bereits angesprochene Frage: »Ist der menschliche Wille determiniert oder ist er nicht determiniert?« Plancks Vorschlag für die Antwort schloss an das Wetter an: »Auch hier kommt alles auf die Voraussetzungen an, mit denen man an die Beantwortung der Frage herangeht.« Denn »wenn man sich auf den Standpunkt objektiv wissenschaftlicher Betrachtung stellt, so muss der menschliche Wille als vollkommen determiniert angesehen werden. Denn die Wissenschaft kann mit einem freien Willen nichts anfangen.« Hingegen »vom subjektiven Standpunkt des Selbstbewusstseins aus betrachtet ist der menschliche Wille frei«, was Planck nicht zuletzt mit dem sicheren Gefühl begründete, das wir haben und mit dem wir uns frei empfinden, wenn wir vor eine Entscheidung gestellt sind, denn »was ist wirklicher als dieses sichere Gefühl?«

Nach diesem Durchstreifen von Bereichen der menschlichen Erfahrung wandte sich Planck der unanschaulichen Welt der Atome und Elektronen zu, in der es nach der Quantenmechanik so etwas wie einen prinzipiellen Indeterminismus geben soll – was sich vielleicht noch als trügerisch erweist, wie Planck vergeblich hoffte. Er sah das Hauptproblem für das Geschehen auf der atomaren Bühne zum einen darin, dass die Zuschauer – die Experimentatoren mit ihren Messgeräten – mit dazu gehören und dass zum anderen die Apparate nicht beliebig klein werden können. »Es ist unmöglich, das Innere eines Körpers zu sondieren, wenn die Sonde größer ist als der ganze Körper«, sagte er, und natürlich gibt es keine Probekörper, die kleiner als ein Atom sind. Daher bleiben nur die Gedanken, um den Mikrokosmos zu erkunden, denn »Gedanken sind feiner als Atome und Elektronen«.

Leider haben sie sich in den letzten Jahren der Physik »immer weiter von dem entfernt, was man gemeinhin Anschaulichkeit zu nennen pflegt«, aber das werde sich künftig ändern, denn das, was eine Epoche als unanschaulich ansieht, könne sich ändern. Planck nannte als Beispiel den elektrischen Strom, der hundert Jahre vor seiner Zeit noch besonderer Gewöhnung bedurfte.

Planck ermutigte die Menschen, sich mit »himmelstürmenden Phantasien« zu beschäftigen, ohne zu vergessen, dass »dicht neben der höchsten Vernunft der größte Unsinn lauert«. Und er schloss damit, dass er sich fast dafür entschuldigte, die Zuhörer mit solchen Themen belästigt zu haben, wo sie doch »häufig voll in Anspruch genommen werden von den großen Ereignissen, die sich rings um uns in der Welt abspielen«. Damit hat er Gelegenheit, am Ende eine politische Botschaft in den Vortrag einzuschleusen, indem er an die alte Wahrheit erinnerte, »dass dem Gemeinwohl am besten gedient wird, wenn ein jeder an dem Platze, an den ihn das Schicksal gestellt hat, unbeirrt durch äußere Störungen nach bestem Wissen und Können, wenn auch nur in Stille, den ihm jetzt obliegenden Pflichten nachgeht« – »zum Segen unseres teuren deutschen Vaterlandes«.

Planck hatte kurz zuvor – im November 1937 – nach dieser Maxime gehandelt, als das goldene Jubiläum der Physikalisch-technischen Reichsanstalt zu feiern war. Die unter anderem mit dem großen Namen von Hermann von Helmholtz verbundene Institution wurde leider damals von dem offen als Antisemit agierenden Johannes Stark geleitet, was es Planck schwermachte, an den Feierlichkeiten teilzunehmen. Er würde neben Stark sitzen, und das Ausland würde sich wieder seinen Teil denken. Otto Hahn und Lise Meitner rieten dringend ab, sich bei der Physikalisch-technischen Reichsanstalt blicken zu lassen, obwohl es Wissenschaftler aus ihren Reihen waren, deren Experimente auf Plancks Quantum der Wirkung hingewiesen und seinen Triumph ermöglicht hatten. Nach einigem Schwanken kam Planck zu einem anderen Schluss als dem seiner Freunde. Er entschied, »dass die Reichsanstalt wichtiger ist als die Person des Herrn Stark«, und sagte seine Teilnahme zu.

Der achtzigste Geburtstag

Das Jahr 1938 begann gut für Planck. Als einem persönlichen Triumph konnte er der Gründung eines Kaiser-Wilhelm-Instituts für Physik entgegensehen, das seinen Namen tragen sollte, obwohl die antisemitischen Vertreter einer »deutschen Physik« der Ansicht waren, daß »Planck nicht genug für die Physik getan habe, um einer solchen Auszeichnung würdig zu sein«.[18] Planck hatte sich seit den Tagen, in denen er Einstein nach Berlin geholt hatte, für ein solches Institut eingesetzt, stieß aber immer wieder auf neue Schwierigkeiten, die zumeist finanzieller Art waren. Im Dezember 1929 hatte die Kaiser-Wilhelm-Gesellschaft erst die Preußische Akademie und dann sogar die Rockefeller Stiftung um Unterstützung gebeten. Hilfe kam vor allem von der amerikanischen Seite, die ihre Zuwendung an die übliche Bedingung knüpfte, dass die Gesellschaft die anfallenden Betriebskosten übernehme, womit der Generalsekretär, Friedrich Glum, einverstanden war.

Die Vertreter der Rockefeller Stiftung erkannten rasch, dass »die Fertigstellung des Physik-Instituts [Planck] sehr am Herzen«

lag. »Es war für ihn tatsächlich zur Arche geworden, in die sich ein paar vorbildliche Physiker hatten flüchten können, um die über das Land hinwegfegenden nationalen Stürme zu überstehen.«[19] Bereits im Juni 1934 hatte Planck sich festgelegt, wer der Noah in dieser Arche werden sollte, nämlich der Niederländer Peter Debye, der als Experimentalphysiker an der Universität Leipzig tätig war und dort glänzend mit dem Theoretiker Heisenberg zusammenarbeitete. Debye galt als ausreichend zäh, um sich nicht von NS-Bürokraten einschüchtern zu lassen, und ihm gelang es tatsächlich – wenn auch nur mühevoll und langsam – die Voraussetzungen zur Errichtung des Instituts zu schaffen, das 1937 die Arbeit aufnehmen konnte und dessen feierliche Einweihung endlich im Mai 1938 stattfand.

Zu diesem Zeitpunkt hatten Physiker und andere Gelehrte Max Planck zu seinem achtzigstem Geburtstag am 23. April 1938 bereits ihre Aufwartung gemacht (obwohl die Nazis deutlich gemacht hatten, wie wenig sie von repräsentativen Festveranstaltungen außerhalb der Politik hielten). Vom Morgen an wurde gefeiert, erst im Kreis von Verwandten und Freunden, die zum Teil ihre Instrumente mitgebracht hatten und zusammen mit dem Jubilar und für ihn musizierten. Für den späten Nachmittag war die offizielle Gratulation im Helmholtz-Saal des Harnack-Hauses vorgesehen, und bei der Gelegenheit wurden Reden gehalten und Plancks liebste Orchesterwerke gespielt, nämlich das *Dritte Brandenburgische Konzert* von Johann Sebastian Bach und die *Kleine Nachtmusik* von Wolfgang Amadeus Mozart.

Die Reden wurden, übrigens durch tätigen Einsatz des Physikers Ernst Brüche (1900–1985), mittels einiger im Blumenschmuck versteckter Mikrophone aufgezeichnet und erschienen auf Schallplatte. Auf ihr wird die »Stimme der Wissenschaft« verkündet, wie Brüche es genannt hat, der als Elektronenoptiker hervorgetreten ist und 1972 mit der Max-Born-Medaille für Verantwortung in der Wissenschaft ausgezeichnet worden ist.

In den »Stimmen der Wissenschaft« beschreibt Brüche begeistert die Atmosphäre, die in dem voll besetzten Saal herrschte. Die Menschen drängten sich sogar auf den überfüllten Treppen zwischen den ansteigenden Sitzreihen. Und was vielen Anwesenden vor allem Freude bereitete: »So groß das Auditorium auch gewesen sein mochte – NS-Größen zeigten sich nicht darunter. Erst recht nicht unter den Ehrengästen.«

Zu den Ehrengästen zählte dafür zum Beispiel der Botschafter Frankreichs, André François-Poncet, der zwar gekommen war, um Planck seinen Respekt zu zollen, dem aber noch eine andere Aufgabe zufiel. Die Deutsche Physikalische Gesellschaft hatte nämlich beschlossen, die Max-Planck-Medaille für das Jahr 1938 dem französischen Theoretiker Louis de Broglie zu verleihen, wobei nachgewiesen ist, dass es Plancks persönlicher Wunsch war – trotz aller nach wie vor bestehenden Schwierigkeiten mit der Deutung der dazugehörigen Physik –, und seine Kollegen keine Einwände dagegen hatten. An den Verdiensten de Broglies war auch nicht zu zweifeln, und offenbar verfolgte Planck geschickt einen politischen Plan mit der auffallenden französischen Präsenz an seinem Geburtstag. Seine Absicht erkannte man, als die Medaille überreicht wurde, und zwar nicht de Broglie direkt, der erkrankt war, sondern dem französischen Botschafter, der natürlich auch sein Land repräsentierte. Als Planck am Ende aller Festreden selbst das Wort ergriff, wandte er sich nach einer Laudatio auf den Preisträger dem Botschafter zu und ließ dabei sein Herz sprechen: »Ich habe nach all meinen Erfahrungen im Inland und Ausland die feste Überzeugung gewonnen, dass das französische Volk nicht minder sehnlich und ehrlich als das deutsche Volk einen wahrhaften Frieden herbeiwünscht – einen Frieden, der es beiden Teilen ermöglicht, der produktiven Arbeit ohne Störung nachzugehen. Möge ein gütiges Geschick es fügen, dass Franreich und Deutschland zusammenfinden, ehe es für Europa zu spät wird.«

In seiner Erwiderung dankte André François-Poncet der Physikalischen Gesellschaft und dem Geheimrat Planck für die Überreichung der Medaille und fügte hinzu: »Ein Land ehrt sich selbst im höchsten Maße, wenn es den Sohn eines fremden Landes zu ehren weiß. Denn die Wissenschaft lehrt uns, (...) dass in ihrem Bestreben, die Natur zu enträtseln, Menschen über die Landesgrenzen hinaus auch aufeinander angewiesen [sind und dabei] eine einzige große Familie bilden.« Der Botschafter nannte Planck noch »einen jener vollendeten Menschentypen, worauf sein Land und die ganze Welt ein Recht hat, sich stolz zu fühlen«.[20]

Nach diesen emotionalen Mahnungen und hoffnungsvollen Reden kehrte die Gesellschaft zur festlichen Stimmung zurück. Es wurde zum Dinner gerufen, für das die Physiker – mit ihrem eigenwilligen Humor – eine Nahrungsmatrix (statt einer Speisekarte) vorbereitet hatten, der zufolge es Seezunge gab, die »im Planck-Ofen ins thermische Gleichgewicht gebracht« worden war und nun »mit einquantigen Spargeln« serviert wurde. Die Weine liefen unter »Flüssigkeiten für turbulente Strömungsversuche«, und zum Abschluss des Essens gab es nicht nur »supraleitende Pfirsiche«, sondern auch ein kleiner Theaterspiel, das »Die Präzisionsbestimmung des Planckschen Wirkungsquantums« vorführte. Es endete mit dem Eintreffen eines Telegramms, dessen Wortlaut laut verlesen wurde: »an max planck, z. zt. harnack-haus: überreichen als geburtstagsgeschenk neuen präzisionswert des wirkungsquantums $h = 6{,}543210 \cdot 10^{27}$ stop weitere dezimalen wegen heisenbergscher ungenauigkeit nicht angebbar stopp debye.«

Übrigens – die knapp tausend Glückwünsche, die Planck zu seinem Geburtstag schriftlich erhalten hat – als Telegramm, Briefe, Postkarten –, sind alle von ihm handschriftlich beantwortet worden. Das hat drei Monate und täglich viel Zeit in Anspruch genommen – ein oder zwei Stunden –, aber »so ist er eben, unser Planck«, wie Einstein es ausgedrückt hätte, »und deshalb lieben wir ihn«.

Schon als Planck Geburtstag feierte, mehrten sich die Unheil verkündenden Vorzeichen. Im März 1938 war Österreichs Anschluss an das Deutsche Reich erfolgt, was dazu führte, dass die arischen Rassengesetze nun auch für Bürger der Alpenrepublik galten. Konkret betroffen wurde davon Lise Meitner, die im Alter von sechzig Jahren plötzlich in die Emigration gezwungen wurde. Sie fand zwar in Schweden Zuflucht – aber ohne Sprachkenntnisse, ohne Freunde und ohne Anbindung an ein wissenschaftliches Laboratorium konnte sie zunächst kein befriedigendes Leben führen.

Im November des Jahres inszenierten die Nationalsozialisten dann die so genannte Reichskristallnacht, in der die Schergen der Nazis unter den Augen der neugierigen Bürger Pogrome veranstalteten und sich der staatliche Antisemitismus zur Existenzbedrohung der jüdischen Mitbürger ausweitete. Auch die Kaiser-Wilhelm-Gesellschaft konnte von diesem Zeitpunkt an ihre nicht arischen Angestellten nicht weiter schützen, und selbst die Preußische Akademie geriet unter Nazi-Druck. Planck fiel die amtlich verordnete Aufgabe zu, seine jüdischen Kollegen zum Rücktritt zu bewegen, was er hinter den Kulissen auch tat. Er spürte, dass Protest nun sinnlos gewesen wäre. Es galt nur noch, wenigstens die Würde der Akademie zu bewahren, aber selbst diese minimalen Anforderungen vermochte Planck bald nicht mehr durchzusetzen, und er resignierte. Im Dezember 1938 trat er – nach sechsundzwanzig Dienstjahren – niedergeschlagen und erschöpft von seinem Amt als Sekretär der Preußischen Akademie zurück.

In diesen Tagen des Verzweifelns wurde in unmittelbarer Nachbarschaft Plancks eine Entdeckung gemacht, die sowohl kurz- als auch langfristig ungeheuer folgenreich werden sollte: die Spaltung des Atomkerns und die Freisetzung der in ihm festsitzenden Energien – als Atombombe, in Kernkraftwerken oder auf andere Weise. Dass sich Atomkerne spalten lassen, stellten die beiden Chemiker Otto Hahn und Fritz Strassmann – nach zahlreichen Vorarbeiten in Paris und an anderen Orten in aller Welt – an ihrem Kaiser-Wilhelm-Institut für Physikalische Chemie in Berlin fest, als sie die Versuche von Lise Meitner weiterführten und genau analysierten.

Die Physikerin Meitner und ihre Kollegen hatten Neutronen auf Uranatome gelenkt und deren Streuung und Wirkung vermessen. Sie gingen dabei von der Annahme aus, dass bei diesem Beschuss die Neutronen die Elektronenhülle durchstoßen und auf die Urankerne treffen können. Wenn dies geschieht, so dachten die Physiker weiter, nehmen die Urankerne Neutronen auf, und dabei werden sie größer. Man sprach von Transuranen, die entstehen sollten, und wunderte sich, dass diese Elemente nicht zu finden waren.

Den Chemikern Hahn und Strassmann fiel – nach der politisch erzwungenen Auswanderung der Physikerin – bei der genauen Vermessung das Reaktionsprodukt Barium auf, und dieses Ergebnis ließ sie den Schluss ziehen, dass die getroffenen Urankerne nicht größer, sondern kleiner und sogar halbiert worden waren. Noch ziemlich ungläubig teilte Hahn die Idee des Zerplatzens der Atomkerne Lise Meitner per Brief nach Schweden mit. Sie zweifelte keineswegs an der Korrektheit der Messergebnisse, sondern erkannte auch – beim gemeinsamen Nachdenken mit ihrem Neffen Otto Robert Frisch –, dass sich hier ein neuer wissenschaftlicher Weg aufgetan hatte, auf dem Kernenergie zu finden und freizusetzen war.

Welches Potenzial in dem von Hahn und Strassmann beobachteten und von Meitner und Frisch sofort nachvollzogenen Vorgang der Kernspaltung steckte, ist heute allgemein bekannt. Lise Meitner merkte Ende 1938 in Schweden, dass bei der Spaltung des Urans etwas Masse verschwunden war – die Produkte waren ein klein wenig leichter als das Ausgangsatom. Doch selbst die auf den ersten Blick winzige Masse bedeutete eine riesige Energie, wie Lise Meitner – als Erste auf der Welt – mithilfe der berühmten Relation von Einstein berechnen und wissen konnte. Gemeint ist die legendäre und längst auf T-Shirts zu findende Formel, mit der Energien und Massen über die Lichtgeschwindigkeit verbunden sind, nämlich durch $E = mc^2$. Der vertriebenen Wissenschaftlerin war bald klar, dass selbst wenige Gramm von geeignetem Uran ausreichen würden, um Energien freizusetzen, gegen die alle bislang von den Menschen genutzten Möglichkeiten vernachlässigbar erscheinen würden. Und zudem konnte man sich leicht vorstellen, dass diese Energie – in Zeiten des Krieges und bei der rücksichtlosen deutschen Regierung – zur Zerstörung eingesetzt werden konnte.

Die Welt hatte plötzlich – in Hahns Laboratorium und durch Meitners Kopf – den Weg zur Atombombe gefunden, wenn es auch noch einige Zeit dauerte, bis sie das in voller Wucht merkte. Diese Entwicklung von historischer Tragweite fand ausgerechnet am Vorabend des Zweiten Weltkriegs statt, auf den die nationalsozialistische Regierung immer konsequenter zusteuerte und den sie schließlich im September 1939 durch einen verbrecherischen Überfall auf den polnischen Nachbarn auch eröffnete. Zwar erwartete niemand in Deutschland ein schnelles Ende des Krieges, aber Zeitgenossen wie Planck wollten trotzdem nicht so leicht von dem Gedanken lassen, dass sich auf politischem Weg ein baldiges Ende der Kampfhandlungen erreichen ließ. Diese verständliche Hoffnung hat sich bekanntlich nicht erfüllt, und als die kriegerischen Auseinandersetzungen sich ausweiteten und in das zweite Jahre schritten, schrieb Planck an seinen alten Freund von Laue: »Der Friede rückt anstatt näher immer weiter in die Ferne. Wie lange soll dieser Wahnsinn, dieser Selbstmord unserer gepriesenen Rasse noch dauern? Es ist zum Verzweifeln. Aber ich hoffe immer noch, das Ende zu erleben.«

Diese Hoffnung sollte erfüllt werden, aber Planck konnte nicht ahnen, wie schrecklich alles für ihn ausgehen sollte.

Das furchtbare Morden und sinnlose Zerstören machte es für Planck immer schwieriger, den Optimismus zu verbreiten, der zu ihm als Wissenschaftler gehörte. Ihm kam bald sogar das ganze Prinzip der Lebensbejahung schal vor, das er der Lektüre von Albert Schweitzers Büchern verdankte, und Resignation schlich sich in sein Denken. Sie zeigt sich deutlich in einem seiner letzten Vorträge, als er 1941 im Harnack-Haus über »Sinn und Grenzen der exakten Wissenschaft« nachdachte – nicht ohne sorgenvolle Anmerkungen über die Entdeckung der Kernspaltung und ihre möglichen Folgen zu machen, die er 1946, als er den Vortrag erneut hielt, um die große Zahl der Toten von Hiroshima und Nagasaki erweitern musste.

Natürlich lobte Planck 1941 zunächst immer noch die »gewaltige Arbeit« der Wissenschaft, die aus dem Leben schöpft und zugleich darauf zurückwirkt, »und zwar umso kräftiger und fruchtbarer, je ungehinderter sie sich entfalten kann«.[21] Aber trotz seiner Überzeugung, dass die Menschen auf diese Weise »einen Fortschritt«, ja sogar »eine Vervollkommnung erfahren« hätten, könne die Wissenschaft »die Summe des unsäglichen Leidens und der beständigen Zerstörung von Gut und Blut« nicht verhindern und dem Einzelnen »keine Hilfe in der Not, keine Heilung seiner Schmerzen bringen«. Es bleibe einem nichts anderes übrig als ein »tapferes Ausharren im Lebenskampf«, denn »ein rechtlicher Anspruch auf Glück, Erfolg und Wohlergehen im Leben ist niemandem von uns in die Wiege gelegt worden«.

Plancks eigene Leidenszeit begann ein Jahr nach dieser Rede, als Ende 1942 die alliierten Bombenangriffe auf Berlin zunahmen und viele Wohngebiete gefährdeten – unter anderem das, in dem sein Haus stand.

Plancks einzig noch verbliebenes Kind aus erster Ehe, sein Sohn Erwin, riet dringend, die Stadt zu verlassen, ein Gedanke, mit dem sich Planck nicht anfreunden konnte. Doch 1943 wurde auch das Haus in der Wangenheimstraße schwer getroffen und unbe-

Max Planck 1942 in seiner Bibliothek, die im Jahre 1944 einem Bombenangriff zum Opfer fiel.

wohnbar, was Planck dazu brachte, einer Evakuierung nach Rogätz an der Elbe zuzustimmen.

Am 1. März nahm er endlich die Einladung des aus Recklinghausen stammenden Industriellen Carl Still (1868–1951) an, der Ammoniakfabriken und Teerdestillationen betrieb und – aus Wissensdurst – schon früh mit Planck Freundschaft geschlossen hatte. Planck fühlte sich auf dem Stillschen Gut »wunderbar untergebracht«, aber es zog ihn bald wieder nach Berlin, wo er allerdings nur kurz blieb. Zu seinem fünfundachtzigsten Geburtstag reiste er nach Amorbach, das in einem Seitental des Mains liegt, und dort erreichte ihn zu seiner Überraschung auch ein Glückwunschtelegramm des Führers.

Was möglicherweise den Eindruck einer Annäherung zwischen Wissenschaft und Politik erweckt, lässt sich rasch als Propaganda durchschauen. Denn Planck hielt seine ablehnende Haltung allen Versuchen der Nazis gegenüber aufrecht, einer Deutschen Physik zuzustimmen oder sie etablieren zu lassen. Als es zum Beispiel in dieser Zeit zu einem Zusammentreffen im Auswärtigen Amt kam, pries er im Beisein von NS-Beamten unerschrocken die historische Qualität von Einsteins Physik. Ein anwesender schwedischer Journalist hat Plancks entschlossenes Auftreten mit den Worten geschildert: »Der kleine Mann im schwarzen Anzug war zu groß, um von irgendwelchen Bemühungen der Nazis, die Welt zu verändern, berührt zu werden.«[22]

Darüber hinaus verhinderte das Reichsministerium für Volksaufklärung und Propaganda die von der Stadt Frankfurt am Main geplante Verleihung des Goethe-Preises an Planck mit der Begründung, dass sich der zu Ehrende »bis in die letzte Zeit hinein für den Juden Albert Einstein eingesetzt hat«. Diese Intervention hatte zur Folge, dass Planck erst nach Ende des Krieges, am 28. August 1945, den Preis entgegennehmen konnte, der ihm nicht zuletzt zuerkannt wurde, weil er als Goethe-Verehrer regelmäßig an den Jahrestagungen der Goethe-Gesellschaft teilgenommen hatte und dafür immer eigens nach Weimar gekommen war.

Als Plancks Haus im Juni 1943 »auf das notdürftigste wiederhergestellt« war, kehrte er nach Berlin zurück, um dort weiter an Sitzungen der Akademie und der Fakultät teilzunehmen – dabei musste er »freilich jede Nacht auf eine neue Katastrophe gefasst sein«. Er versuchte, Normalität zu erzeugen und an das alte Leben anzuknüpfen. Dazu gehörten selbstverständlich auch die sommerlichen Reisen in die Berge – diesmal nach St. Jakob in Kärnten –, in denen er nach wie vor seinem Körper die Anstrengungen abverlangte, die seinem Geist selbstverständlich waren. Der fünfundachtzigjährige Planck bestand darauf, Höhen und Gipfel von mehr als dreitausend Meter zu besteigen, und er zog auch los, als Bergführer meinten, ihm wegen seines Alters abraten zu müssen. Sie mussten dann eben hinter ihm her laufen.

Planck betrieb das Bergsteigen übrigens immer noch »nach der Uhr. Er rechnete sich vorher auf der Karte aus, in welcher Zeit er eine gegebene Höhendifferenz zu überwinden hatte, und bemaß sogar seine Schrittgeschwindigkeit danach. Während des ganzen Aufstiegs durfte niemand ein Wort mit ihm reden, weil ihn das zu sehr anstrengen würde, und er kam genau zur richtigen Zeit auf den Gipfel. (…) Die Gewissenhaftigkeit, die für ihn in der Wissenschaft selbstverständlich war, übertrug er auf sein sonstiges Leben.«[23]

Ein Fest in Ruinen

Die Rückreise aus Österreich führte im Oktober 1943 über Kassel, wo Planck zu einem Vortrag eingeladen war. Kurz nach dem Ende der Veranstaltung wurde die Stadt Ziel eines Bombenangriffs, der massive Verwüstungen hinterließ, wie Planck Ende des Monats in einem Brief an Max von Laue von Rogätz aus schilderte:

> Das Haus, in welchem ich mit meiner Frau bei Verwandten einquartiert war, brannte bis auf den Grund nieder. Wir saßen währenddessen die ganze Nacht durch im Luftschutzkeller

> und können von Glück sagen, dass dieser den Flammen Stand hielt und wir schließlich morgens um 4 Uhr durch ein Loch in der Wand (der normale Eingang war verschüttet) ins Freie gelangen konnten. Wir fanden menschenfreundliche Aufnahme bei einem Generalarzt, bei dem wir auch den folgenden Tag verbrachten, freilich ohne Wasser, ohne Gas, ohne Strom, so dass man sich nicht einmal richtig waschen konnte. So etwas muss man erlebt haben, um es richtig zu verstehen. (...) Von Habseligkeiten haben wir freilich manches eingebüßt, so z. B. meine ganze Korrespondenz und verschiedene wertvolle Papiere. Aber was will das sagen gegen die Verluste, die viele andere Menschen erlitten haben, die nichts als das nackte Leben ihr eigen nennen. Wann wird dieser Wahnsinn ein Ende nehmen?

Er ging zunächst ungebremst weiter, und als in der Nacht vom 15. auf den 16. Februar 1944 die westlichen Wohnbezirke von Berlin massiven Bombenangriffen ausgesetzt waren, wurden nicht nur einige Kaiser-Wilhelm-Institute – das von Otto Hahn geleitete zum Beispiel – zerstört, sondern auch Plancks Haus in der Wangenheimstraße, und zwar so gründlich, »dass nichts Wesentliches gerettet werden konnte«.

In den folgenden Monaten verschlechterte sich die Kriegslage für Deutschland rapide, und dem damit verbundenen seelischen Schmerz traten bei Planck körperliche Leiden – besonders im Rücken – an die Seite. Die Schmerzen steigerten sich im Verlauf des strengen Winters derart, dass eine Operation ins Auge gefasst wurde. Zunächst lehnten die Ärzte dies zwar in Hinblick auf Plancks hohes Alter ab, aber als die Schmerzgrenze erreicht war, wandte sich Plancks Frau Marga an Ferdinand Sauerbruch, den berühmten Chirurgen der Berliner Charité. Er besuchte Planck im Mai 1944, diagnostizierte eine schlimme Verknöcherung an der Wirbelsäule, operierte ihn ohne weiteren Zeitverzug und nahm zudem eine Bluttransfusion vor, für die sich Sohn Erwin zur Verfügung gestellt hatte.

Als Sauerbruch gerade dabei war, Planck als »geduldigen Patienten« zu loben, da war der Physiker bereits wieder aufgestanden. Ihn rief erneut eine Pflicht nach Berlin, denn fünfzig Jahre zuvor – im Juni 1894 – war er ordentliches Mitglied der Preußischen Akademie geworden, und das galt es zu feiern – gerade in diesen schweren Tagen. Obwohl selbst seine Frau meinte, die Fahrt nach Berlin könne über die Kräfte des Jubilars gehen, traute man seiner »eisernen Energie« alles zu, und tatsächlich schaffte es Planck, in die umkämpfte Reichshauptstadt zu fahren. Vor Ort kümmerte sich Werner Heisenberg um ihn, der Direktor »seines« Kaiser-Wilhelm-Instituts für Physik geworden war.

Nach dem Krieg berichtete Heisenberg einmal in seinem Gymnasium über den Ablauf der letzten Planck-Feier:

> Wir Jüngeren hatten große Sorgen, ob es verantwortet werden könnte, den nun schon 86-Jährigen in die Hauptstadt einzuladen. Aber Planck, der ja immer ein starkes Pflichtgefühl besaß und der vielleicht auch den Gedanken hatte, dass er nun Berlin zum letzten Mal sehen würde, folgte der Einladung. Ich weiß noch, dass wir damals lange darüber berieten, was wir tun sollten, wenn eben in dieser Zeit ein schwerer Angriff über Berlin niederginge. Die äußeren Umstände waren dann fast gespenstisch. Die Nacht vor der Feier verlief glimpflich, es fielen nur einige wenige Bomben. Planck hatte im Hotel Adlon übernachtet, und ich sollte ihn am nächsten Morgen mit dem mir noch verbliebenen Dienstwagen abholen. – Bei der Feier sollte ich die Ansprache halten. Ich fand Planck wohlausgeruht und eigentlich froh, Berlin noch einmal zu sehen und insbesondere seine alten Freunde wieder zu treffen. Besonders glücklich war er darüber, dass er seinen Sohn Erwin in Berlin fand, der nun bei der Feier neben ihm sitzen würde. So fuhren wir mit dem Wagen durch die Trümmerfelder des Berliner Zentrums. Weder Planck noch mir gelang es, die Straßen wiederzuerkennen. Wir mussten uns durchfragen. Die Feier

sollte in einem erhalten gebliebenen Festsaal des Preußischen Finanzministeriums stattfinden. Als ich schließlich in die betreffende Straße gewiesen wurde, endeten wir mit unserem Wagen vor einem riesigen Schutthaufen mit verbogenen Eisenstangen und Betonklötzen, die im Weg lagen, und ich dachte, ich müsste falsch gefahren sein. Auf mein Fragen erhielt ich aber die Weisung, man müsse um diesen Schutthaufen etwas herumgehen, dann gäbe es eine Tür, die noch halb offen stünde; durch die müsse man hindurch, dann käme man zwischen Schutt und Eisenstangen schließlich in den Festsaal. Auf diesem Weg ist also Planck in den Festsaal gekommen. In dem Moment, als er den Festsaal betrat, war plötzlich alles wieder wie vierzig Jahre vorher. Es herrschte sofort allgemeine Stille, jeder begrüßte Planck mit Verehrung, und man merkte so deutlich, wie viel Liebe diesem Mann entgegenströmte, und man konnte auch fühlen, dass er selbst glücklich war, noch einmal die bekannten Gesichter zu sehen. Das Streichquartett fing an zu spielen, und für eine Stunde oder zwei war man in die Zeit des alten, kultivierten Berlin versetzt, in dem Planck, wie selbstverständlich, die führende Persönlichkeit war, und in dem noch einmal die ganze Kultur der früheren Zeit gegenwärtig schien.[24]

Das »tapfere Ausharren im Lebenskampf«

Auf diesen Augenblick des Glücks folgte für Planck eine unerträglich schwere Zeit des Grauens. Drei Wochen nach der eben geschilderten Feier – am 20. Juli 1944 – verübten einige Männer des deutschen Widerstands gegen das NS-Regime unter der Leitung von Offizieren ein Attentat auf den Führer. Hitler überlebte und sann auf Rache. In diesem Zusammenhang wurde auch gegen Plancks Sohn Erwin ermittelt, wobei die einzige Grundlage für dessen baldige Verhaftung darin zu bestehen schien, »dass er mit einigen der

Attentäter bekannt war«, wie Planck meinte und im August an Max von Laue schrieb.

Erwin Planck hatte unter Hitlers unmittelbarem Vorgänger, dem Reichskanzler Kurt von Schleicher, als Staatssekretär gedient, was ihn von Anfang an zu einem Gegner des neuen Regimes machte. Die erste Amtshandlung Hitlers nach der Machtergreifung am 30. Januar 1933 bestand denn auch darin, Max Plancks Sohn zu entlassen und durch einen Beamten im Rang eines Ministerialdirektors zu ersetzen. Erwin Planck hatte selbst in einem Schreiben an den »hochverehrten Herrn Reichskanzler« um seine Abberufung gebeten und seine politische Karriere damit abgeschlossen. Als Anhänger Schleichers war Plancks Sohn »eine persona non grata in Hitlers neuem Deutschland«, wie Astrid von Pufendorf in ihrem 2006 erschienenen Buch *Die Plancks. Eine Familie zwischen Patriotismus und Widerstand* schreibt, das die »Familie zwischen Patriotismus und Widerstand« schildert und den umfangreichen Nachlass Erwin Plancks vor dem Leser ausbreitet, »in dem sich allein 460 Briefe Max Plancks an seinen Sohn befinden«.[25] Um Abstand von seinem alten Leben zu gewinnen, unternahm Erwin Planck eine ausgedehnte Reise durch Ostasien. Fern von Berlin, wollte er sich auch Klarheit über seine eigene Einstellung und Haltung verschaffen, die sich an die väterlichen Grundsätzen anlehnte und nur wenig Sympathie für eine parlamentarische Demokratie aufzubringen schien.

Im Grunde stand Erwin Planck den politischen Entwicklungen eher neugierig als engagiert gegenüber, bis ihn im Sommer 1934 eine Gewalttat aufschreckt. Im Rahmen des so genannten Röhm-Putsches, bei dem Hitler die alte Führungsriege der nationalsozialistischen Sturmabteilungen (SA) ermorden ließ, drangen die verbrecherischen Handlanger auch in das Haus Schleichers ein und brachten den General um. Dieser politische Mord öffnete Erwin Planck »endgültig die Augen über den Charakter des neuen Regimes, und er begann zu verstehen, worin sein eigner Anteil am Untergang der Weimarer Republik bestand«, wie seine Biografin schreibt. Erwin Planck sah unter anderem ein, »dass man die Menschenrechte nur wahren könne, wenn man die Verfassungspflichten unparteiisch einhalte«,[26] wobei ein solcher Satz erkennen lässt, wie merkwürdig in den Zeiten der Weimarer Republik politisch taktiert wurde.

Plancks Sohn »hatte nie Gutes vom Nationalsozialismus erwartet; er hatte ihn von Beginn an abgelehnt und war nach dem Mord an Schleicher vollends von dessen Übel überzeugt. Doch von instinktiver Ablehnung bis zum aktiven Widerstand ist es ein weiter Weg. Dass [Erwin] Planck ihn schließlich ging, hatte vor allem moralische Gründe«,[27] was bedeutet, dass er eine starke Abneigung gegen Gewalt anwendende Menschen entwickelte. Er spielte zwar keine führende, wohl aber eine vermittelnde Rolle im Widerstand, und als er nach dem 20. Juli 1944 verhaftet wurde, zeigte er sich nicht überrascht. Schließlich hatte man vor ihm schon seine Freunde aus ihren Häusern geholt.

Max Planck konnte zunächst das Geschehen weder glauben noch begreifen, machte sich aber im August 1944 erneut in Richtung Berlin auf den Weg, um seinem Sohn vor Ort zu helfen. In einem Brief, der ihn in größter Sorge um Erwin zeigte, wandte er sich direkt an Heinrich Himmler, den Reichsführer SS:

> Ich bin durch meine Schwiegertochter [Nelly Planck] informiert worden, dass mein Sohn Erwin am 23. Juli verhaftet wurde und seine Situation nunmehr als sehr ernst bezeichnet wird. Aufgrund des innigen Verhältnisses, das mich mit meinem Sohn verbindet, bin ich sicher, dass er mit den Geschehnissen des 20. Juli nichts zu tun hat. Ich stehe im 87. Lebensjahr und bin in jeder Beziehung auf die Hilfe meines Sohnes angewiesen. Bis heute habe ich mich bemüht, meiner Wissenschaft und meinen Ehrenämtern zu leben, um auf diese Weise auch in meinem Alter dem Vaterland zu dienen. Das habe ich nur vermocht, weil mein Sohn mir in allen Dingen zur Seite stand. Am Ende meines Lebens ist dieser Sohn der einzige, der mir aus

> erster Ehe geblieben ist, nachdem ich meinen ältesten Sohn im Weltkrieg und außerdem meine beiden Töchter verloren habe. Mein Sohn aus zweiter Ehe ist geistig nicht in der Lage, die Familientradition aufrechtzuerhalten, während dieser Sohn Erwin an Charakter und Gaben alles verkörpert, was unsere Familie in Generationen geworden ist. Ich bitte Sie, sehr geehrter Herr Reichsführer, sich in meine Lage zu versetzen und ermessen zu wollen, was es für mich auch unter Berücksichtigung meines Namens, der in Deutschland und in der Welt Geltung besitzt, bedeuten würde, wenn ich auch diesen Sohn durch ein sehr hartes Urteil verlieren müsste.

Über Plancks »Sohn aus zweiter Ehe« ist zwar nicht viel bekannt – er hat Abitur gemacht, ist Beamter an einem Amt für Statistik geworden und 1954 an Kinderlähmung gestorben –, aber dass jemand wie Planck solche Sätze über ein eigenes Kind zu Papier bringt, lässt uns die Verzweiflung ahnen, die ihn in Hinblick auf Erwins Schicksal erfasst hatte. Trotzdem scheint Planck nicht gut beraten gewesen zu sein, den »Schwächling« der Familie so bloßzustellen, denn Himmlers höllisches Denken kreiste um die Errichtung eines Herrenvolkes im Osten. Sein Interesse an Menschen war auf die Zucht von arischen Eliten ausgerichtet, und jeder Hinweis auf Minderwertiges musste ihn irritieren.

Und tatsächlich: Die Antwort, die Planck Mitte September 1944 aus der Umgebung des Reichsführers bekam, verschlimmerte die Lage nur. »Die Belastung Ihres Sohnes [Erwin]«, so teilte ihm ein Adjutant Himmlers lapidar mit, »ist so groß, dass eine Entlassung nicht möglich ist.« Als Planck am Ende des gleichen Monats die in dieser Situation nur als zynisch zu verstehende Mahnung der Reichskulturkammer bekam, endlich seinen Beitrag für die Broschüre *Bekenntnis zum Führer* abzuliefern, verweigerte er zum ersten Mal die Erfüllung einer Pflicht. »In Anbetracht der Verhaftung meines Sohnes«, so ließ er die Behörde wissen, könne er nicht »die Worte finden (...), die dem Zweck der Broschüre entsprechen würden.«

Wie historische Dokumente belegen, stand Erwins Name auf einer verhängnisvollen Liste. Sie führte diejenigen Personen auf, die nach einem erfolgreichen Umsturz in politische Ämter rücken sollten. Plancks Sohn – so Astrid von Pufendorf – »hatte an einer neuen Verfassung für Deutschland mitgearbeitet, er hatte mit anderen das Ziel verfolgt, Hitler zu beseitigen, er hatte einen wichtigen Beitrag zum ›organisatorischen Zusammenhalt‹ der Verschwörer geleistet, indem er Kontakte herstellte und Unterstützer anwarb, und er hatte versucht, Verbindungen zum Ausland herzustellen, um zu einem möglichst schnellen Ende des Krieges beizutragen.«[28]

Die Gestapo wusste das alles, und so ist es kein Wunder, dass auch die Begründungen des offiziellen Haftbefehls in diese Richtung wiesen. Am 23. Oktober 1944 kam es vor dem Volksgerichtshof zur Verhandlung gegen Erwin Planck – mit dem vorhersehbaren Todesurteil, das noch am selben Tag verkündet wurde.

In dieser qualvoll verzweifelten Lage versuchte Planck, sich direkt an Hitler zu wenden, und er sprach in seinem Schreiben eine ungeheure Bitte aus, die man nicht ohne tiefe innere Bewegung zur Kenntnis nehmen kann: »Mein Führer! Ich bin zutiefst erschüttert durch die Nachricht, dass mein Sohn Erwin vom Volksgerichtshof zum Tode verurteilt worden ist. Die mir wiederholt von Ihnen, mein Führer, in ehrenvollster Weise zum Ausdruck gebrachte Anerkennung meiner Leistungen im Dienste unseres Vaterlandes berechtigt mich zu dem Vertrauen, dass Sie die Bitte des im 87sten Lebensjahr stehenden Gehör schenken werden. Als Dank des deutschen Volkes für meine Lebensarbeit, die ein unvergänglicher geistiger Besitz Deutschlands geworden ist, erbitte ich das Leben meines Sohnes.«

Hitler reagierte nicht, und Erwin Planck wurde am 23. Januar 1945 hingerichtet. Wir wissen nicht, wie sein Vater im Augenblick der Nachricht reagiert hat. Er soll sich an das Klavier gesetzt und die Musik gespielt haben, die seinem Sohn am nächsten stand. Bald darauf vertraute Max Planck Freunden in einem Brief an:

Mein Schmerz ist nicht mit Worten auszudrücken. Ich ringe täglich aus Neue, um die Kraft zu finden, mich mit dieser Schicksalsfügung abzufinden. Denn mit jedem neu anbrechenden Morgen kommt es wie ein neuer Schlag über mich, der mich lähmt und mir das klare Bewusstsein trübt, und es wird lange dauern, bis ich wieder völlig ins seelische Gleichgewicht komme.« Helfen würde ihm bei diesem Bemühen der Umstand, »dass ich als eine Gnade des Himmels betrachte, dass mir von Kindheit an der feste und durch nichts beirrbare Glaube an den Allmächtigen und Allgütigen tief im Innern wurzelt. Freilich sind seine Wege nicht unsere Wege; aber das Vertrauen auf ihn hilft uns durch die schwersten Prüfungen hindurch.«

Die letzten Kriegstage

Zu dem unvorstellbaren seelischen Schmerz fügten sich schwerste körperliche Prüfungen, und die schlimmsten Qualen dieser Art sollten für Planck mit dem Ende des Krieges kommen.

Im April 1945 erreichten die Amerikaner die Elbe bei Rogätz, ohne allerdings Richtung Osten überzusetzen. Zwei Wochen später trafen sie an Ort und Stelle mit den russischen Truppen zusammen, und im Mai fanden die mörderischen Auseinandersetzungen des Zweiten Weltkriegs endlich ihr Ende. Für die Zivilbevölkerung hörte zwar die nackte Angst vor dem Tod auf, aber das eigentlich Mühevolle des Überlebens fing jetzt erst an. Die Plancks mussten ihre Wohnstatt verlassen; Einzelheiten aus diesen Tagen sind durch einem Brief bekanntgeworden, den Plancks Frau Marga an eine Bekannte in Amorbach geschrieben hat:

Es kam die Evakuierung des ganzen Dorfes, wir treckten und verbrachten zehn Tage in einem einsamen Walddorf. Mein armer Mann, dessen Arthrose der Wirbelsäule sehr zugenom-

> men hatte, schrie oft vor Schmerzen, man konnte ihn kaum anfassen; diese Transporte waren ein Martyrium, und niemand konnte uns helfen. Wir hatten kurz vorher noch Versuche gemacht, nach Göttingen zu kommen, weil wir schon Schlimmes für Rogätz ahnten, aber der Vormarsch ging zu schnell und es gelang nicht mehr. Als wir wieder (...) zurück durften, konnten wir nicht mehr ins Gutshaus. (...) Es war in einem solchen Zustand, wie ich es nicht für möglich gehalten hätte, in geradezu viehischer Weise beschmutzt und kaputt getrampelt. So haben wir auf diese Weise den Rest unserer Sachen auch noch verloren. Wir lebten dann einige Zeit äußerst primitiv in einem kleinen Raum mit der Melkerfamilie, in dem sich das ganze Leben mit Kindern und Säugling abspielte.[29]

Natürlich sorgten sich schon bald einige alte Freunde um Planck; besonders aktiv wurde der Experimentalphysiker Robert Pohl aus Göttingen. Er kannte den Astronomen Gerard Kuiper, der zur amerikanischen Besatzungsmacht gehörte und über ein Auto verfügte. Ihn bat Pohl daher, den Geheimrat Planck in die Universitätsstadt mit der großen Tradition zu holen, wo er bei seiner Nichte unterkommen könne. So traf Planck noch im Mai 1945 in Göttingen ein, in die »Stadt der Planckschen Vorväter«, wie der Historiker Hermann vermerkt hat. Sowohl sein Urgroßvater Gottlieb Jakob als auch sein Großvater Heinrich Ludwig Planck hatten sich in der Gelehrtenstadt als Theologen einen Namen gemacht.

Planck und seine Frau bekamen eine bescheidene Unterkunft in zwei möblierten Zimmern und fanden endlich etwas Halt und Festigkeit. So schrieb Marga Planck: »Wir sind seit 14 Tagen nach mehrfacher Umquartierung endlich hier bei unseren Verwandten zur Ruhe gekommen; es war Zeit, denn meinem Mann fällt jede Umstellung sehr schwer. Nach fünf Wochen Krankenhaus und Novokain-Injektionen sind die Schmerzen doch erheblich besser geworden. Aber im großen und ganzen ist es doch kein schöner Zustand; er geht nur sehr langsam und ist oft so schrecklich müde.

Max Planck mit seiner Frau Marga in Göttingen im Jahre 1946.

Sie würden sich wundern zu sehen, was in einem Jahr aus ihm geworden ist. Denn auch in geistiger Beziehung hat er sehr nachgelassen, das Gedächtnis versagt, und wenn er müde ist, fällt es ihm schwer, sich zu konzentrieren; jeder Brief bedeutet ihm große Mühe; dazwischen scheint er ganz der alte zu sein. Jedenfalls ist es gut, dass wir hier sind, im Haus ist es reizend, und die Kollegen sind rührend«

Wie Planck gehofft hatte – er hatte das Ende des Krieges erlebt. Aber ausruhen und faulenzen kam immer noch nicht in Frage. Auf den Achtundachtzigjährigen wartete immer noch eine große Aufgabe.

Die neue Gesellschaft
(1945–1947)

Die Welt hat sich seit acht Jahren grausam verändert. An die Stelle ruhiger Arbeit und behaglicher Lebensführung ist wilde Aufregung und tiefes Leid getreten. Die einzige Rettung aus diesem Elend ist die Flucht in eine höhere geistige Welt, die von derjenigen, in der wir zu leben gezwungen sind, nicht berührt wird.

Max Planck an Arnold Sommerfeld, 5. Mai 1946

Das Leben nach dem Krieg begann mit vielen verständlichen Problemen und einer unverständlichen Schwierigkeit. Zu den bekannten Problemen, mit denen nahezu jeder zu kämpfen hatte, gehörten der Mangel an Wohnraum und die Knappheit an Lebensmitteln. Die ungewöhnliche Schwierigkeit, die man geflüchteten Professoren selbst mit dem Ansehen von Planck auferlegte, bestand in einer knappen Anordnung der britischen Militärregierung vom August 1945, in der sie kurzerhand verfügte, dass die Zahlungen der Pensionsbezüge eingestellt würden.

»Das setzt mich in große Verlegenheit«, schrieb Planck – um Hilfe bittend – an Adolf Grimme (1889–1963), der vor der Machtergreifung durch die Nazis preußischer Kultusminister war und nach dem Ende des Dritten Reichs dasselbe Amt im Bundesland Niedersachsen bekleiden konnte. Grimme, der von 1942 bis 1945 in Haft war und nach dem heute ein Medieninstitut und ein begehrter Fernsehpreis benannt sind, gelang es, Planck zu helfen und die weitere Zahlungen der Pension an ihn sicherzustellen. Darüber hinaus machte er der Stadt Göttingen den Vorschlag, »diesem weltberühmten deutschen Gelehrten« doch einmal direkt und angemessen zu helfen, über den nächsten Winter hinwegzukommen, und zwar dadurch, dass man ihm eine Sonderzuteilung Kohlen zukommen ließ. Der Beschenkte dankte ergeben.

Wie den Geschichtsbüchern zu entnehmen ist, »hatte der Alltag vieler Menschen einen Namen: Hunger. Der Kalorienverbrauch sinkt bis zum Frühjahr 1945 auf knapp 2000 ab, um 1946 mit 1451 täglichen Kalorien einen Tiefstand zu erreichen, der regional sogar noch unterschritten wurde.«[1] Wir wollen nicht fragen, wie man die letzte Kalorie wirklich gemessen hat, wohl aber daran erinnern, dass »ausgerechnet in diese schwierige Zeit (...) der strenge Winter von 1946« fiel, der in vielen Städten ein wildes Durcheinander bei der Zuteilung von Nahrungsmitteln und Heizmaterial zur Folge hatte. Den Plancks ging es so schlecht, dass sie im Ausland – bei Lise Meitner im britischen Cambridge – Hilfe anfordern mussten. Planck bat in einem Brief um ein Lebensmittelpaket, nach dessen Eintreffen sich seine Frau Marga herzlich bei der Absenderin bedankte und ihr versicherte, »ohne die Hilfe der Freunde im Ausland wäre mein Mann bestimmt nicht über den Winter gekommen«.[2]

Die Rettung der Gesellschaft

Wann immer Planck im Laufe seines langen Lebens in bedrückende Schwierigkeiten geriet, flüchtete er sich in Arbeit. Aktiv anpacken und vorbildlich vorantreiben konnte er aber in seinem hohen Alter kaum noch etwas. Er konnte jedoch mit seinem Namen helfen und seinen Ruf einsetzen, und dabei erzielte er zuletzt noch einen epochalen Erfolg: die Rettung der Kaiser-Wilhelm-Gesellschaft.

In den letzten Monaten war die Generalverwaltung unter Ernst Telschow – wie Planck –von Berlin nach Göttingen geflüchtet. In der altehrwürdigen Universitätsstadt konnte man zunächst kaum mehr tun, als Bilanz zu ziehen und sich auf den Schock vorzubereiten, der sich zwangsläufig bei ihrem Anblick einstellen würde. Die meisten Institute waren zerstört, ihre Mitarbeiter vertrieben, verstorben oder verschollen, und der letzte Präsident der Kaiser-Wilhelm-Gesellschaft, der Großindustrielle Albert Vögler, hatte sich nach dem Zusammenbruch des NS-Regimes das Leben genommen. Von allen ehemaligen Präsidenten hatte nur einer überlebt, Max Planck.

So zeichnete sich in der Gelehrtenstadt Göttingen plötzlich ein neuer Weg ab, auf dem die Kaiser-Wilhelm-Gesellschaft erhalten und wiederaufgebaut werden konnte. Planck erklärte sich auf Bitten des Generalsekretärs zunächst bereit, »nach außen hin das Amt des Präsidenten zu übernehmen«, um danach durch ein Rundschreiben an alle aufzufindenden Direktoren von Kaiser-Wilhelm-Instituten die ordentliche Wahl eines neuen Präsidenten in die Wege leiten zu können.

Er selbst hoffte, dass Otto Hahn sich bereiterklären würde, das Amt zu übernehmen, wobei die Erfüllung dieses Wunsches zunächst auf nicht absehbare Zeit nicht möglich zu sein schien. Der noch im Jahre 1945 mit dem Nobelpreis für Chemie ausgezeichnete Wissenschaftler war nämlich von den Alliierten unmittelbar nach dem Ende des Krieges – zusammen mit anderen Forschern wie Werner Heisenberg und Carl Friedrich von Weizsäcker, die sich wissenschaftlich mit Atomen beschäftigt hatten – nach Farm Hall in England gebracht und dort interniert worden. Dort erreichte Hahn und die anderen auch die Nachricht von der Ehrung aus Stockholm, die am 16. November des Jahres Anlass zu einer Tischrede Max von Laues gab.[3] Erst Anfang 1946 konnten die Wissenschaftler nach Deutschland zurückkehren.

Die im Lande Verbliebenen selbst waren schon vorher aktiv geworden. Ende Juli 1945 hatte Planck einen Brief verfasst, mit dem der Generalsekretär zu einer Rundreise durch erreichbare deutsche Städte aufbrechen konnte, um die noch auffindbaren Kaiser-Wilhelm-Direktoren zu besuchen und ihre Bereitschaft zum Neuanfang zu erkunden:

»An die Herren Direktoren«, so begann Plancks Schreiben, »es ist für mich eine besondere Freude, dass Dr. Telschow durch einen Auftrag der Militärregierung die Möglichkeit hat, die Direktoren aller Kaiser-Wilhelm-Institute in der westlichen Zone zu besuchen und mir nach seiner Reise zu berichten. Ich hoffe, dass es gelingen wird, die Kaiser-Wilhelm-Gesellschaft und ihre Institute auch durch diese besonders schwierige Zeit hindurchzuführen.

Mein Bestreben ist es, sie in ihrer Gesamtheit zu erhalten und damit auch für das einzelne Institut die besten Arbeitsmöglichkeiten zu schaffen, denn gerade in ihrer gemeinschaftlichen Arbeit liegt die Stärke der Kaiser-Wilhelm-Gesellschaft.

Ich bitte, mich in diesem Bestreben zu unterstützen und gegebenenfalls bei Fragen von entscheidender Bedeutung, die örtlich auftreten, dieses Ziel im Auge zu behalten.«

Plancks Brief sorgte für »große Freude« unter den Angeschriebenen. Sie versprachen ohne Ausnahme, ihm zu helfen und »mit allen Kräften für die Erhaltung und Förderung der Gesellschaft zu wirken«, wie zum Beispiel der Biochemiker Adolf Butenandt aus Tübingen antwortete. Sie alle wollten »die deutsche Wissenschaft erhalten«, und sie alle wussten, dass dies mit Planck möglich war.

Auf dem Weg zur Max-Planck-Gesellschaft

Um die Pläne zu konkretisieren, musste man jedoch abwarten, bis die deutschen Physiker und Chemiker, die über die Atome und die Energie ihrer Kerne geforscht und in ihrem so genannten Uranverein ein Atomwaffenprojekt betrieben hatten, in ihre Heimat zurückkehren und ihre Tätigkeit wieder aufnehmen konnten. Bereits im Januar 1946 kamen Otto Hahn und Werner Heisenberg nach Göttingen, und am 1. April übernahm der Chemiker offiziell die Präsidentschaft der Kaiser-Wilhelm-Gesellschaft, nachdem die

Militärregierung den Wiederaufbau von ihren Instituten genehmigt hatte. Für Hahns Amtsantritt war es höchste Zeit, denn Planck setzte die Arthrose wieder sehr zu, und er musste »in elendem Zustand« das Bett hüten, wie der Besucher und Augenzeuge Hahn zu berichten wusste. Er hatte seinen Vorgänger im Amt besucht, um ihm anzubieten, Ehrenpräsident der Kaiser-Wilhelm-Gesellschaft zu werden, was der Geehrte gerührt annahm.

Vielleicht gewann Planck durch diese Anerkennung neue Kraft, denn in seiner bemitleidenswerten Lage richtete er sich noch einmal auf, um einer Einladung der Royal Society aus London zu folgen. Diese ehrwürdige, seit dem 17. Jahrhundert bestehende Gesellschaft wollte endlich die ursprünglich für das Jahre 1942 geplanten Feiern zum dreihundertsten Geburtstag von Isaac Newton begehen, dem Urvater der Theoretischen Physik. Planck war der einzige Deutsche, den die Engländer eingeladen hatten, und so fühlte er sich erneut in die Pflicht genommen. Seine Frau machte sich zwar Sorgen sowohl um die Strapazen der Reise und die Schmerzen als auch über sein stark nachlassendes Gedächtnis, aber Planck war fest entschlossen, nach London zu fliegen, um sein Land und seine Disziplin zu vertreten.

Um ihn in die britische Hauptstadt einzufliegen, schickten die Engländer eine Militärmaschine nach Niedersachsen. Planck wurde von der Festversammlung würdevoll und voller Bewunderung empfangen, auch wenn die Erinnerung an den von den Deutschen begonnenen Krieg und an die zahllosen Opfer, die er gefordert hatte, noch frisch war. Doch es muss ihn zweifellos getroffen haben, als der Zeremonienmeister, der jeden Gast vor Betreten des Festsaals durch Angabe des Namens und des Herkunftslandes einführte – beispielsweise »Professor Wölfflin, Repräsentant der Schweiz« –, bei Planck kurz zögerte, bevor er in den Saal rief, »Professor Planck, representing no country«.

Das stimmte sogar einstweilen. Denn das Deutschland, das Planck vertreten konnte, gab es nicht mehr. Was es aber wieder geben konnte, das waren die deutsche Forschung und die dazugehörigen Organisation, und zwar mit seinem Namen, wie die Wissenschaft bald zu entscheiden gezwungen war. Die britische Militärregierung hatte zwar genehmigt, die alten Institute wieder in Betrieb zu nehmen, aber sie wollte dies nicht unter dem alten Namen eines Kaisers zulassen, der für sie den deutschen Militarismus symbolisierte, den man auf keinen Fall mehr erleben oder stärken wollte.

Es dauerte nicht lange, bis eine neue Bezeichnung gefunden war, nämlich die der Max-Planck-Gesellschaft, und der so Geehrte erteilte dazu mit großer Freude und ohne Eitelkeit die Genehmigung.[4] Am 11. September 1946 wurde in Bad Driburg offiziell die »Max-Planck-Gesellschaft zur Förderung der Wissenschaften in der britischen Zone« gegründet, und bei dieser Gelegenheit wurde protokollarisch festgelegt, dass »Geheimrat Planck zum Ehrenpräsidenten ernannt wird«.

Der geografisch einengende Zusatz mit der britischen Zone wurde am 26. Februar 1948 aufgehoben, und seitdem markiert dieses historische Datum den eigentlichen Beginn der Max-Planck-Gesellschaft, die den Sitz ihrer Generalverwaltung bei dieser Gelegenheit nach München verlegte, wo er bis heute geblieben ist.

Das lange Sterben

Dies geschah ein halbes Jahr nach Plancks Tod. Bis zuletzt bemühte er sich, tätig zu sein, und er klammerte sich mit aller Macht an das Leben. Anfang 1947 hatte er sich während einer weiteren – und diesmal letzten – Vortragsreise in einem ungeheizten Eisenbahnwaggon eine doppelseitige Lungenentzündung zugezogen, von der er sich zunächst dank Penicillin wieder erholte (wobei man bedenken sollte, dass dieses Antibiotikum damals ein völlig neues Medikament war). Im Juli desselben Jahres stürzte Planck und erlitt einen Bruch des Oberarms und schwere Prellungen, die ihn wochenlang ans Bett fesselten. Sein Zustand verschlechterte sich jedoch zusehends durch mehrere Schlaganfälle. Trotzdem vergingen noch Monate, bevor er schließlich am 4. Oktober 1947 von seinen Leiden erlöst wurde.

Einer der letzten Besucher, die Planck noch zu Hause empfangen konnte, war der Astronom Dietrich Wattenberg. Seine Schilderung dieses Zusammentreffens schloss er mit den Worten ab: »Hier stand einer der Großen aus der Welt des Wissens, dem die eigene Tragödie nichts von der persönlichen Würde genommen hatte.«

Bei Plancks Beerdigung in der Göttinger Albanikirche drängten sich die Menschen. Die eindrucksvollste Ansprache bei der Trauerfeier hielt Max von Laue, der mit den Tränen zu kämpfen hatte, als er an den Sarg herantrat und mit schlichten Worten das »ungewöhnlich erlebnisreiche« und lange Leben des Verstorbenen schilderte. Von Laue wies am Schluss seiner Trauerrede auf die Kränze hin, die den Sarg schmückten: »Einer stammt vom Deutschen Museum im München, das gerade im Begriff ist, Plancks Büste in seinem Ehrensaal aufzustellen.« Ein anderer Kranz trug den Namen der Deutschen Physikalischen Gesellschaften, »die seiner aufopfernden Betätigung in den verschiedenen Vorstandsämtern« gedenken und an die »vielen lichtvollen Vorträge« erinnern, »die er in ihren wissenschaftlichen Sitzungen gehalten hat«. »Und dann liegt da auch noch ein schlichterer Kranz ohne Schleife. Den habe ich für die Gesamtheit seiner Schüler niedergelegt (...) als vergängliches Zeichen unserer unvergänglichen Liebe und Dankbarkeit.«

Das Nachleben des Namens

Der Name Planck lebt fort. Erwähnt seien als Preis für Physiker die begehrte Max-Planck-Medaille, die von der Deutschen Physikalischen Gesellschaft vergeben wird, und als Forschungsorganisation die weltweit respektierte Max-Planck-Gesellschaft, die immer wieder Nobelpreisträger aus ihren Reihen hervorbringt. Als Bausteine des Wissens selbst gibt es neben dem Planckschen Strahlungsgesetz noch eine Fokker-Planck-Gleichung für physikalische Transportphänomene, und als Einheiten seiner Wissenschaft selbst kennt die Physik zum Beispiel das Plancksche Quantum der Wirkung und daraus abgeleitet die Planck-Zeit, die Planck-Länge und das Planck-Potenzial. Die Planck-Zeit gibt die Spanne nach dem hypothetischen Urknall zu Beginn des Universums an, in der es für unsere Gehirne keinen Sinn macht, die bekannten physikalischen Gesetze anzuwenden. Wenn man diese extrem kurze Zeit mit der Geschwindigkeit des Lichts im Vakuum multipliziert, entsteht die Planck-Länge, unterhalb der keine Möglichkeit besteht, Raumdimensionen zu vermessen, und man aufhören muss, von Längen, Höhen und Breiten zu sprechen. Mit anderen Worten, die Planck-Länge und die Planck-Zeit geben die Stellen an, bei denen die Welt anfängt, für uns verständlich zu werden. Wir kennen diese Grenzen, weil Planck die Größe gefunden hat, die sie festlegt. Sein physikalisches Maß steckt also ganz tief in allen Dingen, und es wäre schön, wenn auch wir über sein Maß an Pflichterfüllung verfügen würden.

Das Nachleben des Quantums

Plancks Quantum findet immer mehr Verbreitung. Was durch Planck selbst als Quantentheorie begann und noch zu seinen Lebzeiten – wenn auch nicht zu seiner Begeisterung – zu einer Quantenmechanik wurde, konnte nach 1947 zu einer Quantenelektrodynamik erweitert werden, die als eine der genauesten Theorien der Physik bekannt ist und verständlich macht, wie Licht und Elektronen in Wechselwirkung treten – etwa wenn ein Spiegelbild entsteht. Worauf die Vertreter dieser Wissenschaft noch warten und woran sie arbeiten, ist die so genannte Quantengravitation, worunter das fugenlose Verbinden von Einsteins Feldtheorien für Raum und Zeit und Plancks Quantentheorie von Licht und Materie zu verstehen ist, um zu einer einheitlichen Theorie der Welt zu gelangen, die sich im Mikrokosmos ebenso bewährt wie im Makrokosmos.

Es gibt Gründe dafür, dass sich eine solche Vereinigung nicht erreichen lässt – man braucht nur daran zu denken, dass Licht sowohl Welle als auch Teilchen ist, und wir müssen wohl mit dieser Dualität leben. Aber es gibt andere wichtige aktuelle Entwicklungen, die Plancks Quantum nutzen. Von großer Tragweite wird die Erweiterung sein, die derzeit mit dem Begriff der Information unternommen wird und zu gelingen scheint. Jeder von uns kennt die Einheit des Bit, mit der Informationen gemessen werden, und wir sind alle mit den Angaben der Computerhersteller vertraut, die uns mitteilen, über wie viele Bits eine Festplatte oder ein Speicherchip verfügen. (Nebenbei sei noch der Hinweis erlaubt, dass solche Chips auf Technologien beruhen, die es ohne Quantenmechanik nicht gäbe, was Ökonomen schätzen lässt, dass ein beträchtlicher Teil der Weltwirtschaft von Produkten abhängt, die es ohne die Kenntnis der Quanten nicht geben könnte.)

Bits machen Sinn, solange etwas entweder Null oder Eins und sonst nichts sein kann. Entweder falsch oder richtig, entweder Ja oder Nein, entweder links in einem Kasten oder rechts, und so weiter. So funktioniert die klassische Logik, und zwar wunderbar. Aber sie bekommt Probleme, sobald Quantenphänomene auftauchen. Denn nun kann etwas sowohl Welle als auch Teilchen sein, ein Elektron kann sowohl links als auch rechts sein – jedenfalls solange niemand hinschaut und nachsieht. Um mit solchen Situationen zurechtzukommen, haben die Physiker die Quantenversion des Bits erfunden, das sie Qubit nennen.[5] Korrekt wird das Qubit als Quantensuperposition definiert, womit gemeint ist, dass es eine Art potentielle Information darstellt, die durch Abfrage erkundet werden kann.

Mit dem Qubit werden die Möglichkeiten der Informationsverarbeitung wesentlich reichhaltiger und komplexer, und den Forschern gehen Ausdrücke wie »Quantenrechner«, »Quantenkryptographie«, »Quantencomputer« und »Quanteninternet« längst leicht von den Lippen. Tatsächlich ist nicht zu übersehen, dass Plancks Quantum nach gut einem Jahrhundert massiv aus der Sphäre der Theorie heraus- und in die Praxis hineindrängt. Die Physik ist zu Beginn des 21. Jahrhunderts dabei, erneut ein neues Weltbild zu entwickeln. Und im Zentrum steht das Quantum, das Planck uns geschenkt hat und an dem sich noch viele Generationen orientieren werden und aufbauen können. Planck sei Dank.

Nachwort
Ein Leben zwischen zwei Welten

Max Plancks Leben versetzt uns doppelt ins Staunen – nicht nur durch seine weit reichenden physikalischen Leistungen, sondern auch durch seine in schwierigen äußeren Umständen geforderten politischen Tätigkeiten. Was ihm in diesen beiden Bereichen – in der Wissenschaft zum Beispiel mit der Einführung des Wirkungsquantums als Stolperstein für die geliebte klassische Physik – gelungen und zu verdanken ist, gilt es mit Dankbarkeit zu würdigen. Bewunderung verlangen uns die Größe des aristokratischen Wissenschaftspolitikers Planck und die philosophische Tiefe seiner theoretischen Einsicht ab, und wir staunen über seine herausragenden Fähigkeiten und seinen ungeheuer großen Arbeitseinsatz ohne Rücksicht auf die eigene Person im Dienste guter Wissenschaft. Er verstand sie – wie die Religion – als Ausdruck des Humanen und als Bollwerk gegen verführerische Ideologien und Aberglauben.

Vorträge und Erinnerungen

Der Erfolg des Theoretikers und die Qualität des Politikers lassen leider seine zahlreichen Vorträge, die er ab 1908 – also von seinem fünfzigsten Lebensjahr an – und dann fast über vier Jahrzehnte hinweg gehalten hat, etwas in den Hintergrund geraten. Das ist bedauerlich, vor allem in Zeiten, die sich um ein öffentliches Vermitteln von Wissenschaft bemühen. Plancks »lichtvolle« Reden haben viele Menschen zu seinen Lebzeiten fasziniert, wie Max von

Laue gegen Ende seiner Traueransprache ausgeführt hat, selbst wenn er dabei zunächst nur diejenigen gemeint hat, die bei Akademiesitzungen gehalten worden sind. Planck hat mit zahlreichen öffentlichen Reden weit über diesen engen akademischen Rahmen hinaus gezielt, weshalb er bis kurz vor seinem Tod ohne Rücksicht auf seine zerrüttete Gesundheit unterwegs war, um das, was er im Laufe seiner langen Zugehörigkeit zum Reich der exakten Wissenschaft und bei der Förderung der dazugehörigen Forschung zu seinem Denken gestaltet hatte, interessierten Laien zugänglich zu machen.

Leider ist dieses Vermächtnis des großen Mannes heute fast in Vergessenheit geraten, und seine *Vorträge und Erinnerungen* verstauben in den Bibliotheken, so wie es zum Beispiel auch die *Allgemeinverständlichen Schriften* von Werner Heisenberg oder die *Populären Schriften* von Ludwig Boltzmann tun, zwei weitere Beispiele für Textsammlungen großer Naturforscher, die so viel über die humanen Bedingungen der Naturerkenntnis zu vermitteln hätten.

Es wäre wirklich an der Zeit, wie Faust es bei Goethe tut, den »Grundtext aufzuschlagen« und »das heilige Original« von Planck zur Kenntnis zu nehmen, da sich hier genug Material für Lesestoff in Schulen und Universitäten findet, mit dem der Zugang zu den Naturwissenschaften gefunden werden kann, den die emsigen Bildungsforscher unserer Tage vorgeblich so dringend suchen. Planck und seine Kollegen haben die Welt der Atome für uns erkundet, und zwar so, dass wir von ihren philosophischen und technischen Früchten viel profitieren könnten.

Ein gezielter Blick auf Plancks *Vorträge und Reden* zeigt, wie man diese Texte, die sich großer Themen annehmen, zur Bildung nutzen kann.

Planck äußert sich zunächst über »Die Einheit des physikalischen Weltbildes« (1908), er macht dann weiter Anmerkungen zum »Wesen des Lichts« (1919), er verbindet nun »Positivismus und reale Außenwelt« (1930) und denkt schließlich über das Verhältnis von »Wissenschaft und Glaube« (1930) bzw. das von »„Religion und Naturwissenschaft« (1937) nach. Als Nächstes versucht er, »Sinn und Grenzen der exakten Wissenschaft« (1941) zu bestimmen, und behandelt am Schluss noch »Scheinprobleme der Wissenschaft« (1946). Die Ausgabe der Vorträge, die ich selbst als Student in den frühen 1970er-Jahren erworben und mit brennenden Augen gelesen (und inzwischen ziemlich zerfleddert) habe, endet mit einem Hinweis darauf, wie Planck bei allen Härten und Schwierigkeiten des äußeren Lebens doch »sein innerliches Glück finden« konnte, und es ist ein Goethe-Wort, das ihm dabei den Weg weist: Nachdem er – sein eigenes Schicksal vor Augen – daran erinnert, dass es keinen Anspruch auf Glück und Wohlergehen gibt und man jede »froh verlebte Stunde« als ein Geschenk entgegennehmen sollte, fasst der achtundachtzigjährige Planck seine Lebenseinsicht wie folgt zusammen: »Das einzige, was wir mit Sicherheit als unser Eigentum beanspruchen dürfen, das höchste Gut, was uns keine Macht der Welt rauben kann, und was uns wie kein anderes auf die Dauer zu beglücken vermag, das ist eine reine Gesinnung, die ihren Ausdruck findet in gewissenhafter Pflichterfüllung. Und wem es vergönnt ist, an dem Aufbau der exakten Wissenschaft mitzuarbeiten, der wird mit unserem großen deutschen Dichter sein Genügen und sein innerliches Glück finden in dem Bewusstsein, das Erforschliche erforscht zu haben und das Unerforschliche ruhig zu verehren.«[1]

Mit Planck an die Öffentlichkeit

Mithilfe von Plancks Texten lassen sich physikalische und philosophische Themen zugleich besprechen und darüber hinaus auch noch Einblicke in die Geschichte gewinnen. Gute Originale sind immer schlechten Kopien vorzuziehen. Warum soll man erst die Zusammenfassung eines Physikdidaktikers über die Bedeutung des Quantums nachlesen, wenn Planck selbst diese Aufgabe in eindringlichen und zugleich verständlichen Worten bewältigt hat?

Warum soll man mit Texten von Pädagogen beginnen, die uns an die Naturgesetzlichkeit heranführen, wenn jemand wie Planck dies schon dargestellt hat? Für ihn spricht schließlich neben seiner souveränen Formulierungskunst auch die beneidenswerte Erfahrung, selbst ein Naturgesetz ganz allgemeiner Art gefunden zu haben.

Wer an diesem Punkt noch zögert, weil Planck vielleicht doch nicht mehr ganz den modernen Stand der Deutung repräsentiert, der kann zum einen Plancks Ansichten mit den philosophisch radikaleren Auffassungen von Heisenberg vergleichen und dabei lernen, wie groß tatsächlich der Schritt von der Klassischen Physik zur Quantenmechanik war. Zugegeben: Planck ist nicht unbedingt neu, aber er bleibt auf jeden Fall gut.

Über das Gesagte hinaus sind Lesungen mit Auszügen aus Plancks Redemanuskripten an Theatern oder in Funk und Fernsehen vorstellbar – etwa als »Ein Abend mit Max Planck« –, bei denen – nach einer Einführung in sein Leben – erst aus einigen Vorträgen zitiert und anschließend darüber diskutiert wird. Dabei kann man sich zum Beispiel auf den Weg »Vom Relativen zum Absoluten« (1924) machen oder »Ursprung und Auswirkung wissenschaftlicher Ideen« (1933) erkunden.

Dass es Schwierigkeiten im Umgang mit der Wissenschaft geben würde, das hat Planck – wie berichtet – selbst deutlich genug zum Ausdruck gebracht, als er ihr die Fähigkeit absprach, auf schlichte Weise populär werden zu können. Planck meinte zum einen damit, dass Wissenschaft nicht umfassend das allgemeine Interesse wecken und zum Tagesgespräch werden kann, wenn man ihre Methoden vorstellt, die doch außerhalb ihres Tätigkeitsbereichs niemand verwendet und daher uninteressant bleiben. Die Stimmigkeit dieser Einsicht kann man seit den 1970er- und 1980er-Jahren in aller Deutlichkeit am Beispiel der Gentechnik nachvollziehen, die ja zunächst bloß eine Methode ist und mit der sich tatsächlich nur diejenigen beschäftigen, die sich beruflich damit auseinandersetzen.

Wissenschaft kann zudem nicht populär werden, weil es nicht problemlos und beiläufig gelingen kann, die im fachlichen Rahmen notwendige Verschärfung der Begriffe geeignet nachzuvollziehen. Wer in der (politischen oder medialen) Öffentlichkeit von Atomen, Beweisen, Kausalität oder Information spricht, meint immer etwas anderes als der, der sich der damit gemeinten Konzepte in einer akademischen Runde bedient, um seine Gedanken unmissverständlich auszudrücken. Wie aufwändig und streng muss etwa ein mathematischer Beweis geführt werden, und wie freundlich und fröhlich gehen wir im Alltag mit dem Wort um, wenn wir zum Beispiel beweisen sollen, dass es unser Schirm ist, der in einem Restaurant gefunden wurde, oder wenn wir unsere Fähigkeit unter Beweis stellen sollen, pünktlich zu einer Verabredung zu erscheinen!

Sowohl bei den methodischen als auch bei den begrifflichen Bedenken muss man Planck zustimmen, und die vergeblichen Bemühungen, in unseren Tagen das zu erreichen, was »public understanding of science« genannt wird, bestätigen ebenfalls Plancks Idee der grundsätzlichen Unpopularität seines Arbeitsfeldes. Nicht auf das »öffentliche Verständnis für Wissenschaft«, sondern auf das »allgemeine Verstehen von Wissenschaft« kommt es an, und Planck ist den damit verbundenen Schwierigkeiten schon zu seiner Zeit völlig anders und in angemessenerer Form begegnet als seine modernen Nachfolger, nämlich mit seinen *Vorträgen und Erinnerungen.*

Die Einsicht in die Schwierigkeiten der Vermittlung von Wissenschaft hat Planck bekanntlich nicht davon abgehalten, doch immer wieder vor die Öffentlichkeit zu treten und ihr das Denken nahezubringen, um das es in seinen Kreisen geht, und dabei die allgemeine Kultur gefördert. Planck hat in seinen Reden sein Fachgebiet genau in das verwandelt, was es werden muss, um die sachlich begründete Aufmerksamkeit einer sich um Bildung bemühenden Öffentlichkeit anzuziehen, nämlich in einen Gegenstand, über den man sich in einem vernünftigen Gespräch unterhalten – eventuell sogar streiten – kann, und zwar mit dem Ziel, die einheitliche Sicht der Dinge in den Ergebnissen der Forschung zu finden, die jeder Mensch für sich und sein Natur- und Menschenbild letztlich anstrebt.

Planck kommt immer wieder auf das Thema der Weltbilder und Weltanschauung zu sprechen. Er stellt Ideen einer möglichen Einheit in der Wissenschaft vor – »Das Prinzip der kleinsten Wirkung« (1915) zum Beispiel –, und er bietet damit sein Forschungsgebiet als Bildungsgut an. Bei alldem zeigt er sich noch als ein ständig Suchender, also als jemand, der in der Bildung seiner eigenen Weltsicht begriffen ist. Zwar gibt sich schon vor seinem inneren Auge eine Gestalt zu erkennen, die es aber ständig weiterzuformen und auszubauen gilt.

Plancks Reden und Vorträge sind also wissenschaftliche Bildung im doppelten Sinne des Wortes. Sie sprechen ein erzieltes Ergebnis – etwas Gebildetes – ebenso an wie das Unterwegssein auf dem Weg zu diesem Ziel – das Bilden nämlich. Wissenschaft ist für ihn solch ein offen bleibender Prozess des Weitersuchens, was sie natürlich wenig populär bei denjenigen macht, die anwendungsbereite Ergebnisse erwarten, ohne sich über ihr Zustandekommen Gedanken zu machen. Immer noch lassen sich viele Menschen gern von der Wissenschaft bedienen, ohne sich an ihren Inhalten bilden zu wollen.

Tatsachen und Werte

Wissenschaft kann populär werden, wenn sich die Wissenschaftler als Suchende auf dem Weg zu einer Einheit zeigen, wie Planck es in seinen Reden tut. Ihre Lektüre oder ihr Vortragen ermöglichen damit das kontemplative und als Erlebnis empfundene Gespräch über die Wissenschaft, ohne das Bildung nicht möglich wird. Plancks Texte verdienen allein aus diesem Grund, ein lebendiger Teil der deutschen Kultur zu werden, und seine Vortragsmanuskripte liefern genug Material, das der Öffentlichkeit angeboten werden kann.

Dass Planck trotz aller Klarheit seiner Überzeugungen und Aussagen ein Suchender und Fragender geblieben ist, hat mit einer sonst wenig beachteten Strömung seines Denkens zu tun, deren Charakterisierung viele vielleicht überraschen mag. Sie zeigt sich zum Beispiel, wenn seine Reden das Thema der Kausalität betreffen, die alles Geschehen als naturgesetzlich determiniert erscheinen lässt, und daher sofort die Frage nach ihrem Gegenstück aufwirft, nach der Freiheit, die einem Menschen bleibt, wenn in der Natur doch eigentlich alles schon festgelegt ist. Welche Handlungsmöglichkeiten bestehen für ein Individuum, wenn die Naturgesetze umfassend herrschen und den Lauf der Dinge vorhersagbar machen?

In der abendländischen Kulturgeschichte sind die frühen Erfolge des deterministischen Denkens – etwa in Form der Bewegungsgesetze der Himmelkörper oder der Brechungsgesetze für das Licht – zwar gefeiert und im Rahmen einer Aufklärung begrüßt worden, die auf Säkularisierung zielte und der Kirche die Autorität für das Wissen absprach. Doch nach der ersten erfolgreichen Etablierung solcher – wörtlich zu verstehenden – Feststellungen durch die Naturwissenschaft tauchte eine starke Gegenbewegung auf, die den Menschen nicht in den physikalischen Schranken belassen und ihn vielmehr daraus befreien wollte. Dies geschah im Zeitalter der Romantik, das auf Anfang des 19. Jahrhunderts datiert wird.[2]

Ihre Vertreter reagierten als Dichter und Denker abweisend und abwehrend auf Newtons Uhrwerk und andere Gesetze, die eine lückenlose Erfassung des Wirklichen andeuteten und alle Abläufe im Universum unter das Kommando von eindeutig lösbaren Bewegungsgesetzen stellten. Die Romantiker antworteten auf den Totalanspruch der wissenschaftlichen Rationalität, indem sie unter anderem zwischen Tatsachen und Werten unterschieden und nur die Fragen nach den Tatsachen der Wissenschaft überließen.

Welche Farbe nimmt ein schwarzer Körper bei einer bestimmten Temperatur an? Wie groß ist das Quantum der Wirkung? Welche Ursache hat die Stabilität eines Atoms? Was ändert sich an der Energie einer Kugel, die gegen eine Wand stößt? Das sind Fragen an die Physiker, und wir erwarten, dass sie darauf klare und präzise Antworten liefern, wie es weitgehend auch geschehen ist.

Bei Fragen nach Werten hingegen – Was ist der Wert der Wissenschaft bzw. was ist in der Wissenschaft der Wert der Objektivität? Wem schuldet jemand Gehorsam oder Treue? Wie verhält man sich, wenn der Führer des Staates ein Verbrecher ist? Welche besonderen Pflichten übernimmt ein Physiker? Was ist wichtiger: ein einzelner Forscher oder die gesamte Forschung? – sieht das anders aus. Fragen nach Werten können nicht durch wissenschaftliche Untersuchungen, sondern nur durch individuelle Entscheidungen geklärt und beantwortet werden. Dabei handelt es sich um kreative Hervorbringungen von Menschen, die bei diesem Tun – so die Auffassung der Romantiker – keinen Naturgesetzen unterliegen, sondern – im Gegenteil – sich von ihnen unabhängig und frei machen müssen.

Seitdem wissen wir, dass wir »zwei Welten« bewohnen, wie es der Ideenhistoriker Isaiah Berlin (1909–1997) genannt hat, nämlich »die des Materiellen, wo Ursache und Wirkung herrschen« und die Kausalität ihre solide Rolle spielt, und die des Geistigen, wo ich »durch mich selbst vollendet und durchaus mein eigenes Geschöpf bin« und dabei von den Naturgesetzen unberührt bleibe, wie es im frühen 19. Jahrhundert bei dem Philosoph Johann Gottlieb Fichte (1762–1814) nachzulesen ist.[3] Er orientiert sich dabei nicht zuletzt an der »Einzigartigkeit des Individuums«, die Friedrich Schleiermacher (1768–1834) im Jahre 1800 auf den Begriff gebracht hat und die keinesfalls unter ein allgemeines Gesetz der Natur (bzw. der Naturwissenschaft) zu bringen oder zu zwingen ist (erst recht dann nicht, wenn sie statistisch denkt und mit Wahrscheinlichkeiten und Durchschnittswerten operiert).

Auf diese Weise ist unser Umgang mit der Wirklichkeit »natürlich nicht frei von Widersprüchen«, wie Isaiah Berlin schreibt.[4] Das verdrießt zwar die Rationalisten, »doch damit werden wird uns wohl abfinden müssen«, was uns an dieser Stelle deshalb besonders interessiert, weil es gerade die Generation Plancks war, die ausreichend Erfahrungen mit Widersprüchen machen musste. In seiner Lebenszeit wurde klar, dass wir »die Erben zweier Traditionen« sind, die sich durch die im Widerstreit liegenden Stichworte Aufkläung und Romantik markieren lassen, auch wenn wir – vor allem im Bereich der Naturwissenschaft und ihrer technischen Verwertungen – oft so tun, als ob die Revolution der Romantik nicht stattgefunden oder bestenfalls nebensächliche und schlimmstenfalls ärgerliche Ablenkungen vom Hauptstrom des rationalen Denkens beigetragen hätte. Gemeint ist damit, dass es im Menschen eine mit rationalen Mitteln unbeschreibliche schöpferische Tätigkeit gibt und die Welt das ist, was wir aus ihr machen. Die Romantiker widersprechen nicht der Vorstellung, dass sich richtige Antworten auf sinnvolle Fragen über die Welt geben lassen. Sie sind nur nicht überrascht, wenn sich herausstellt, dass einige dieser Antworten nicht miteinander vereinbar sind und sich die dazugehörigen Weltbilder als menschliche Erfindungen merkwürdig fremd gegenüberstehen.[5]

Natürlich ist es logisch unbefriedigend, eine Entwicklung oder die dazugehörigen Menschen verstehen zu wollen, wenn sie sich nicht eindeutig fassen lassen – ist etwas nun vollständig kausal bestimmt oder ist es das nicht? Denkt jemand nun vollständig deterministisch, oder tut er das nicht? Gilt ein Naturgesetz nun durchgängig, oder gibt es Stellen der Freiheit, an dem man seinem Zugriff entkommen kann? Ist das Naturgeschehen nun vollkommen kausal, oder bleibt es vielfach offen für humane Einflüsse?

Aber historisch und menschlich wird die Geschichte des Denkens und seiner Exponenten unter dieser Vorgabe spannender, vor allem, wenn Planck in ihr auftaucht, der zweifellos ein Vertreter der gesamten deutschen Kultur war. Und wenn das Wort »romantisch« auch nicht explizit bei ihm auftaucht – es hat bis heute seine Schwierigkeiten, im Kontext der Naturwissenschaften angemessen eingesetzt und nicht als wirklichkeitsfremd oder -abgewandt missverstanden zu werden –, so lässt sich doch sagen, dass Planck sich in seinen Reden nicht nur als ein eifriger Vertreter der Aufklärung erweist, sondern auch als jemand, der verstanden und auf sympathische, unaufdringliche Weise verinnerlicht hat, dass er nach der Revolution der Romantik lebt und also Widersprüche aushalten muss. »Die Dilemmata eines aufrechten Menschen«, das Plancks amerikanischer Biograph John Heilbron im Titel der Originalausgabe zur Charakterisierung seines Helden anführt, ohne dass die deutsche Übersetzung dies berücksichtigt, diese Dilemmata sind in diesen Widersprüchen begründet.[6]

Sittliche Entscheidungen und ethische Abwägungen werden – für Planck und alle anderen Menschen – nicht durch eine Naturgesetzlichkeit ableitbar, die andere einem mitteilen und vorführen können. Sie müssen von jedem Einzelnen in jeder Situation immer wieder neu geschaffen und getroffen werden, und dabei können Fehleinschätzungen oder Irrtümer unterlaufen und Abweichungen auftreten. Planck selbst war immerhin in der glücklichen Lage, genau und zweifelsfrei zu wissen, was ihm bei dieser selbstbestimmten Tätigkeit in Freiheit half und Hinweise auf den rechten Weg vermittelte, nämlich seine »reine Gesinnung«. Auf sie konnte er bauen, und mit ihrer Hilfe fühlte er sich fest und sicher auf dem Boden der deutschen Tradition, der selbst unübersehbar von rationalen, romantischen und anderen Spuren durchzogen wird.

»Die Kausalität der Natur«

Damit ist die Bühne für die Erörterung der Kausalität vorbereitet, die zwar jeder Wissenschaftler – und erst recht jeder Physiker – ganz selbstverständlich voraussetzt, die aber als Begriff in den Theorien nicht explizit vorkommt. Dennoch haben wir im Alltag keine Probleme mit dem Konzept einer kausalen Verbindung, die zwei Ereignisse miteinander verknüpft, die wir als Ursache – *causa* – und Wirkung – *effectus* – kennen, wobei mit dem letzten Begriff nicht Plancks wohl definierte physikalische Wirkung gemeint ist, mit deren Hilfe er die Quantennatur der Wirklichkeit erkannte und offenbarte. Betrachten wir jemanden, der an einem Computer sitzt und nun einen Finger auf die Taste mit dem »A« setzt. Das ist die – oder zumindest eine – Ursache für die Wirkung, die darin besteht, dass sich ein »A« auf dem Bildschirm zeigt. Wenn dort ein A zu sehen ist, ohne dass vorher die entsprechende Taste getippt worden wäre, würde man sich erst wundern und dann nach einer anderen Ursache suchen, etwa einem Kurzschluss in der Software, aber der Gedanke der Kausalität bliebe unberührt, und man ist sicher, immer einen Grund für ein Geschehen finden zu können, das sich ereignet hat. Wir handeln auch stets aus einem Urvertrauen in die Kausalität heraus, denn wenn wir etwas tun, visieren wir konkret geplante Wirkungen (Folgen) unseres Eingreifens an. Wir beginnen uns auf jeden Fall zu wundern, wenn sie ausbleiben.

Das ist die Prämisse der Wissenschaft, die seit jeher nach Ursachen sucht und sie aufdecken will. Sie findet ihre kausale Erklärung zunächst auch sehr zuverlässig, selbst wenn es dabei nach und nach komplizierter zugeht. Isaac Newton erkannte im späten 17. Jahrhundert die Schwerkraft (Gravitation) als Ursache für die Fallbewegung materieller Körper, und Michael Faraday zeigte im frühen 19. Jahrhundert, dass die Ursache für den Einfluss, den ein elektrischer Strom auf eine Magnetnadel hat, in einem Magnetfeld besteht. Irgendwann dann gerieten die ersten Phänomene ins Visier, die auf keinen Fall mehr monokausal zu verstehen sind, wie die Wissenschaft spätestens feststellt, wenn sie Wettervorhersagen machen oder Klarheit bei komplexen Abläufen bekommen will, wie sie etwa in den raffinierten Netzwerken zu finden sind, denen Zellen ihren Stoffwechsel – und wir letztlich unser Leben – verdanken.

Für die klassisch orientierten Physiker lieferten mehr oder weniger die Gesetze, die sie für mechanische Bewegungen oder thermische Phänomene aufstellen oder auffinden konnten, die Kausalität der Natur. »Die Kausalität in der Natur« – so heißt ein Vortrag, den Planck im Jahre 1932 in London zu diesem Thema hielt, um einige spezielle Fragen zu erörtern, unter anderem die folgende: »Gibt es ein untrügliches Zeichen dafür, dass ein gewisses, in der Natur stattfindendes Ereignis kausal durch ein anderes bedingt ist?«[7] Bevor das Publikum sich über diese scheinbar naive Aufgabe wunderte, machte Planck ihm klar: »Diese Frage ist so alt wie die Naturwissenschaft, ja wie die Wissenschaft überhaupt, und der Umstand, dass sie immer wieder aufgeworfen wird, beweist schon, dass sie bis heute noch nicht befriedigt beantwortet worden ist.«

Wenn Planck sich dazu in England Gedanken machte, dann tat er dies genau an der richtigen Stelle, denn aufgeworfen hatte die Frage nach der Kausalität in der modernen Wissenschaft der schottische Philosoph David Hume (1711–1776), und zwar auf höchst provozierende Weise. Er legte den Lesern seiner Schriften nämlich seine Ansicht dar, dass wir auf empirischem Weg – also mithilfe unserer Erfahrungen – kausal verbundene Ereignisse nicht von solchen unterscheiden können, die zufällig benachbart und hintereinander stattfinden. Betrachten wir zum Beispiel ein Gewitter, bei dem es donnert und blitzt. In einem solchen Fall wissen wir zwar, dass es donnern wird, nachdem es geblitzt hat. Aber können wir daher sagen, der Blitz sei die Ursache des Donnerns?

Nein, antwortete Hume (völlig korrekt, wie noch mit einem Kunstgriff erläutert wird). Die Menschen gewöhnen sich nur an die Reihenfolge der Ereignisse – das Donnern kommt niemals vor dem Blitz –, und die Kausalität steckt nicht in der Natur, sondern nur im Kopf ihres Betrachters.

Der Königsberger Philosoph Immanuel Kant (1724–1804) fühlte sich durch diese beeindruckende Behauptung aus seinem »dogmatischen Schlummer« geweckt, und hellwach machte er aus Humes kühner Bemerkung einen festen philosophischen Grundsatz. Kant rechnete – in den Worten Plancks – »das Kausalgesetz als Ausdruck der Gültigkeit unverbrüchlicher Regeln für alles Geschehen einfach mit zu den Kategorien«, mit deren Hilfe wir uns überhaupt verständigen. Das heißt, Kant sah die Kausalität »als eine Form der Anschauung« an, »ohne die wir überhaupt nicht imstande sind, Erfahrungen zu sammeln«. Kausalität stammt also nicht aus unserer Erfahrung, sondern aus dem Denkvermögen, das die Natur uns mit auf den Lebensweg gegeben hat, und mit diesen Festlegungen stellte der Philosoph ein Verbotsschild auf: Der Erfahrung war es von nun an nicht mehr erlaubt, an der Kausalität etwas zu ändern. Wie sollte sie das auch bewerkstelligen?

Für Kant stellt also die Kausalität eine Bedingung dafür dar, dass Erkenntnisse überhaupt möglich sind. Kausalität kennen wir ihm zufolge ohne Anschauung der Welt, sie ist uns *a priori* – also *vorher* – gegeben und unterscheidet sich wesentlich von Kenntnissen, die wir im Anschluss an und mithilfe von Erfahrungen – *a posteriori*, also *nachher* – gewinnen können. Kausalität gehört bei Kant zu den Konzepten, auf die Erfahrungen gründen, die sie konstituieren, und deshalb wäre der Philosoph nie auf den Gedanken gekommen, Plancks Londoner Frage zu stellen, nämlich: »Gibt es ein untrügliches Zeichen dafür, dass ein gewisses, in der Natur stattfindendes Ereignis kausal durch ein anderes bedingt ist?« Das gesuchte untrügliche Zeichen muss ja aus der Erfahrung stammen, aber da durfte das Denken nur tätig werden, wenn Kants Verbot ignoriert wurde. Das konnten die Philosophen kaum riskieren, aber die Naturwissenschaftler haben sich zum Glück im Laufe der kommenden Jahrhunderte nicht an die Anweisung gehalten und herausgefunden, was Planck wissen wollte.

Kausalität mit Energie

Planck hat also zunächst auch seine Probleme, wenn er sagen soll, wie man zwei Ereignisse, die bloß nacheinander erfolgen – das Klingeln des Weckers am Morgen und das Putzen der Zähne danach –, unterscheiden soll von zwei Ereignissen, von denen das erste das zweite bedingt bzw. nach sich zieht – das Putzen der Zähne und der bessere Geschmack im Mund danach. Doch trotz der von Planck angedeuteten Schwierigkeiten konnten nachfolgende Erfahrungen der Wissenschaft seine Frage inzwischen *a posteriori* zufriedenstellend beantworten, und zwar ausgerechnet mit dem Konzept, das ihn schon früh fasziniert und sein Leben lang neugierig gemacht hat. Wie sich nämlich herausstellt und wie zuerst wahrscheinlich von dem Verhaltensforscher und Nobelpreisträger Konrad Lorenz (1903–1989) bemerkt worden ist, kann man sagen, dass zwei Ereignisse in einer kausalen Beziehung zueinander stehen, wenn zwischen ihnen Energie übertragen worden ist. Dieser Energiefluss unterscheidet das, was kausal verknüpft ist – die sauberen Zähne und das Wohlgefühl –, von dem, was nur nacheinander geschieht – das Klingeln und das Bürsten. Wenn zum Beispiel der Tag auf die Nacht oder das Zähneputzen auf das Wecksignal folgt, wird sich trotz aller Regelmäßigkeit keine Kausalbeziehung finden lassen, weil keine Energie zwischen den getrennten Ereignissen zu finden ist, selbst wenn sie noch so dicht beieinander liegen.

Beim Blitzen und Donnern hingegen gibt es für beide Phänomene eine Ursache, nämlich eine elektrische Entladung in der Atmosphäre. Sie liefert sowohl die Energie für den optisch wahrnehmbaren Blitz als auch die für den akustisch registrierten Donner, der von den Menschen später registriert wird, weil die Schallwellen länger zu uns brauchen als die Lichtstrahlen (was eine andere Kausalität bedingt und den zeitlichen Unterschied der Wahrnehmung erklärt). Der Blitz selbst verursacht das Donnern nicht, wie Hume richtig bemerkt hat, ohne an die Energie der Elektrizität im Hintergrund des Geschehens zu denken.

Es ist schön, dass sich eine von Plancks Fragen zur Kausalität mit seinem Lieblingskonzept – der Energie – verständlich machen lässt, und es kann nicht bezweifelt werden, dass ihn diese naturwissenschaftliche Antwort verlockt hätte, der jeweils übertragenen

Energie in all ihren Formvarianten auf die Spur zu kommen – etwa dann, wenn der Blitz ein Feuer auslöst, das erst zerstörend wirkt und dann bemerkt und gelöscht wird.

Welt und Weltbild

Das Konzept der Energieübertragung gilt sicher auf der Alltagsebene, auch wenn Zauberkünstler dem staunenden Publikum Phänomene zu präsentieren scheinen, die auf den ersten Blick ohne Ursache auskommen. Auf jeden Fall ließ Planck keinen Zweifel daran, dass in der realen Welt die Forderung nach Kausalität durchweg erfüllt sein müsse, und er mühte sich ab mit dem Gedanken, dass sich beim genauen Hinschauen in der Physik Schwierigkeiten ergeben und man die Beziehungen zwischen Ursache und Wirkung aus verschiedenen Gründen möglicherweise nur annäherungsweise erfüllt finden kann. Natürlich fällt ein Stein, den man loslässt, immer zu Boden. Aber er kommt dabei nicht immer an derselben Stelle zur Ruhe, vor allem dann nicht, wenn der Boden etwas uneben ist. Wenn jemand nun – mit Planck – sagt: »Ein Ereignis ist dann kausal bedingt, wenn es mit Sicherheit vorausgesagt werden kann«, kann es passieren, dass er im Alltag in Schwierigkeiten gerät und ratlos dasteht, denn – erneut mit Planck – »in keinem einzigen Fall ist es möglich, ein physikalisches Ereignis genau vorauszusagen«.[8]

»Die Kausalität in der Natur« macht es einem also nicht leicht, aber festhalten an der Forderung will Planck – als aufgeklärter und rationaler Kantianer – auf jeden Fall, und er weiß auch, wie das gelingen kann, nämlich dadurch, dass man den ersten der beiden oben zitierten Sätze etwas modifiziert und sich daran erinnert, dass das Wort »Ereignis« etwas anderes bedeutet, je nachdem ob es im alltäglichen Rahmen oder im Bereich der Wissenschaft verwendet wird. Gewöhnlich meinen wir mit Ereignis etwas, das sich unseren Sinnen zu erkennen gibt, und sie operieren nicht unbedingt in der

Genauigkeit, die von einem wissenschaftlichen Vorgehen mit definierten Messmethoden und präzisen Daten erwartet wird (nicht zuletzt deshalb haben die Menschen diese Verfahren ja entwickelt).

In der Physik versteht man unter einem Ereignis etwas, das durch eine theoretisch präzisierte Sprache ausgedrückt und in einem physikalischen Weltbild positioniert werden kann. Die Wissenschaft nimmt Gedankenkonstruktionen vor, die eine schärfere Begriffsbestimmung erlauben, als es im Alltag möglich und sinnvoll ist, was aber auch dazu führen kann, dass es die Dinge, über die Physiker reden, in der Realität gar nicht gibt, zu der sie gehören. Newtons Mechanik etwa arbeitet mit Massenpunkten, die sich reibungsfrei in einer Art Vakuum bewegen, und all das sieht in Wirklichkeit völlig anders aus – der Punkt ist keiner, da jede Masse ihre Ausdehnungen hat; Reibung gibt es überall, und selbst die äußerst dünne Luft eines technisch erzeugten Vakuums wimmelt von unvorstellbar vielen Molekülen.

Dennoch hält die Physik an diesem Vorgehen fest, denn ihre von der Realität abstrahierenden Erfindungen machen gerade die exakte Wissenschaft möglich, die so große Nutzanwendungen in der Praxis erlaubt. Die Konstruktion der Physik hat sich trotz – oder vielleicht auch wegen – ihrer Realitätsferne als relevant erwiesen, die es natürlich zu beachten gilt, wenn man die Frage nach der Kausalität stellt. In der Welt des Alltags finden wir sinnlich wahrnehmbare Prozesse, die im Weltbild der Physik zu mathematisch lösbaren Gleichungen geworden sind, die als Differentialgleichungen den zeitlichen Ablauf von Vorgängen erfassen und zu berechnen gestatten. In dieser Form ist – in der Sicht des klassischen Physikers – gar nichts anderes als Kausalität möglich, denn man rechnet mithilfe der Gleichung aus, wie sich ein Gebilde entwickelt, fügt die aktuellen Messergebnisse in die Formeln ein und kann dann genau vorhersagen, wie die Zukunft aussieht.

Die Physik ist – mit und in ihrer mathematischen Sprache – völlig determiniert, nur folgt daraus noch nicht viel für den Alltag, zu dem jede Wissenschaft letztlich zurückmuss. Die Wissenschaft löst aber keine Aufgaben für isoliert im Laboratorium lebende Wissenschaftler, sondern allgemein für die Menschheit, und das heißt, dass man noch den Schritt aus dem theoretischen Weltbild in die sinnliche Welt vollziehen muss. Diesen Schritt unternimmt jeder Physiker also zweimal: Zuerst verwandelt er die Welt in sein Bild, in dem er operiert und mit dem er agiert, um an- und abschließend aus diesem Bild zurück in die Welt zu gelangen, über die die Laien etwas wissen wollen.

Die Folgen für die Kausalität finden wir nun in Plancks Worten: »Während in der Sinnenwelt die Voraussage eines Ereignisses immer mit einer gewissen Unsicherheit behaftet ist, verlaufen im physikalischen Weltbilde alle Ereignisse nach bestimmten angebbaren Gesetzen, sie sind kausal streng determiniert. Daher wird durch die Einführung des physikalischen Weltbildes – und darin liegt seine Bedeutung – die Unsicherheit in der Voraussage eines Ereignisses der Sinnenwelt reduziert auf die Unsicherheit der Übertragung des Ereignisses aus der Sinnenwelt auf das Weltbild sowie die Rückübersetzung aus dem Weltbilde in die Sinnenwelt.«

Das Auftreten des Quantums

Dieses Vorhaben kann grandios gelingen, wie Planck ausführt, wenn er von der molekularen Deutung der Brownschen Molekularbewegung und den Triumphen der kinetischen Gastheorie schwärmt – »befriedigende Deutungen auf Grund der Annahme einer strengen Kausalität« –, um dann zu seiner eigenen Entdeckung zu kommen, die den Dingen dummerweise eine schwierige Wendung gibt: »Nach solchen und anderen Erfolgen schien begründete Hoffnung vorhanden, dass das Weltbild der klassischen Physik seiner Aufgabe im wesentlichen gerecht werde, und dass die Unsicherheiten, die bei der Übersetzung in die Sinnenwelt und aus der Sinnenwelt übrig bleiben, bei fortschreitender Verfeinerung der Messungsmethoden immer mehr an Bedeutung verlieren würden. Diese Hoffnung ist durch das Auftreten des elementaren Wirkungsquantums mit einem Schlage, und zwar für immer, vernichtet worden.«

Die Physiker haben mehr als zwanzig Jahre gebraucht, um die weitreichenden Folgen von Plancks Entdeckung zu erfassen. Die bekannteste Konsequenz ist heute als Unbestimmtheit bekannt, die oft auch als Unschärferelation vorgestellt wird und unbezweifelbar zutrifft. Die auf Heisenberg zurückgehende Einsicht besagt im Grunde, dass es Bestimmungsstücke wie Ort und Geschwindigkeit gibt, die sich nicht gleichzeitig genau ermitteln lassen. Unbestimmtheit meint, dass zwei Bestandteile der atomaren Wirklichkeit erst dann ihre Eigenschaften annehmen, wenn sie jemand abfragt. Die Beobachtung bestimmt, was zuvor unbestimmt war.

Diese Einsicht besagt unter anderem, dass eine genaue Kenntnis der Bestimmungsstücke, die in der klassischen Theorie zur Festlegung eines Kausalzusammenhangs notwendig sind, in der Quantentheorie ausgeschlossen bleibt. Damit kann auch das künftige Verhalten eines Systems nur ungenau, d.h. statistisch vorhergesagt werden. Anders ausgedrückt, in der Quantenphysik geht die Grundlage für das präzise Kausalgesetz der klassischen Physik verloren. Und das, obwohl – in den Worten von Planck – »das neue Weltbild der Quantenphysik (...) gerade dem Bedürfnis entsprungen [ist], die Durchführung eines strengen Determinismus auch mit dem Wirkungsquantum zu ermöglichen«. Dies kann nach wie vor geschehen, wie er weiter ausführt, wenn »der bisherige Urbestandteil des Weltbildes: der materielle Punkt, seines elementaren Charakters entkleidet« und »in ein System von Materiewellen« aufgelöst wird: »Diese Materiewellen bilden die Elemente des neuen Weltbildes.«

Daran wird deutlich, dass Planck sich auch in der Quantenphysik an dem orientiert, was ihm in der klassischen Physik so wichtig war, nämlich die Existenz von Differentialgleichungen, mit denen die Kausalität präzise gefasst wird. Die Materiewellen werden von der erwähnten Schrödinger-Gleichung beschrieben, deren Ableitung und Entstehung Planck zeitnah erleben konnte, und sie sieht auf den ersten Blick so aus wie etwas, das auch in die Klassische Physik vor dem Auftreten des Quantums gepasst hätte. Daher kann Planck zu seiner eigenen Zufriedenheit sagen: »Wir sehen: In dem Weltbilde der Quantenphysik herrscht der Determinismus ebenso streng wie in der klassischen Physik, nur sind die benutzten Symbole andere, und es wird mit anderen Rechenvorschriften operiert. Dementsprechend wird in der Quantenphysik, ebenso wie früher in der klassischen Physik, die Unsicherheit in der Voraussage von Ereignissen der Sinnenwelt reduziert auf die Unsicherheit des Zusammenhangs zwischen Weltbild und Sinnenwelt, das heißt auf die Unsicherheit der Übertragung der Symbole des Weltbildes auf die Sinnenwelt und umgekehrt. Dass diese doppelte Unsicherheit in Kauf genommen wird, ist der eindrucksvollste Beweis für die Wichtigkeit der Aufgabe, den Determinismus zunächst einmal innerhalb des Weltbildes aufrechtzuerhalten.«

Allerdings erkennt er, wie hoch der Preis ist, der dafür zu zahlen ist, »denn schon eine flüchtige Betrachtung zeigt, wie weit in der Quantenphysik das Weltbild sich von der Sinnenwelt entfernt hat und wie viel schwieriger es in der Quantenphysik ist, ein Ereignis aus dem Weltbild in die Sinnenwelt zu übersetzen oder umgekehrt, als es früher in der klassischen Physik der Fall war.«

Planck spricht hier ein Thema an, das mit der zwar bedauernswerten, aber unvermeidbaren Tatsache zu tun hat, dass der Fortschritt der Physik nach der Entdeckung des Quantums durch den Verzicht darauf erkauft werden musste, die Phänomene in der Natur unserem Denken durch Naturwissenschaft unmittelbar lebendig zu machen. Die Physik hat – übrigens zeitgleich mit der Kunst – die Reise in die Abstraktion angetreten, und unser Geist scheint sich immer noch gegen die Erkenntnis zu wehren, dass der fortschreitende Weg zum Verständnis auch in der Wissenschaft aus der Anschaulichkeit herausführt.

Tatsächlich wissen wir immer weniger durch direkte Erfahrung mit unseren Sinnen, aber dafür immer mehr dank besser werdender Experimente, was bedeutet, dass die Physiker immer mehr wissen, während die Laien immer schwerer mithalten können. Wie man ihnen die Symbole näherbringen kann, mit denen die Wissenschaft die Wirklichkeit erfasst und von denen Planck spricht, haben die Vermittler der Wissenschaft wohl noch nicht ausreichend bedacht.

Indem Planck ganz selbstverständlich davon spricht, dass es in seinem Gebiet um Symbole und nicht bloß um Zeichen geht, lässt er den Gedanken zu, dass man Physik – gemeint ist ihre abstrakte Version mit Quanten – auch anders als mit dem Verstand verstehen kann und vielleicht sogar muss. Ein Zeichen oder ein Bild werden bekanntlich dann zum Symbol, wenn ihnen etwas anderes hinzugefügt wird, das für den Betrachter Bedeutung hat bzw. Gefühle in ihm weckt. Ein symbolischer Wert kann nicht nur durch den Verstand erfasst werden. Andere Fähigkeiten (psychische Funktionen) des Menschen müssen hinzutreten, wobei die Psychologie Symbole so deutet, dass mit ihnen etwas aus der Sphäre des Unbewussten mit dem Bereich des Bewusstseins verbunden werden kann. Symbole sind kreative Hervorbringungen von Menschen, mit denen die Wissenschaft zugleich eine neue Wirklichkeit schafft, die des Symbols. Da sich mit dem Aufkommen des Quantums die Symbole der Physik geändert haben, handelt sie dank Planck auch von einer anderen Wirklichkeit, die im Detail noch auszuarbeiten ist.

Willensfreiheit und Kausalität

Der Psychologie zufolge können Symbole kaum bewusst hervorgebracht werden, sie tauchen vielmehr spontan als Fassung eines noch unbekannten Tatbestands im Denken von Menschen auf, was von innen her die Frage nach der Freiheit stellt, die uns in diesem Rahmen für Entscheidungen möglich ist.

In ihrer Außenvariante zeigt sie im Sinne von Planck folgendes

Bild: Wissenschaft sucht nach einer vernünftigen Weltordnung mit vollendeter Harmonie und strenger Kausalität, und dabei taucht manchmal die Annahme eines »idealen Geistes« auf, der alle Vorgänge für alle Zeiten durchschaut und die dazugehörigen Gesetzt gemacht hat. »Wie steht es dann aber mit der Freiheit des menschlichen Willens?«

Nach Planck ergibt sich hier nicht die geringste Schwierigkeit, »denn das Kausalgesetz einerseits und die Willensfreiheit andererseits beziehen sich auf ganz verschiedenartige Fragen«. Denn die Frage, »ob der Wille frei ist oder nicht, [ist] eine Angelegenheit des Selbstbewusstseins, sie kann also nur durch das eigene Ich entschieden werden. Der Begriff der menschlichen Willensfreiheit hat nur den Sinn, dass der Mensch sich selbst innerlich frei fühlt, und ob das der Fall ist, kann nur er selber wissen.«

Planck legt hier ein Bekenntnis zur romantischen Weltsicht ab, auch wenn er das Wort nicht benutzt und es wahrscheinlich auch nicht in dem Sinne gebrauchen würde. Bei Romantik hat Planck eher an die Musik von Franz Schubert und die Kunst des deutschen Liedes gedacht. Und doch hängt seine Bestimmung der Willensfreiheit von der Existenz der »zweiten Welt« ab, die das romantische Aufbegehren gegen die Determiniertheit der frühen Physik zu erkennen gibt.

Planck fühlte sich sicher frei, als er sich – trotz einer gegenteiligen Empfehlung – für die Wissenschaft entschied, und er gab seinem Leben dadurch die hier dargestellte Form. Der Begriff der Form gehört auch entscheidend zum Denken der Romantiker, die die Natur dadurch zu verstehen hofften, dass sie ihr eine Form gaben. In vollem Umfang gelungen ist dies ausgerechnet erst, nachdem die Physiker Plancks Quantum der Wirkung kannten, denn mit ihm wurde es zum ersten Mal in der Geschichte der Wissenschaft möglich, »sich ernstlich mit der Physik der Atome zu befassen und zu versuchen, die chemischen Erscheinungen aus den Naturgesetzen im atomaren Bereich zu deuten«,[9] wie Heisenberg einmal in einem Vortrag über Alexander von Humboldt geschrieben hat. Und in dem Moment »tritt auch die Morphologie, die Lehre von den Gestalten, wieder in ihre Rechte ein. Niels Bohr war der erste, der erkannte, dass mit jener Auffassung von Kausalität und Determinismus, die seit Newton als Grundlage jeder exakten objektiven Naturwissenschaft galt, das Verhalten der Atome nicht verstanden werden kann. Die Stabilität der Atome, die sich z. B. darin äußert, dass ein chemisches Element nach allen möglichen chemischen oder physikalischen Prozessen schließlich immer wieder das gleiche Element bleibt und die gleichen Eigenschaften aufweist, diese Stabilität könnte in der Newtonschen Physik nicht gedeutet werden. Hier braucht man die Persistenz von Gestalten, die Bohr mit seiner These von der Existenz stationärer Zustände postuliert hat. Man kann die Stabilität der Atome nur verstehen, wenn man annimmt, dass immer wieder dieselben symmetrischen Gestalten der kleinsten Teile aus physikalischen Prozessen hervorgehen.«

Physik verstehen wir also als Wechselspiel von zwei Welten, wovon die eine die Kausalität und die andere die Form liefert. Die Kausalität müssen wir zur Kenntnis nehmen, und die Form können wir hinzufügen, und wir tun dies mithilfe von Symbolen. Die Frage ist, welcher Teil an welcher Stelle die größere Rolle spielt. Bei dem eigenen Leben, das man formt, zählt sicher mehr der freie Wille, vor allem wenn die kausal wirkenden Umständen ausreichend Platz für ihn lassen. In der Wissenschaft richtet man sich vermutlich bevorzugt nach dem Kausalgesetz. Es ist für Planck »der wertvollste Wegweiser«, der anzeigt, welchen Weg die wissenschaftliche Forschung gehen muss: »Wie das Kausalgesetz schon die erwachende Seele des Kindes sogleich in Beschlag nimmt und ihm die unermüdliche Frage ›Warum?‹ in den Mund legt, so begleitet es den Forscher durch sein ganzes Leben und stellt ihm unaufhörlich neue Probleme. Denn die Wissenschaft bedeutet nicht beschauliches Ausruhen im Besitz gewonnener sicherer Erkenntnis, sondern sie bedeutet rastlose Arbeit und stets vorwärts schreitende Entwicklung, nach einem Ziel, das wir wohl dichterisch zu ahnen, aber niemals verstandesmäßig voll zu erfassen vermögen.«

In diesen Worten taucht am Schluss noch einmal Goethe auf, der sich in seiner *Farbenlehre* gefragt hat, wie man sich die Wissenschaft als Ganzheit – als Einheit der Bildung – vorstellen kann. Seine Antwort lautet, wir müssen die Wissenschaft als Kunst denken, um sie so wahrnehmen zu können. »Um aber einer solchen Forderung sich zu nähern, so müsste man keine der menschlichen Kräfte bei wissenschaftlicher Tätigkeit ausschließen. Die Abgründe der Ahndung, ein sicheres Anschauen der Gegenwart, mathematische Tiefe, physische Genauigkeit, Höhe der Vernunft, Schärfe des Verstandes, bewegliche sehnsuchtsvolle Phantasie, liebevolle Freude am Sinnlichen, nichts kann entbehrt werden zum lebhaften Ergreifen des Augenblicks.«

Ein Leben zwischen zwei Welten

Planck hat versucht, seine Wissenschaft als Kunst zu denken und zu zeigen, und er erlaubt uns auf diese Weise, sein ganzes Wirken als das eines Brückenbauers zwischen zwei Welten zu sehen. Er tut dies auf vierfache Art und Weise: Historisch vereinigt Plancks Leben die konservativ-aristokratische Epoche des Wilhelminismus mit dem avantgardistisch-demokratischen Experiment der Weimarer Republik. Physikalisch verbindet Plancks Theorie die objektive Bestimmtheit der klassischen Mechanik mit der kreativen Unbestimmtheit der Quantenwelt. Rhetorisch verknüpft Planck die Erlebnis- und Vorstellungswelt des Alltags mit der Begriffspräzision in den Weltbildern der Wissenschaft. Und philosophisch fügt Planck die aufgeklärte Idee einer kausalen Ordnung der Tatsachen mit der romantischen Sicht einer freien Entscheidung für eine selbst gewählte Lebensführung zusammen. Er hat die Widersprüche, die dabei unvermeidlich auftreten, souverän ausgehalten. Das ist wahrscheinlich seine größte Leistung. An ihr werden seine Nachfolger gemessen.

ANHANG

Anmerkungen

Motti

1 Lise Meitner, »Max Planck als Mensch«, in: *Die Naturwissenschaften*, Jg. 45 (1958), S. 407.

2 Heinrich Hahne, *Wortwörtlich*. Wuppertal 1977, S. 114.

Vorwort: Geschichten voller Widersprüche

1 FAZ vom 28. Juni 2005, S. 37.

2 John L. Heilbron, *Max Planck – Ein Leben für die Wissenschaft*. Stuttgart 1988, S. 200.

3 Zitiert ebd., S. 203.

Die Heilsbotschaft der Energie

1 Die *Wissenschaftliche Selbstbiographie* findet man zum Beispiel in dem von Hans Roos und Armin Hermann herausgegebenen Band *Max Planck – Vorträge, Reden, Erinnerungen*. Berlin 2001; S. 55–73; das Eingangszitat steht auf S. 55.

2 Keith Schwab, »Information on heat«. *Nature* 444 (2006), S. 161.

3 Max Planck, *Vorträge, Reden, Erinnerungen*. Berlin 2001, S. 103.

4 Ernst Peter Fischer, *Die aufschimmernde Nachtseite*. Lengwil (CH) 2004.

5 Zitiert bei Armin Hermann, *Planck*. Reinbek ^{7}2000, S. 8.

6 Diese Bezeichnungen sind dem Buch von Hagen Schulze entnommen, *Kleine Deutsche Geschichte*. München 2002, an das sich die folgenden Darstellungen anlehnen.

7 Zitiert bei Peter Atkins, *Galileos Finger*. Stuttgart 2006, S. 117.

8 Max Planck, *Vorlesungen über Thermodynamik*. Berlin, ^{11}1964, S. 39.

9 Als Einführung in die Grundgedanken wurde das Buch von Isaiah Berlin, *Die Wurzeln der Romantik* (Berlin 1999) zugrunde gelegt.

10 Hans Dieter Zeh, *Entropie*. Frankfurt a. M. 2005, S. 3.

Ein Akt der Verzweiflung

1 Zitiert u. a. bei Armin Hermann, *Planck*, a.a.O., S. 23.

2 Thomas Kuhn, *Black-Body Theory and the Quantum Discontinuity, 1894–1912*. Oxford 1978.

3 Thomas Kuhn, *Die Struktur wissenschaftlicher Revolutionen*. Frankfurt a. M. 1967.

4 Zitiert nach Armin Hermann, *Planck*, a.a.O., S. 29.

5 John Heilbron, *Max Planck – Ein Leben für die Wissenschaft*, a.a.O., S. 43.

6 *The Probabilistic Revolution*, 2 Bände, Band 1: *Ideas in History*, hg. von Lorenz Krüger u.a.;, Band 2: *Ideas in the Sciences*, hg. von Lorenz Krüger u. a., Cambridge/Mass., 1987.

7 Gerhard Vollmer, *Evolutionäre Erkenntnistheorie*. Stuttgart 1975, [3]1981, S. 102.

8 Ludwig Boltzmann, *Populäre Schriften*. Braunschweig 1979.

9 Konrad Lorenz, »Die angeborenen Formen möglicher Erfahrung«, *Zeitschrift für Tierpsychologie* 5 (1943), S. 352.

10 H. Dieter Zeh, *Entropie*, a.a.O., S. 15.

11 Zitiert bei Ernst Peter Fischer, »Ordnung und Chaos – Physik in Wien an der Wende zum 19. Jahrhundert«, in: H. Bachmaier (Hg.), *Paradigmen der Moderne*. Amsterdam 1990, S. 159–182; der Artikel bringt viele Details zu Boltzmanns Ringen um die Entropie.

12 Max Planck, *Physikalische Abhandlungen und Vorträge*, 3 Bände. Braunschweig 1958, Bd. 1, S. 163.

13 Ebd., Bd. 1, S. 271, 275.

14 John L. Heilbron, *Max Planck – Ein Leben für die Wissenschaft*, a.a.O., S. 25.

15 Max Planck, »James Clerk Maxwell in seiner Bedeutung für die theoretische Physik in Deutschland«, in: *Die Naturwissenschaften*, Ausgabe vom 30. Oktober 1931, S. 879–894.

16 Max Planck, *Vorträge, Reden, Erinnerungen*. Berlin 2000, S. 17.

17 Ebd., S. 19

18 Ebd., S. 20

19 Mehr zu Lise Meitner u. a. in Lore Sexl /Anne Hardy, *Lise Meitner*. Reinbek 2002.

20 John Heilbron, *Max Planck – Ein Leben für die Wissenschaft*, a.a.O., S. 44.

21 Vgl. dazu Franz Herre, *Jahrhundertwende 1900*. Stuttgart 1998; alle folgenden Zitate stammen aus diesem Buch.

Auf dem Weg zum Rektor

1 Max Planck, *Physikalische Abhandlungen*, a.a.O., Bd. III, S. 397.

2 Wolfgang Pauli und C. G. Jung, *Ein Briefwechsel 1932–1958*. Berlin 1992, S. 176–192; das obige und die folgenden Zitate stehen auf S. 180.

3 Max Planck, a.a.O., Bd. II, S. 242f.

4 Max Planck, *Vorträge, Reden, Erinnerungen*, hg. von H. Roos und A. Hermann. Berlin 2000, S.37.

5 Max Planck, *Physikalische Abhandlungen und Vorträge* (1958), Bd. II, S. 115.

6 Armin Hermann, *Planck*, a.a.O., S. 51.

7 Zitiert bei Lore Sexl / Anne Hardy, *Lise Meitner*. Reinbek 2002, S. 37.

8 Ebd., S. 40.

9 Zitiert bei Erhard Scheibe, *Die Philosophie der Physiker*. München 2006, S. 27; das sehr empfehlenswerte Buch von Scheibe stellt die wesentliche Quelle für die folgenden Abschnitte dar.

10 Max Planck, *Vorträge und Erinnerungen*. Darmstadt 1968, S. 28–51.

11 *Physikalische Zeitschrift* XI (1910), S. 599–606.

12 Erhard Scheibe, a.a.O., S. 59f.

13 Ebd., S. 72.

14 Zitiert bei Armin Hermann, *Frühgeschichte der Quantentheorie*, Mosbach 1969, S. 154.

15 Armin Hermann, *Planck*, a.a.O., S. 44f.

16 Zitiert bei Astrid von Pufendorf, *Die Plancks. Eine Familie zwischen Patriotismus und Widerstand*. Berlin 2006, S. 46.

17 Armin Hermann, *Planck*, a.a.O., S. 45f.

18 Max Planck, *Vorträge und Erinnerungen*, Darmstadt 1968, S. 206–227.

19 John Heilbron, *Max Planck – Ein Leben für die Wissenschaft*, a.a.O., S. 69

20 Sebastian Haffner, *Preußen ohne Legende*. München 1979.

21 Ebd., S. 183.

22 Hagen Schulze, *Kleine deutsche Geschichte*, a.a.O., S. 149.

23 Ebd., S. 154.

Hohe Ehrung, tiefes Leid

1 *Physikalische Blätter* 4 (1948), S. 170.

2 Max Planck, *Physikalische Abhandlungen* (1958), Bd. III, S. 77ff.

3 Ebd., S. 89.

4 Fritz Stern, *Das feine Schweigen*. München 1999, S. 46.

5 Dolf Sternberger / Gerhard Storz / Wilhelm E. Süskind, *Aus dem Wörterbuch des Unmenschen*. München 1962.

6 »Erklärung der Hochschullehrer des deutschen Reiches« vom 16.10. 1914; erschienen in: *Berliner akademische Nachrichten* 9 (1914/5), S. 35.

7 John Heilbron, *Max Planck – Ein Leben für die Wissenschaft*, a.a.O., S. 82.

8 John Heilbron führt in seiner Biographie neben dieser Endfassung des Textes zahlreiche Änderungen an, die es bei seiner Vorbereitung gab.

9 John Heilbron, *Max Planck – Ein Leben für die Wissenschaft*, S. 84.

10 Armin Hermann, *Wie die Wissenschaft ihre Unschuld verlor – Macht und Missbrauch der Forscher*. Stuttgart 1982.

11 Margit Szöllösi-Janze, *Fritz Haber*. München 1998.

12 John Heilbron, *Max Planck – Ein Leben für die Wissenschaft*, a.a.O., S. 89.

13 Sebastian Haffner, *1918/19 – Eine deutsche Revolution*. Reinbek 1981, S. 25.

14 Hagen Schulze, *Kleine deutsche Geschichte*, a.a.O., S. 160f.

15 Sitzungsberichte der Preußischen Akademie der Wissenschaften 1918; abgedruckt in: John Heilbron, *Max Planck – Ein Leben für die Wissenschaft*, a.a.O., S. 268f.

16 Sitzungsberichte der Preußischen Akademie der Wissenschaften 1919; abgedruckt in John Heilbron, *Max Planck – Ein Leben für die Wissenschaft*, a.a.O., S. 270ff.

17 Hagen Schulze, *Kleine deutsche Geschichte*, a.a.O., S. 166.

18 Sitzungsberichte der Preußischen Akademie der Wissenschaften 1922; abgedruckt in John Heilbron, *Max Planck – Ein Leben für die Wissenschaft*, a.a.O., S. 279.

19 John Heilbron, *Max Planck – Ein Leben für die Wissenschaft*, a.a.O., S. 94.

20 Margit Szöllösi-Janze, *Fritz Haber*, a.a.O., S. 528.

21 Ebd., S. 533.

22 Szölösi-Janze, a.a.O., S. 532.

23 Zitiert bei Heilbron, *Max Planck – Ein Leben für die Wissenschaft*, a.a.O., S. 100.

24 Werner Heisenberg, *Gesammelte Werke*, Abt. C, Band V. München 1989, S. 592ff.

25 Max Born/Werner Heisenberg/Pascual Jordan, *Zeitschrift für Physik* 35 (1926), S. 557.

26 Zitiert bei Armin Hermann, *Planck*, a.a.O., S 64.

27 Niels Bohr, zitiert bei Heisenberg, *Gesammelte Werke*, Abt. C, Band V, a.a.O., S. 596.

28 Max Planck, *Wissenschaft und Leben*, 2 CDs, Originalaufnahmen. Köln 2003.

29 Zitiert nach Armin Hermann, *Planck*, a.a.O., S. 67.

30 Ebd., S. 67f.

31 Berichtet durch Max von Laue, *Die Naturwissenschaften* 35 (1948), S. 5; zitiert nach John Heilbron, *Max Planck – Ein Leben für die Wissenschaft*, a.a.O., S. 95.

32 Armin Hermann, *Planck*, a.a.O., S. 70.

33 Karl Przibam (Hg.), *Erwin Schrödinger – Briefe zur Wellenmechanik*. Wien 1963, S. 6.

Kein Anspruch auf Glück

1 Jean Medawar/David Pyke, *Hitler's Gift- The True Story of the Scientists Expelled by The Nazi Regime*, mit einem Vorwort von Max Perutz. New York 2001.

2 *Physikalische Blätter*, Jg. 3, 1947, S. 143.

3 Zitiert nach Alan D. Beyerchen, *Wissenschaftler unter Hitler*. Berlin 1982, S. 70.

4 Margit Szöllösi-Janze, a.a.O., S. 660.

5 Helmuth Albrecht, »Max Planck – Mein Besuch bei Hitler« – Anmerkungen zum Wert einer historischen Quelle, in: Helmuth Albrecht (Hg), *Naturwissenschaft und Technik in der Geschichte – 25 Jahre Lehrstuhl für Geschichte der Naturwissenschaft und Technik am Historischen Institut der Universität Stuttgart*. Stuttgart 1993, S. 41–63.

6 Zitiert bei Rüdiger Hachmann, *Eine Erfolgsgeschichte? – Schlaglichter auf die Geschichte der Generalverwaltung der Kaiser-Wilhelm-Gesellschaft im ›Dritten Reich‹*, Präsidentenkommission der »Geschichte der Kaiser-Wilhelm-Gesellschaft im Nationalsozialismus«, Ergebnisse 19 (2004), S. 15f.

7 Ebd., S. 15.

8 Ebd., S. 21.

9 Margit Szöllösi-Janze, a.a.O., S. 660f.

10 Werner Heisenberg, *Gesammelte Werke*, Abt. C, Bd. IV. München 1986, S. 106.

11 Zitiert bei Alan D. Beyerchen, a.a.O., S. 19.

12 Max Planck, *Vorträge und Erinnerungen*, a.a.O., S. 285–300.

13 Max Planck, a.a.O., S. 299.

14 Lise Meitner, Elisabeth Schiemann, Fritz Strassmann und Max Delbrück.

15 Rüdiger Hachmann, a.a.O., S. 8.

16 Max Planck, *Vorträge und Erinnerungen*, a.a.O., S. 318–333.

17 Max Planck, a.a.O., S. 334–349.

18 Zitiert in D. Hoffmann/M. Walker (Hg.), *Physiker zwischen Autonomie und Anpassung – Die Deutsche Physikalische Gesellschaft im Dritten Reich*. Weinheim 2007, S. 175.

19 John Heilbron, *Max Planck – Ein Leben für die Wissenschaft*, a.a.O., S. 182.

20 Max Planck, *Physikalische Abhandlungen und Vorträge*, Braunschweig, 1958, Band 3, S. 410ff.

21 Max Planck, *Vorträge und Erinnerungen*, a.a.O., S. 363–380; Zitat S. 377.

22 Zitiert nach John Heilbron, *Max Planck – Ein Leben für die Wissenschaft*, a.a.O., S. 196.

23 Werner Heisenberg, *Gesammelte Werke*, Abt. C, Band IV, a.a.O., S. 107.

24 Werner Heisenberg, »Zum 100. Geburtstag von Max Planck«, in: *Stimmen aus dem Max Gymnasium*, Jahrgang 6 (1958), S. 15; siehe auch *Gesammelte Werke*, Abt. C. Bd. IV, a.a.O., S. 99–110; Zitat S. 108.

25 Astrid von Pufendorf, *Die Plancks*, a.a.O.

26 Ebd., S. 15.

27 Ebd., S. 394.

28 Ebd., S. 458.

29 Zitiert bei Armin Hermann, *Planck*, a.a.O., S. 114f.

Die neue Gesellschaft

1 Rolf Hosfeld/Hermann Pölking, *Die Deutschen 1945 bis 1972*. München 2006, S. 57.

2 Zitiert auf S. 66f. in dem von der Max-Planck-Gesellschaft herausgebrachten Band zum 50. Todestag von Max Planck (ISSN 0341-7778)

3 *Hitler's Uranium Club, The Secret Recordings at Farm Hall*. New York 2001, S. 286.

4 Der Autor erinnert sich, auf der Schule im Deutschunterricht gehört zu haben, dass Planck dabei Wert auf die richtige Rechtschreibung gelegt haben soll. Er wollte niemals »Max Planck-Gesellschaft« lesen, denn Planck-Gesellschaft, so hieß er nicht. Also nach jedem Wort ein Bindestrich, oder sein Name stehe nicht zur Verfügung.

5 Vgl. dazu z. B. Hans Christian von Baeyer, *Das informative Universum*. München 2006.

Nachwort: Ein Leben zwischen den Welten

1 Max Planck, *Vorträge und Erinnerungen*, a.a.O. (1969), S. 380.

2 Isaiah Berlin, »Die Revolution der Romantik«, in: *Wirklichkeitssinn – Ideengeschichtliche Untersuchungen*. Berlin 1998, S. 291–330.

3 Ebd., S. 310; dort auch das Fichte-Zitat aus *Die Bestimmung des Menschen*.

4 Ebd., S. 330.

5 Isaiah Berlin, *Die Wurzeln der Romantik*. Berlin 2004, vor allem Kapitel 6.

6 John L. Heilbron, *The Dilemmas of an Upright Man – Max Planck as Spokesman for German Science.* Berkeley 1986.

7 Max Planck, Vorträge und Erinnerungen, a.a.O. (1969), S. 250–269, Zitat S. 250.

8 Ebd., S. 252 und 253.

9 Werner Heisenberg, *Die Einheit der Natur bei Alexander von Humboldt und in der Gegenwart;* ursprünglich erschienen als *Mitteilungen der Alexander von Humboldt-Stiftung* 18, 17–25 (1969); nachgedruckt in: *Gesammelte Werke*, CIII, S. 341–349. München 1985.

Literaturhinweise

Es gibt mehrere ältere Biographien von Max Planck. 1953 hat der Philosoph und Theologe Hans Hartmann *Max Planck als Mensch und Denker* beschrieben (als Taschenbuch bei Ullstein im Jahre 1964 neu aufgelegt). 1958 wurden anlässlich seines 100. Geburtstags bei Vieweg in Braunschweig *Max Planck, Physikalische Abhandlungen und Vorträge*, veröffentlicht. 1973 hat der Physikhistoriker Armin Hermann für die Rowohlt Bildmonographien den Band über *Planck. Mit Selbstzeugnissen und Bilddokumenten* verfasst, der im Jahre 2000 in 7. Auflage erschienen ist. 1986 hat der amerikanische Historiker John L. Heilbron eine Planck-Biographie unter dem Titel *The Dilemmas of an Upright Man* vorgelegt (University of California Press, Berkeley); die deutsche Übersetzung ist 1988 in Stuttgart bei Hirzel unter dem Titel *Max Planck – Ein Leben für die Wissenschaft* erschienen. In dem Band findet sich auch eine Auswahl seiner allgemeinverständlichen Schriften. 1997 hat die Max-Planck-Gesellschaft zum 50. Todestag eine Ausstellung zu Plancks Leben und Wirken veranstaltet und die dabei gehaltenen Reden in Buchform verfügbar gemacht (ISSN 0341-7778). 2001 *Max Planck. Vorträge – Reden – Erinnerungen* 2006 hat die Publizistin Astrid von Pufendorf *Die Plancks – Eine Familie zwischen Patriotismus und Widerstand* beschrieben (Propyläen Verlag, Berlin) und dabei vor allem die Geschichte von Erwin Planck erzählt.

Von Max Planck gibt es unter anderem seine erstmals 1897 erschienenen *Vorlesungen über Thermodynamik* – in 11. Auflage 1964 im De Gruyter Verlag Berlin –, seine *Vorträge und Erinnerungen* – Erstdruck 1949 bei Hirzel in Stuttgart, reprografischer Nachdruck in 7. Auflage in der Wissenschaftlichen Buchgesellschaft, Darmstadt 1969) – und *Vorträge, Reden, Erinnerungen*, erschienen 2001 bei Springer in Berlin. Weitere Ausgaben einzelner Texte von Planck finden sich immer wieder antiquarisch.

Zu hören ist Max Planck auf zwei CDs mit Originalaufnahmen *Wissenschaft und Leben*, zwei CDs, die der Kölner Verlag Supposé 2003 herausgebracht hat.

Zeittafel

Jahr	Ereignis	Umfeld
1858	Geboren am 23.4. in Kiel	Marienerscheinung in Lourdes
1859		Charles Darwins Ursprung der Arten
1862		Bismarck preußischer Ministerpräsident
1863		Solvays Verfahren zur Soda-Herstellung
1864		Die Maxwellschen Gleichungen
1865		Mendels Publikation zur Vererbung
1866		Alfred Nobel erfindet das Dynamit
1867	Übersiedlung nach München	Karl Marx – *Das Kapital* (Bd. 1)
1869		Das Periodensystem der Elemente
1871	Schüler am Maximilian-Gymnasium	Heinrich Schliemann findet Troja
1872		Gründerjahre in Deutschland
1874	Abitur und Immatrikulation	Kirchhoffs Spektralanalyse der Elemente
1875	Student der Physik in München	Entdeckung von Chromosomen
1876		Telefon, Kühlschrank werden erfunden
1877		Boltzmanns kinetische Gastheorie
1878	Studium in Berlin (Helmholtz)	Pasteurs Mikrobentheorie
1879	Promotion in München	Albert Einstein wird geboren
1880	Habilitation in München	Bau des Panamakanals
1883		Krankenversicherung in Deutschland
1885	Außerordentlicher Professor in Kiel	Tollwut-Impfung durch Pasteur
1887	Heirat von Marie Merck	Bau des Eiffelturms
1889	Ruf an die Universität Berlin	Van Goghs »Sternennacht«

Jahr	Ereignis	Umfeld
1892	Ernennung zum Ordinarius	Henri Poincarés neue Himmelsmechanik
1894	Aufnahme in die Preußische Akademie der Wissenschaften, erste Arbeiten zur Wärmestrahlung	Affäre Dreyfus (Zolas »Ich klage an«)
1897	Vorlesungen über Thermodynamik	Entdeckung des Elektrons
1899	Das Quantum der Wirkung, h	Industrielle Herstellung von Aspirin
1900	Gesetz der Wärmestrahlung mit h, die Geburt der Quantentheorie	Hilberts 23 Probleme für die Mathematik
1905	Einsteins »Wunderjahr« und Einzug in die Wangenheimstraße 21	Picasso wechselt zum Kubismus Erdbeben in San Francisco
1906	Theorie der Wärmestrahlung und Vorträge über Einsteins Relativitätstheorie	
1908	»Die Einheit des physikalischen Weltbildes«	Erste deutsche Flugzeugfabrik
1909	Tod von Marie Planck	Einführung von »Gen« u. »Genotyp«
1910	»Die Stellung der neueren Physik zur mechanischen Naturanschauung«	Das erste Dampfschiff mit Dieselmotor
1911	Heirat von Marga von Hoeßlin	Kandinskys »Kompositionen«
1912	Sekretär der Preußischen Akademie	Untergang der »Titanic«
1913	Rektor der Universität Berlin; Antrittsrede über »Neue Bahnen der physikalischen Erkenntnis«	Niels Bohrs Atommodell
1914	»Dynamische und statistische Gesetzmäßigkeit«	Ausbruch des Ersten Weltkriegs
1915	»Das Prinzip der kleinsten Wirkung«	Einsteins Allgemeine Relativitätstheorie
1916	Sohn Karl fällt vor Verdun	Die Dada-Bewegung
1917	Tod der Tochter Grete	Oktoberrevolution in Russland
1918	Nobelpreis für Physik; Bekanntgabe November 1919	Das Noether-Theorem
1919	Tod der Tochter Emma	Bestätigung von Einsteins Theorie
1920	»Die Entstehung und bisherige Entwicklung der Quantentheorie«	»Das Wesen des Lichts« Die ersten Rundfunksender (Mittelwelle)
1923	»Kausalgesetz und Willensfreiheit«	Hitlers Putschversuch in München

Jahr	Ereignis	Umfeld
1924	»Vom Relativen zum Absoluten»	Hitler schreibt *Mein Kampf*
1925	Eine erste Form der Quantenmechanik durch W. Heisenberg	Stalin verkündet den Aufbau des Sozialismus
1926	Emeritierung; Wellenmechanik »Physikalische Gesetzlichkeit«	Fritz Langs Film »Metropolis«
1929	Stiftung der Max-Planck-Medaille »Das Weltbild der neuen Physik«	Weltwirtschaftskrise
1930	Präsident der Kaiser-Wilhelm-Gesellschaft; fünfbändige »Einführung in die Theoretische Physik«, »Positivismus und reale Außenwelt«	D. H. Lawrence, »Lady Chatterley«
1932	»Die Kausalität in der Natur«	Huxleys »Schöne neue Welt«
1933	»Ursprung und Auswirkung wissenschaftlicher Ideen«	Hitlers Machtergreifung
1935	»Die Physik im Kampf um die Weltanschauung«	Ein UKW-Sender auf dem Berliner Funkturm
1936	»Vom Wesen der Willensfreiheit«	Olympische Spiele in Berlin
1937	»Religion und Naturwissenschaft«, »Determinismus und Indeterminismus«	Katastrophe der »Hindenburg«
1938	Niederlegung des Amtes in der Preußischen Akademie	Anschluss Österreichs
1939		September: Beginn des Zweiten Weltkriegs. Eroberung Polens.
1940		Besetzung Dänemarks und Norwegens. Der deutsche Westfeldzug
1941	»Sinn und Grenzen der exakten Wissenschaft«	Wilhelm II. stirbt im Exil. Deutscher Angriff auf die Sowjetunion
1942		Deutscher Angriff auf Stalingrad. »Wannseekonferenz« und »Endlösung«.
1943	Evakuierung nach Rogätz bei Magdeburg	Anti-Hitler-Koalition. Aufstand im Warschauer Ghetto. Das Manhattan-Projekt beginnt in Los Alamos
1944	Zerstörung des Hauses in Berlin	20. Juli: Attentat auf Hitler

Jahr	Ereignis	Umfeld
1945	Hinrichtung von Erwin Planck; Übersiedlung nach Göttingen; Übernahme der Geschäfte des Präsidenten der Kaiser-Wilhelm-Gesellschaft	Februar: Jalta-Konferenz. 30. April: Selbstmord Hitlers. 7. Mai: Unterzeichnung der deutschen Gesamtkapitulation. Juli/August: Potsdamer Konferenz 6. August: Die Amerikaner werfen die erste Atombombe auf Hiroshima.
1946	»Scheinprobleme der Wissenschaft« Goethe-Preis der Stadt Frankfurt	China schafft den Adel ab
1947	Letzter Vortrag in Bonn; 4. Oktober: Tod in Göttingen.	Flugzeuge überschreiten die Schallgeschwindigkeit
1958	Feiern zum 100. Geburtstag Plancks; Herausgabe der Physikalischen Abhandlungen und Vorträge in drei Bänden	Der erste amerikanische Satellit startet in den Weltraum

Dank

Ich danke Thomas Rathnow für den Vorschlag und die Ermutigung, eine Biographie des Physikers Max Planck zu schreiben. Und gedankt sei Dr. Annalisa Viviani für ihr wie immer vorbildliches und sympathisches Lektorat.

Bildnachweis

Archiv zur Geschichte der Max-Planck-Gesellschaft, Berlin:
S. 15, 75.
Károly Simonyi, *Kulturgeschichte der Physik. Von den Anfängen bist heute.* Frankfurt a. M. ^{3}2004 (mit freundlicher Genehmigung des Verlags Harri Deutsch): S. 70, 71, 117, 125.
dpa-Bildfunk: S. 2
Nachlass Erwin Planck, Handschriftenabteilung, Staatsbibliothek zu Berlin – Preußischer Kulturbesitz: S. 231
ullstein bild, Berlin: S. 200, 228, 237, 281, 292
H. Dieter Zeh, *Entropie*, Frankfurt a. M. 2005, S. 98.

Personenregister